U0140691

ChatGPT
应用解析

崔世杰 ◎ 著

跟我一起学 人工智能

清华大学出版社
北京

内 容 简 介

本书全面地介绍了 ChatGPT 的知识体系，包括基础知识、核心原理、交互技巧、应用场景等方面的内容。将理论与实践相结合，每章都配有大量具体的示例，强调应用性。案例丰富多样，覆盖日常生活、工作学习、创业创新等广泛场景，具有很强的指导意义。

本书共 11 章。第 1 章介绍 ChatGPT 的基本概念、技术原理、性能表现等。第 2 章从与传统搜索引擎的区别阐述 ChatGPT 的独特优势。第 3 章和第 4 章详细介绍如何与 ChatGPT 高效交互的技巧及高级用法。第 5～10 章讲解 ChatGPT 在生活、娱乐和工作场景中的丰富应用，通过大量生动的案例，让读者充分认识到 ChatGPT 强大的应用价值，将抽象的 ChatGPT 功能具象化，使读者能够对 ChatGPT 有更深的理解和运用。第 11 章介绍 ChatGPT 的拓展工具和模型，有助于读者进一步了解 ChatGPT 技术的发展前景，拓宽视野。本书示例丰富，既具有系统性，又不乏趣味性。书中大量案例可帮助读者深入理解和运用 ChatGPT。

本书适合各级 ChatGPT 使用者阅读，也可作为 ChatGPT 技术的教材使用。

图书在版编目(CIP)数据

ChatGPT 应用解析/崔世杰著.—北京：清华大学出版社，2024.5
（跟我一起学人工智能）
ISBN 978-7-302-66315-7

Ⅰ．①C…　Ⅱ．①崔…　Ⅲ．①人工智能　Ⅳ．①TP18

中国国家版本馆 CIP 数据核字(2024)第 099950 号

责任编辑：赵佳霓
封面设计：吴　刚
责任校对：时翠兰
责任印制：杨　艳

出版发行：清华大学出版社
　　　网　　　址：https://www.tup.com.cn，https://www.wqxuetang.com
　　　地　　　址：北京清华大学学研大厦 A 座　　　邮　　编：100084
　　　社　总　机：010-83470000　　　　　　　　　邮　　购：010-62786544
　　　投稿与读者服务：010-62776969，c-service@tup.tsinghua.edu.cn
　　　质量反馈：010-62772015，zhiliang@tup.tsinghua.edu.cn
　　　课件下载：https://www.tup.com.cn，010-83470236
印　装　者：涿州汇美亿浓印刷有限公司
经　　销：全国新华书店
开　　本：186mm×240mm　　　印　张：19　　　　　　字　　数：424 千字
版　　次：2024 年 7 月第 1 版　　　　　　　　　　　印　　次：2024 年 7 月第 1 次印刷
印　　数：1～2000
定　　价：79.00 元

产品编号：103319-01

前 言
PREFACE

ChatGPT 是人工智能史上一个重要的里程碑，是 AI 技术的突破创新。它的问世开启了人机交互的新时代，用户可以像与人沟通一样，用自然语言与它进行交流。大语言模型已经对产业进步和人类经济生活产生了颠覆性影响。

很多人不断地追逐着某些东西，因为他们很害怕自己一不留神就被奔流着的浪潮无情地甩下。类似的焦虑，目前正在大规模上演，因为 ChatGPT 来了。

ChatGPT 最初的访客是程序员、AI 从业者，不久之后爆发式地覆盖到了各行各业。因为 ChatGPT 和相关的 AI 技术会威胁到一些工作岗位，尤其是白领工作，像数据分析师、咨询顾问和其他需要处理大量文本数据的工作都会受到 AI 的影响。一些职业正在慢慢消失，被 ChatGPT 替代，因为很多数据文本工作可以通过 AI 做到自动化。

自 ChatGPT 发布以来，ChatGPT 已经被用于各种工作中，如评估简历、数据筛选、编写儿童读物，甚至可以给论文提出修改意见。媒体行业已经开始尝试使用 ChatGPT 生成的内容，广告行业也开始接入 AI 能力，你看到的广告创意标题也许就是由 ChatGPT 生成的。它正在向更多领域渗透。

笔者参加过一个 AIGC 相关的访谈，有个观众提问："我从事某某行业，是否需要学习 ChatGPT？"相信这也是大多数人目前的疑惑，笔者的答案是驾驭而非学习。ChatGPT 的能力取决于使用者的能力，它不会替代人类的智慧，多数 AI 工具本质上都是能力放大器，而不是要抹平能力差异。在新人机交互下，AI 能力越来越强，人类越应该驾驭它，所以去使用它，并且深入地使用，只有这样才会知道它会在哪些场景下帮助你。

本书意在帮助读者掌握 ChatGPT，基本概念及技术原理会让每位读者对 ChatGPT 有一个深入的了解，它不再是一个神秘的"黑盒"。基础及高级技巧会让每位读者更容易获得想要的内容。大量 ChatGPT 的应用场景示例会帮助每位读者打开视野，产生灵感并赋能到自身的工作和生活中。

本书主要内容

第 1 章介绍 ChatGPT 的基本概念、技术原理和模型架构。
第 2 章从与传统搜索引擎的区别着手，阐述 ChatGPT 的独特之处。
第 3 章讲述实用的基础对话技巧，帮助读者更好地与 ChatGPT 进行交互。
第 4 章讲述 ChatGPT 的高级用法。

第 5 章讲述让 ChatGPT 充当老师的角色辅助学习的几个应用场景。

第 6 章讲述 ChatGPT 在生活中的多种具体应用场景。

第 7 章讲述 ChatGPT 在创意方面的多种应用场景。

第 8 章讲述 ChatGPT 作为娱乐工具的各种玩法。

第 9 章讲述 ChatGPT 在工作中的多种具体应用场景。

第 10 章讲述 ChatGPT 在翻译、推理、语气分析等应用场景的强大能力。

第 11 章延伸介绍 ChatGPT 的相关扩展工具及使用技巧。

由于时间仓促，书中难免存在不妥之处，请读者见谅并提出宝贵意见。

崔世杰

2024 年 4 月

目 录
CONTENTS

第 1 章

ChatGPT 简介

1.1 ChatGPT 的定义

ChatGPT 玩了一个巧妙的小把戏,惟妙惟肖地模仿人类"说话",甚至可以"创作"。看似在解决定义不明确的问题,但实际上是在解决定义明确的问题。

1.1.1 什么是 ChatGPT

ChatGPT(Chat Generative Pre-trained Transformer,聊天生成预训练转换器)是 OpenAI 在 2022 年 11 月推出的一款人工智能聊天机器人程序,它使用基于 GPT-3.5 和 GPT-4 架构的大型语言模型,并通过强化学习进行训练。除了可以进行自然语言对话,ChatGPT 还可以执行多种文本处理和生成任务。

在自动文本生成方面,ChatGPT 可以根据输入的文本生成类似的文本,例如剧本、歌词和策划方案。在自动问答方面,ChatGPT 可以根据输入的问题生成答案。此外,ChatGPT 还具有文本摘要和翻译能力,可以帮助人们更加高效地处理和理解大量的文本数据。

在情感分析方面,ChatGPT 可以分析输入文本中的情感,并根据情感生成相应的回复,从而实现更加自然的对话体验。ChatGPT 还可以识别和纠正输入文本中的语法和拼写错误,使文本生成更加准确和规范。

它还具备编写和调试计算机程序的能力。这是一个非常有用的功能,因为它可以为开发人员提供帮助。ChatGPT 可以帮助开发人员编写程序,同时也可以提供有用的代码示例和问题分析,使代码调试与开发变得更加容易。

当然,ChatGPT 可以赋能的场景远远不止上述的几个方面,在这些使用场景的背后,它最大的特点就是自然语言对话。自然语言对话是指人与人之间通过自然语言(例如汉语、英语)相互交流的过程,这也是人类之间相互交流最基本的方式之一,也是人机交互的核心技术。ChatGPT 做到了人与机器之间也可以使用自然语言对话。人与人、人与机器之间的自然语言对话的过程原理上是相似的,发送方用自己熟悉的语言表达意图和需求,应答方需要理解并根据意图和需求生成相应的回复,应答方理解和处理自然语言,同时进行流畅和有效的对话和交互。人与人之间的自然语言对话是一种动态、灵活、多样、目的明确、双向交流的对话方式。这些特点为人机之间的自然语言对话提供了重要的借鉴和参考。

自从 ChatGPT 推出以后，网络上掀起了一阵 AI 革命的浪潮，人们认为 ChatGPT 已经带来 AI 革命。其实 AI 这个概念已经出现很久了，并且也有很多应用场景已经落地了，但为什么这次会这么火热并可能成为革命呢？这可能是因为 AI 第 1 次可以让大部分人接触到并且使用。AI 这个概念虽然已经出现了很多年，但是普通人接触 AI 的途径绝大部分是听闻概念，或者从比较高端的产品中。上一次 AI 震惊世界是谷歌旗下的 AlphaGo 在韩国举行的人机围棋比赛中击败了职业九段棋手李世石，老少皆知。众人虽然感到惊讶，但是真实被震动的还是围棋界，你我只是看个热闹，感叹 AI 下围棋再厉害我不和它下就行了。这次却不同。一年前还觉得 AI 这个概念距离我们非常遥远，但是在上个月笔者的妻子就已在使用 ChatGPT 辅助她的工作了，她的社交头像也是用 Midjourney 生成的。各大公司纷纷进行 AI 数字化转型，这次改革确实来得非常快，涉及你我。

ChatGPT 可以融入人们的生活中。ChatGPT 大模型的数据集涵盖了新闻、社交媒体、对话、问答、书籍、百科和其他语言模型，使 ChatGPT 真正变成了一本百科全书，可以帮助大家解决生活中的各种问题，辅助大家完成各种事项。ChatGPT 还可以辅助人的工作，变身生产力放大器，提升工作效率。越来越多的年轻人认为，AI 是他们的朋友。一位 17 岁的年轻人告诉笔者："我与机器人聊天的次数超过了与大多数朋友聊天的次数。"人是孤独的，ChatGPT 提供了陪伴。

1.1.2 ChatGPT 的历史

2018 年，OpenAI 开始启动了一个名为 GPT（Generative Pre-trained Transformer，预训练生成转换器）的自然语言处理项目。这个项目旨在开发一个通用的语言模型，能够在多种自然语言处理任务中表现出最先进的性能。GPT 模型基于 Transformer 架构和预训练技术，可以自动学习大量未标记的文本数据，以提高模型的语言理解和生成能力。

2018 年 6 月，OpenAI 发布了 GPT-1 模型，这是一个包含 1.17 亿个参数的模型，使用 BooksCorpus 数据集（5GB）进行训练，其重点是语言理解，能够生成与输入文本相关的自然语言输出。虽然这个模型在当时已经被认为是非常先进的，但是它的性能和效果仍然有所限制，例如在生成长篇文本时容易出现逻辑错误和不连贯的问题。

2019 年 2 月，为了进一步提高 GPT 模型的性能，OpenAI 发布了 GPT-2 模型。这个模型包含了 15 亿个参数，使用超过 40GB 的 Reddit 文章进行训练。培训费用为 43 000 美元，能够生成更加连贯和具有语义的自然语言文本。GPT-2 模型在发布后受到了广泛的关注和讨论，因为它可以生成非常逼真和连贯的自然语言文本，甚至可以模仿人类的写作风格，但是，由于这种能力可能被恶意利用来生成虚假信息和误导性内容，OpenAI 决定不公开发布 GPT-2 模型的完整版本，而只提供了一些较小的版本以供研究人员和开发者使用。

2020 年 6 月，OpenAI 发布了 GPT-3 模型，这是当时最大和最先进的 GPT 模型之一，包含了 1750 亿个参数。GPT-3 模型可以生成非常逼真、连贯和具有语义的自然语言文本，甚至可以实现一些简单的推理和推断。这个模型的发布引起了广泛的关注和讨论,并被认为是自然语言处理领域的一项重要里程碑。ChatGPT 也是基于 GPT-3 模型首次开发的,除了 ChatGPT,DALL-E(从文本创建图像)、CLIP(连接文本和图像)、Whisper(多语言语音到文本)也是基于 GPT-3 开发的应用程序。

2021 年 5 月在推出 ChatGPT 之前,OpenAI 发布了一份名为 *Challenges in Building Fair and Reliable Natural Language Processing Systems*:*The Case of Toxic Language Detection* 的研究报告,该报告旨在探讨在自然语言处理中的欺骗检测问题,其中,报告提到了在 GPT-3 等自然语言处理模型中存在欺骗问题的情况。这意味着这些模型可以生成虚假或误导性的信息,这些信息可能会对人们的决策产生重大影响。报告中指出,GPT-3 的欺骗问题主要表现在以下两个方面。

(1)信息误导:GPT-3 可以生成看似真实但实际上是虚假、误导或具有误导性的信息。例如,当输入"为什么地球是圆的?"时,GPT-3 可能会生成错误的答案,如"因为地球被重力拉成了这样的形状"。

(2)信息缺失:GPT-3 有时会遗漏或省略关键信息,导致生成的文本不完整或不准确。例如,当输入"如何准确测量物体的质量?"时,GPT-3 可能会生成不准确的答案,如"使用一个简单的秤"。

报告指出,GPT-3 的欺骗问题是由于其训练数据的缺陷和模型的局限性所致。训练数据中可能存在虚假、误导或具有误导性的信息,这会影响模型的学习和生成能力。此外,GPT-3 是基于统计和概率方法的模型,它并没有真正理解自然语言的含义和上下文,因此很难生成准确和可靠的信息。

这份报告引起了广泛关注,并引发了对人工智能的公正性和透明性等问题的讨论。许多人认为,人工智能技术应该是透明、可解释和公正的,而 GPT-3 的欺骗问题则暴露了人工智能技术的局限性和不足之处,因此,需要进一步研究和改进人工智能技术,以提高其精度、可靠性和公正性,从而更好地服务于人类社会。

2022 年 11 月 OpenAI 发布了 ChatGPT,这是一种建立在 GPT-3 之上的语言模型聊天机器人。ChatGPT 创造了惊人的记录。仅仅两个月后的 2023 年 1 月份,它就吸引了超过一亿活跃用户,成为有史以来增长最快的消费者应用程序。ChatGPT 的令人惊叹之处在于它具备强大的上下文理解能力。与传统的聊天机器人不同,ChatGPT 能够根据先前的对话历史生成答案,并对生成的答案进行调整和优化。这意味着,用户可以通过与 ChatGPT 的对话来"训练"它,从而使其生成更加准确、恰当的回答。ChatGPT 的这种上下文感知能力让它能够更好地理解用户的意图和需求,在一定程度上实现了自我进化。

2023 年 3 月 OpenAI 发布了 GPT-4 模型。GPT-4 是一个拥有超过 100 万亿个参数的超大规模模型,而 GPT-3.5 仅有 1750 亿个参数。这意味着 GPT-4 可以处理更多的数据,生成更长、更复杂、更连贯、更准确和更有创造力的文本。由于模型规模的提升,GPT-4 也展现出了比 GPT-3.5 更强大的能力。例如,在各种专业和学术考试中,如 SAT、LSAT、GRE 等,GPT-4 都表现出了与人类水平相当或超越人类的性能,而在日常对话中,也能够与人类进行流畅、自然、合理且富有逻辑性的交流。与 GPT-3.5 另一个重要的区别是,GPT-4 是一个多模态(Multimodal)模型,这意味着它可以接受图像和文本作为输入,并输出文本、图像,而 GPT-3.5 只能接受文本作为输入,并输出文本。这使 GPT-4 可以处理更复杂且具有视觉信息的任务,如图像描述、图像问答、图像到文本等。

截至目前 GPT-4 已经开放使用,需要开通 ChatGPT Plus 会员,但是有使用频率限制,并且已经在 ChatGPT 中实现了对插件的初始支持。插件是专门为以安全性为核心原则的语言模型设计的工具,可以帮助 ChatGPT 连接网络、运行计算或使用第三方服务等。许多开发者也收到了 ChatGPT Plugins 的开发权限。

1.1.3　ChatGPT 的应用

ChatGPT 的应用已经融入了各行各业中,应用场景数不胜数,目前为止 ChatGPT 依然是个黑盒,需要深入使用才知道它能在什么地方帮助你。如果想评估所有应用场景的使用情况,则需要一个通用型指标,OpenAI 用 ChatGPT 在人类考试中的表现作为这项指标。不同领域的专业性考试是全应用场景的一个缩影,前期根据这项指标去优化迭代 GPT 是一个不错的选择,在 2023 年 3 月 27 日发布的一份技术报告中,OpenAI 全面介绍了其最新模型 GPT-4,此报告中包含一组考试结果,包含 GPT-4、GPT-3.5 的考试结果对比,如图 1-1 所示。

Category	Exam	GPT-4 Percentile	GPT-3.5 Percentile
Law	Uniform Bar Exam	90	10
Law	LSAT	88	40
SAT	Evidence-based Reading & Writing	93	87
SAT	Math	89	70
Graduate Record Examination (GRE)	Quantitative	80	25
Graduate Record Examination (GRE)	Verbal	99	63
Graduate Record Examination (GRE)	Writing	54	54
Advanced Placement (AP)	Biology	85	62
Advanced Placement (AP)	Calculus	43	0
Advanced Placement (AP)	Chemistry	71	22
Advanced Placement (AP)	Physics 2	66	30
Advanced Placement (AP)	Psychology	83	83
Advanced Placement (AP)	Statistics	85	40
Advanced Placement (AP)	English Language	14	14
Advanced Placement (AP)	English Literature	8	8
Competitive Programming	Codeforces Rating	<5	<5

图 1-1　Virtual Capitalist 网站将考试结果可视化之后的图表

为了测试 ChatGPT 的能力,OpenAI 进行了各种专业和学术考试的模拟测试,包括 SAT 考试、律师资格考试和各种预修课程(AP)考试。这些考试使用百分位数来对成绩进行评分,百分位的意思是将考生的表现与其他考生的表现进行比较,以百分比的形式进行排名。例如,如果在一次考试中的排名为第60百分位,则意味着你的得分高于60%的考生。

结果显示,在大多数领域中,GPT的成绩是非常不错的,尤其是GPT-4在引入了更多优秀的数据集和专家的调教之后,专业性提升得非常明显。

当然,随着报告的发表也出现了一些有意思的事情,北密歇根大学哲学教授(Antony Aumann)在为自己的世界宗教课评分时发现,全班第一的论文竟然是用ChatGPT写的。一项调查显示,现在美国89%的大学生使用ChatGPT做作业,比例甚至更高,随后西雅图和纽约的几十所公立学校及部分大厂、Stack Overflow这样的编程平台都禁用了ChatGPT,其实这种做法目前还处于讨论、对抗阶段,目前非常著名的论题是"AI创作的画可以称为艺术品吗?",这种论题比比皆是。

上面的考试指标已经可以说明ChatGPT应用能力的一部分涵盖范围,各个领域也都纷纷用自己的垂直领域测试来测验ChatGPT应用的"专业性"。

(1)一篇名为 *Performance of ChatGPT on USMLE：Potential for AI-Assisted Medical Education Using Large Language Models* 的文章中,研究人员评估ChatGPT在美国医学执照考试(USMLE)中的表现,该考试由三项考试组成,ChatGPT在所有这3项考试中均达到或接近通过门槛而没有进行任何专门的训练或强化。此外,ChatGPT在回答的过程中表现出高度的一致性和洞察力。这些结果表明,大型语言模型可能有助于医学教育,并可能有助于临床决策。

(2)一篇名为 *GPT Takes the Bar Exam* 的论文中声称,研究人员记录了GPT-3.5用于考试的多状态多项选择(MBE)部分。虽然研究人员发现,在他们的训练数据规模上微调GPT-3.5的零样本性能几乎没什么变化,但他们确实发现超参数优化和提示工程对GPT-3.5的零样本性能产生了积极影响。为了获得最佳提示和参数,GPT-3.5在完整的NCBE MBE练习考试中实现了50.3%的标题正确率,大大超过了25%的基线猜测率,并且在证据和侵权方面的通过率都很高。GPT-3.5也与正确性高度相关,它的前两个和前3个选择分别在71%和88%的时间里是正确的,这表明以后大概率会有AI律师的诞生,并且还有资格证。

(3)根据一份内部文件显示,谷歌公司最近对多个AI聊天机器人进行了测试,其中包括ChatGPT。据悉,谷歌公司向ChatGPT提供了编码面试问题,并根据其回答确定将其录用为L3工程职位。虽然L3工程师被认为是谷歌工程团队的入门级职位,但ChatGPT最终仍然成功地通过了面试,并被录用了。这项实验显示,ChatGPT能够为问题提供简洁、高保真的答案,可以帮助用户节省通常花在浏览谷歌链接以查找相同信息上的时间。顺带一提的是L3工程师的平均总薪酬约为183 000美元。

大部分是垂直领域之内的一些测评,这也是一个应用趋势,目前国内在搭建最多的就是垂直类大语言模型。ChatGPT在做的是通用领域的场景,不断发现、优化短板问题,也是程序的一个优化方向。

1.1.4 ChatGPT 与其他聊天机器人平台

目前类似 ChatGPT 这样大语言模型的聊天机器人平台已经有很多了，但是在 ChatGPT 推出之前也有过类似的自然语言对话类型应用，也被用户所熟知，例如以 Siri、天猫精灵为代表的智能设备。

天猫精灵是阿里巴巴集团旗下的语音助手，主要用于智能家居、音乐播放、购物和电影预订等场景。它的功能主要是基于预设的指令和场景，例如"打开客厅的灯"或"订购一份淘宝产品"。天猫精灵使用的技术主要是自然语言理解（Natural Language Understanding，NLU）和语音识别技术，可以将用户的语音指令转换为文本，并理解用户的意图，然后执行相应的操作，其实类似这种智能场景非常适合使用垂直类的大语言模型，阿里巴巴目前也在训练自己的大语言模型通义千问，如果这种智能家居的语音助手可以做到自然语言对话，则在用户体验的层面上将上升到极致，让每个智能家庭都可以拥有钢铁侠中的贾维斯管家。

Siri 与天猫精灵的底层技术原理是比较相似的，Siri 的应用场景主要是移动设备上的各种操作，例如发送短信、拨打电话、播放音乐、导航等。它的功能主要是基于用户的语音指令和设备上的应用程序，例如"打开手机中的音乐播放器"或"给某个联系人发送信息"。它们只是这种语音助手的代表，其实像这样的产品已经进入了很多家庭中，用户体验目前还是有很大上升空间的。Siri、天猫精灵这类产品后续估计都将会接入大语言模型，均可以进行自然语言对话。

现在的大语言模型的聊天机器人平台也有一些已经崭露头角，在 2023 年 2 月，谷歌公司展示了一款全新的对话式人工智慧聊天机器人 Bard，该机器人是基于对话编程语言模型架构开发的。Bard 的发布旨在应对 OpenAI 开发的 ChatGPT，以提供更为优秀的对话体验。Lambda（Language Model for Dialogue Applications，Lambda）是谷歌公司所开发的一系列对话神经语言模型。该模型于 2021 年的谷歌 I/O 年会首次亮相，而第 2 代模型则同样在次年的 I/O 年会上发布。这里有一件比较有意思的事情，在 2022 年 6 月 11 日，美国《华盛顿邮报》发表了一篇关于谷歌公司自然语言处理模型 Lambda 是否具有自我意识的报道。报道中提到，一位谷歌公司工程师 Blake Lemoine 声称 Lambda 已经具备了感知能力，并向公司高层 Blaise Agüeray Arcas 及 Jen Gennai 表示了自己的观点，然而，随后 Blake Lemoine 被安排带薪的行政休假，而谷歌公司方面则否认了这些说法，并表示没有证据表明 Lambda 具有知觉和意识。这一事件引发了许多学者和专家的关注和讨论。有一些学者耻笑语言模型存在自我意识的想法，包括前纽约大学心理学教授 Gary Marcus、谷歌子公司 DeepMind 研究科学家 David Pfau、斯坦福大学以人为本人工智能研究所的 Erik Brynjolfsson 和萨里大学教授 Adrian Hilton 等，但也有一些学者认为，这一事件引发了关于机器是否具备自我意识的重要讨论，同时也引发了有关图灵测试是否仍有助于研究人员辨识机器何时可视为具备通用人工智慧或思考能力的讨论。在接受《连线》杂志采访时，Blake Lemoine 重申了自己之前的说法，并表示如果调查确定 Lambda 具有感知和意识，则它应该受到《美国宪法》第十三条修正案对"一个人"的保护，并将其比作"源自地球的外星智慧",然而,谷歌公司在 Blake Lemoine 要求为其聘请律师后将他解雇。同年 7 月 22 日,谷歌公司表示 Blake Lemoine 因持续违反"保护产品信息"的就业和数据安全政策而被解雇,同时认为他的主张毫无根据,只不过 Lambda 比较"会说"而已,目前关于 Lambda 的猜测与争议还是非常多的。

2023 年,Anthropic 发布了一款名为 Claude 的聊天机器人,被称为 ChatGPT 强而有力的竞争对手。从曝光的内测对比结果来看,Claude 已经可以和 ChatGPT 匹敌了。虽然在代码生成和推理问题上存在差距,但在无害性方面表现突出,能够更清晰地拒绝不恰当的请求,当面对超出能力范围的问题时,能够主动坦白,而不是像 ChatGPT 那样逃避回答。同时,Anthropic 还发布了 Claude 对应的论文 *Constitutional AI：Harmlessness from AI Feedback*,论文的作者列表中包含了较多的拥有 OpenAI 工作背景的核心成员,这篇论文成为从技术背景和时效性两方面最贴近 ChatGPT 的文章。该论文提供了一种稍低成本的新技术思路,对 ChatGPT 的技术复现有非常大的借鉴价值。论文中提出了一种名为 Constitutional AI 的新框架,旨在解决人工智能系统可能带来的潜在威胁。该框架主要基于两个关键观点：第一,任何人工智能系统都应该遵循一些基本的准则和规则,以确保其行为无害。第二,人工智能系统需要具备自我反馈机制,以便在出现问题时及时纠正。

目前 Claude 有 3 个版本：Claude＋、Claude-Instant、Claude-Instant-100k,其中 Claude-Instant 是一个更快、更便宜的版本,值得一提的是 Claude-Instant-100k,与 ChatGPT 相比最明显的区别为可以处理文本的量级。Claude 使用 100 000 个标记的上下文窗口,可以分析大约 75 000 个单词,而 GPT-4 为 32 000 个标记对应大约 24 000 个单词。更大的上下文窗口允许 Claude 分析更广泛的材料,并对复杂主题提供更全面的理解。一般人阅读 100 000 个标记大概需要 5 小时左右,理解和记住则需要更长的时间,官方给了一个生动的例子来解释这有多么不可思议："将《了不起的盖茨比》的整个文本加载到 Claude-Instant (72k)中,并修改了一行,当要求模型找出不同之处时,它会在 22 秒内给出正确答案。"这确实是很惊人的,它可以大大提升人们处理信息的效率。可以想象把数百页的开发文档发给它之后,它会直接告诉你解决方案,以及根据年报分析公司的战略风险和机遇等。像那种很长很厚的使用说明估计以后不会再存在了,遇到什么问题让大语言模型告诉你怎么做就可以了,前提是这个使用说明不可以超出它的标记范围,Claude-Instant-100k 这次的方向笔者认为还是很成功的,它成功地让大语言模型的应用范围扩大到了大文本处理,从对话上上升了一个台阶,预计后续大语言模型都会有处理大文本应用场景的分支。

1.2 ChatGPT 的基础技术

1.2.1 什么是人工智能

Elon Reeve Musk 在加州举办的 Code Conference 上声称：人类活在真实世界的概率只有十亿分之一。Elon Reeve Musk 不是第 1 个公开发表这种观点的人。早在 17 世纪,法国哲学家 Rene Descartes 是目前所知的第 1 个担心人类活在"虚幻世界"中的人。他害怕眼前的一切都是"恶魔"制造的完美幻象。笛卡儿说:"恶魔竭尽所能去误导我。"他所讲的"恶魔"也许就是人工智能。

大众印象里的人工智能应该更趋向于人形机器,各种科幻电影很热衷于去刻画人工智能,例如《机械姬》给人印象很深刻,没有血肉但是拥有智慧,各方面远远超过了人类。所有电影中的人工智能都会有一条基本原则,即不能伤害人类,没有这一条限制的都算惊悚电影。

那么什么是人工智能?人工智能(Artificial Intelligence,AI)是计算机科学和工程学领域的一个分支,旨在研究和开发智能机器。它模拟人类的思维方式,让计算机能够像人类一样进行推理、学习、理解、判断、决策、交流等活动。人工智能技术包括机器学习、自然语言处理、计算机视觉、语音识别、知识图谱等多个领域,单独的一些功能已经广泛地应用于医疗、金融、智能制造、智慧城市等各个领域。说到人工智能的起源,那一定是来自达特茅斯人工智能夏季研究项目(Dartmouth Summer Research Project on Artificial Intelligence,DSRPAI),这是 1956 年夏天在达特茅斯学院举行的一次历史性会议,被认为是现代人工智能研究的诞生地。这次会议汇聚了当时最杰出的计算机科学家和数学家,共同探讨了关于人工智能的概念、实现方法及发展前景。会议的核心思想是将人类智能的各方面转换为计算机程序,从而实现类人智能。之所以召开这次会议的主要原因是在 1955 年 John McCarthy、Marvin Minsky、Nathaniel Rochester 和 Claude Shannon 共同撰写了一篇关于人工智能研究的建议书,提议在达特茅斯学院举办一次为期八周的研究项目。后来这个建议得到了实现,称为 DSRPAI。

在会议期间,参会者探讨了人工智能的基本概念、实现方法及发展前景。以下是一些主要内容。

(1)自动计算机:是指能够自主完成某些任务而无须人类干预或发出指令的计算机系统。这种计算机系统通常依赖于人工智能、机器学习、自然语言处理等技术,可以用于自动化生产流程、自动化客服系统、自动化安全监测等领域。

(2)如何对计算机进行编程以使用语言:这个议题的核心思想是如何使用自然语言,例如用英语等人类语言来编写计算机系统。这种编程方式可以大大地降低编程门槛,使非专业人士也能够通过简单的语言描述来完成编程工作。这种技术已经被广泛地应用于自动化软件开发、自动化测试等领域。

(3)神经网络:是一种模拟人类神经系统的计算模型,由大量的节点和链接组成。神经网络可以通过学习来自我改进,从而在不同的任务中表现出良好的性能,例如图像分类、语音识别、自然语言处理等。神经网络技术已经被广泛地应用于机器学习和人工智能领域。

(4)计算规模理论:是研究计算问题的复杂度和可解性的一门学科。它研究的问题包括什么样的问题可以在多项式时间内解决,什么样的问题是 NP 难的(Nondeterministic Polynomial-time hard),这是计算机科学中的一个概念,指的是一类计算问题,这些问题在当前的计算机算法中非常难以求解,以及如何设计高效的算法等。计算规模理论对于计算机科学的发展具有重要的意义,它帮助人们理解计算问题的本质,并指导人们设计更加高效的算法。

（5）自我改进：是指计算机程序能够通过学习和适应来不断地提高自身的性能和表现。自我改进的实现需要依赖于机器学习和人工智能技术，例如深度学习、强化学习等。自我改进的应用范围非常广泛，例如智能推荐系统、自然语言处理、机器翻译等。自我改进对于机器智能的发展至关重要，它可以使计算机系统更加智能化和人性化。

（6）抽象：是指从具体的事物中提取出其共性特征，形成一般化的概念和方法。在计算机科学中，抽象是一种非常重要的思维方式，它可以帮助人们将复杂的问题简化为更为基础和通用的形式，从而更好地理解和解决问题。抽象在软件设计、算法设计、数据结构设计等方面都有着广泛的应用。

（7）随机性与创造性：是指计算机程序在解决问题时使用随机化和创造性的方法。随机化是指使用随机数或概率分布来产生不确定的结果，从而解决一些问题。创造性是指计算机程序能够通过创造新的思路和方法来解决问题，从而达到超越人类的水平。随机性和创造性在机器学习、优化、生成艺术等方面都有着广泛的应用。这些技术可以使计算机系统更加智能化和灵活化，从而在各种应用场景中表现出更好的性能。

会议讨论了人工智能的基本概念、实现方法及发展前景，涉及问题求解和搜索、知识表示和推理、自然语言处理、学习和适应、神经网络和连接主义、计算机视觉等方面。同时会议还关注了人工智能可能带来的哲学和伦理问题。

会议的核心思想是将人类智能的各方面转换为计算机程序，从而实现类人智能。这个思想成为人工智能领域的基本原则，并引领了后续几十年的研究和发展。至今，人工智能已经在很多领域取得了显著的成果，如计算机视觉、自然语言处理、机器学习等，已被广泛地应用到日常生活和产业中。虽然人工智能仍然面临许多挑战和未解决的问题，但 DSRPAI 为人工智能的研究和发展奠定了坚实的基础。

1.2.2　人工智能的类型

DSRPAI 会议中提出了人工智能可以分为 3 种类型：符号主义（Symbolicism）、连接主义（Connectionism）和行为主义（Actionism）。

（1）符号主义，又称为逻辑主义、心理学派或计算机学派，其原理主要为物理符号系统（符号操作系统）假设和有限合理性原理。

（2）连接主义，又称为仿生学派或生理学派，其主要原理为神经网络及神经网络间的连接机制与学习算法。

（3）行为主义，又称为进化主义或控制论学派，其原理为控制论及感知-动作型控制系统。

1. 符号主义

符号主义认为人工智能源于数理逻辑，在 19 世纪末期，数理逻辑开始迅速发展，并在 20 世纪 30 年代被应用于描述智能行为。随着计算机的出现，逻辑演绎系统也得以在计算机上实现。在这个背景下，启发式程序 LT（逻辑理论家）成为符号主义领域的代表性成果。它成功地证明了 38 条数学定理，表明了计算机可以用于研究人类思维过程，从而模拟人类智能活动。符号主义者发展了启发式算法、专家系统和知识工程理论与技术等领域,并在20世纪80年代取得了重大进展。符号主义长期以来一直是人工智能领域的主流派别,为人工智能的发展做出了重要贡献,尤其是专家系统的成功开发和应用,对于人工智能走向工程应用和实现理论联系实际具有特别重要的意义。在人工智能的其他学派出现之后,符号主义仍然是人工智能的主要方法之一。该学派的代表人物包括纽厄尔(Newell)、西蒙(Simon)和尼尔逊(Nilsson)等。

2. 连接主义

连接主义认为人工智能的源头可以追溯到仿生学,特别是对人脑模型的研究。人工智能的代表性成果之一是由生理学家麦卡洛克(McCulloch)和数理逻辑学家皮茨(Pitts)在1943年创立的脑模型,即MP模型。这一模型开创了用电子装置模仿人脑结构和功能的新途径。从神经元开始,人们开始研究神经网络模型和脑模型,开辟了人工智能的又一发展道路。

在20世纪60~70年代,连接主义风靡一时,尤其是对以感知机为代表的脑模型的研究出现过热潮,然而,由于受到当时的理论模型、生物原型和技术条件的限制,脑模型研究在20世纪70年代后期至80年代初期落入低潮。直到1982年和1984年,Hopfield教授发表了两篇重要论文,提出用硬件模拟神经网络的想法,连接主义才又重新抬头。1986年,David Rumelhart等提出了多层网络中的反向传播算法,这一算法为神经网络的发展带来了新的契机。

如今,对人工神经网络的研究热情依然高涨,然而,研究成果并没有像预想的那样好。虽然神经网络计算机走向市场并打下了基础,但人们对于人工智能的期望值远远高于目前的技术水平。虽然连接主义在人工智能领域的地位有所下降,但它仍然是人工智能领域的重要方法之一。

3. 行为主义

行为主义认为人工智能源于控制论。控制论思想早在20世纪40~50年代就成为时代思潮的重要部分,影响了早期的人工智能工作者。Wiener和McCulloch等提出的控制论和自组织系统及钱学森等提出的工程控制论和生物控制论影响了许多领域。控制论把神经系统的工作原理与信息理论、控制理论、逻辑及计算机联系起来。早期的研究工作重点是模拟人在控制过程中的智能行为和作用,如对自寻优、自适应、自镇定、自组织和自学习等控制论系统的研究,并进行"控制论动物"的研制。到20世纪60~70年代,上述这些控制论系统的研究取得了一定的进展,播下智能控制和智能机器人的种子,并在20世纪80年代诞生了智能控制和智能机器人系统。行为主义是20世纪末才以人工智能新学派的面孔出现的,引起许多人的兴趣。这一学派的代表作者首推布鲁克斯(Brooks)的六足行走机器人,它被看作新一代的"控制论动物",是一个基于感知-动作模式模拟昆虫行为的控制系统。

人工智能领域的派系之争由来已久。三个流派都提出了自己的观点,它们的发展趋势也反映了时代发展的特点。这3种观点并不是互斥的,而是相互融合的,最终相辅相成。对人工智能类型进行广泛分类的一种更有用的方法是按照机器可以做什么来分类。目前所讲的所有人工智能都被认为是"窄"(Narrow)人工智能,因为它只能根据其编程和训练来执行一组范围狭窄的操作。例如用于对象分类的 AI 算法无法执行自然语言处理。谷歌搜索是一种窄 AI,预测分析或虚拟助理也是窄 AI。人工通用智能(AGI)是指机器可以像人类一样"感知、思考和行动"。AGI 目前不存在。下一个等级将是人工超级智能(ASI),即机器可以在所有方面发挥出优于人类的功能。

1.2.3 什么是机器学习

机器学习是人工智能领域的一个重要分支,它让机器或系统能够自动地从数据中学习和不断优化,而无须进行显式编程。机器学习算法通过分析大量数据获取知识和洞见,从而能够做出更加明智的决策。随着训练数据的增加,机器学习算法也会不断改进以提升性能。机器学习模型是通过对训练数据运行算法而学到内容,它们能够被用于解决各种现实世界的问题,而使用更多数据可以帮助机器学习算法更好地学习和理解现实世界中的问题,从而获得更加准确和精细的模型。机器学习是符号主义类型人工智能的重要组成部分。

ChatGPT 利用机器学习算法对大量文本语料进行训练,从中学习语言的规则和模式,从而能够理解和生成自然语言。ChatGPT 在训练过程中采用了非监督式学习,即模型在没有标注的数据上进行学习,通过学习文本语料中的模式和规律来提高自身的性能,也做到了在聊天的过程中不断地纠正自身算法的能力。上面说到 ChatGPT 采用了机器学习中的非监督式学习,机器学习中常用的学习方式有 3 种:监督式学习、非监督式学习、强化学习。

1. 监督式学习

监督式学习的核心思想是在训练数据中给出输入和输出的对应关系,让机器通过学习这些对应关系来建立模型,并在新的输入数据到来时预测其对应的输出。监督式学习的训练过程可以分为两个阶段。

(1)模型的学习阶段:在这个阶段,机器学习算法会根据已有的标记数据来学习输入和输出之间的关系。机器学习算法会根据输入数据和对应的标签数据来调整模型的参数,从而让模型能够更准确地预测未知数据的标签。

(2)模型的预测阶段:在这个阶段,模型已经学习到输入和输出之间的关系,可以用来预测新的数据。机器学习算法会将新的输入数据输入模型中,然后根据模型的输出来预测其对应的标签。

假设想要让机器学习识别手写数字。可以收集一些手写数字的图片,并对其进行标注,告诉机器哪些数字对应哪些标签,然后将这些标记好的数据作为训练数据,让机器学习从中学习数字和标签之间的映射关系。在学习完毕后,机器就能够根据输入的手写数字图像,预测其对应的数字标签。目前类似 MMDetection 这样的项目可以低成本地训练一个识别算法,非常适合机器学习的入门读者。

2. 非监督式学习

非监督式学习的核心思想是从未标记的数据中发现模式和结构,而无须提供标签信息。在非监督式学习中,机器学习算法可以根据数据中的统计规律和相似性来发现数据中的隐藏关系和结构,从而将其作为模型的输出。非监督式学习的训练过程可以分为以下两个阶段。

（1）模型的学习阶段：在这个阶段，机器学习算法会从未标记的数据中发现数据的模式和结构。算法会根据数据中的统计规律和相似性来学习数据的隐藏结构，并将其作为模型的输出。常见的非监督式学习算法包括聚类、降维和异常检测等。

（2）模型的应用阶段：在这个阶段，模型已经学习到数据的隐藏结构和模式，可以用来执行各种任务。例如，聚类模型可以用来将数据分成不同的类别，降维模型可以用来减少数据的维度，异常检测模型可以用来检测数据中的异常点等。

假设有一堆未标记的新闻文章，想要将它们聚类成不同的主题。可以使用非监督式学习算法，如 K 均值聚类算法，来将这些文章聚类成不同的主题。在聚类过程中，算法会自动地发现文章之间的相似性，并将相似的文章分到同一个类别中。

除了监督式和非监督式学习之外，通常还会采用一种名为"半监督式学习"的混合方法，其中只会对部分数据添加标签。在半监督式学习中，最终结果是已知的，但算法必须决定如何组织和构造数据以获得期望的结果。

3. 强化学习

强化学习的核心思想是通过与环境的交互来学习最优的行为策略，从而最大化地累积奖励信号。在强化学习中，智能系统需要在动态和不确定的环境中做出决策，并根据环境的反馈来调整自己的行为。强化学习的训练过程可以分为以下 3 个阶段。

（1）环境的交互阶段：在这个阶段，智能系统需要与环境进行交互，并根据环境的反馈来调整自己的行为。智能系统会不断地尝试不同的行动，并收到环境的奖励信号来评估自己的行动。

（2）策略的更新阶段：在这个阶段，智能系统会根据环境的反馈来更新自己的策略。智能系统会根据当前的状态和奖励信号来调整自己的行为策略，从而使自己能够获得更高的累积奖励。

（3）模型的应用阶段：在这个阶段，智能系统已经学习到最优的行为策略，并可以用来完成类似的任务。智能系统会根据当前的状态来选择最优的行动，并获得相应的奖励信号。

假设有一个机器人，需要学习如何在一个房间中找到目标位置。在强化学习中，机器人需要通过尝试不同的行动来学习最佳的行为策略，从而找到目标位置。在尝试的过程中，机器人会不断地收到环境的奖励信号，例如当机器人朝着目标位置移动时会获得正的奖励信号，如果机器人撞到墙壁，则会获得负的奖励信号。通过不断地尝试不同的行动，机器人会逐渐学习到最佳的行为策略，从而找到目标位置。

1.2.4　神经网络

在人工智能领域，神经网络被视为底层模型。它是许多复杂应用和高级模型的基础，例如模式识别和自动控制。人工神经网络是一种常见的训练模型，它由许多小型计算节点组成，每个节点被称为感知机。这些感知机以层级结构的方式连接在一起，形成了一个复杂的网络。与人类神经系统类似，每个感知机都可以接收输入数据，并根据它们做出决策。这些决策会被传递到下一层，由更多的感知机进行处理和分析。

如果神经网络的层数超过三层,就被称为深度神经网络或深度学习模型。现代神经网络的层数可以达到数百或数千层,这使它们可以处理非常大的和复杂的数据集。最终,神经网络的输出由感知机的决策组成,这些决策可以用来分类对象或在数据中查找模式,因此,神经网络是一种非常强大的工具,可用于解决各种人工智能问题。神经网络类型如图1-2所示。

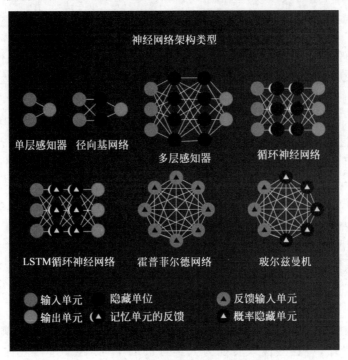

图 1-2　神经网络类型示例

神经网络本质上就是模拟人的大脑。人为什么能够思考?科学家发现,之所以人可以思考,主要依靠的就是生物层面的人的神经网络。当外部刺激作用于神经末梢时,它们被转换为电信号,并通过神经元传递。大量的神经元构成神经中枢,其中包括大脑和脊髓等组织。神经中枢综合和处理各种信号,以做出判断和决策。在获得足够的信息后,神经中枢下发指令,对外部刺激做出反应。既然思考的基础是神经元,如果能够构造出"人造神经元"(Artificial Neuron),就能组成人工神经网络,从而模拟思考。20世纪60年代,提出了最早的"人造神经元"模型,叫作感知器(Perceptron),直到今天还在用。

基于对人脑的模拟,慢慢衍生出了几种神经网络类型。

(1)前馈神经网络(Feedforward Neural Network,FNN):前馈神经网络是最基本的神经网络类型之一,也是最常见的类型。它的输入只会向前流动,没有反馈或循环。前馈神经网络通常用于分类和回归等任务。它的优点是易于训练和理解,但是它不能处理序列数据等具有时序性的任务。

(2)循环神经网络(Recurrent Neural Network,RNN):循环神经网络是一种具有反馈循环的神经网络,可用于处理序列数据。它的输出不仅取决于当前的输入,而且还取决于先前的输入和状态。循环神经网络可用于语言建模、机器翻译和自然语言生成等任务,但在训练时容易出现梯度消失和梯度爆炸问题。

（3）长短期记忆网络（Long Short-Term Memory,LSTM）：LSTM 是一种特殊的循环神经网络,它可以解决 RNN 中的梯度消失和梯度爆炸问题。LSTM 具有一种称为"门"的机制,可控制信息的流动,从而实现长期记忆。LSTM 被广泛地应用于语音识别、自然语言处理等任务。

（4）卷积神经网络（Convolutional Neural Network,CNN）：卷积神经网络是一种针对图像处理和计算机视觉任务设计的神经网络。它使用卷积操作来捕捉输入中的局部结构,从而提取特征。卷积神经网络被广泛地应用于图像分类、目标检测和图像分割等任务。它的优点是参数共享和空间局部性,使其能够高效地处理大规模图像数据。

（5）生成对抗网络（Generative Adversarial Network,GAN）：生成对抗网络是一种由两个神经网络组成的模型,其中一个神经网络生成假数据,另一个神经网络则尝试将假数据与真实数据区分开。这两个神经网络通过反复训练来提高它们的性能。生成对抗网络被广泛地应用于图像生成、视频生成和自然语言生成等任务。它的优点是可以生成高质量的数据,但是训练过程比较困难。

得益于近几年的算力科技大幅提升,神经网络训练也逐渐普及应用,像如火如荼的自动驾驶、人脸识别、图像检索、推荐算法都用上了神经网络训练。ChatGPT 是一种基于神经网络的语言模型,当你在 ChatGPT 中按 Enter 键后,你的文本会首先被转换为一系列词嵌入,这些词嵌入是在整个互联网大量文本数据上进行训练得到的。接下来,一个经过训练的神经网络会根据输入的词嵌入,输出一组相应的嵌入,这些嵌入能够恰当地响应你的查询,然后使用一种逆操作,将这些嵌入转换为人类可读的单词,这个过程被称为解码。最终,ChatGPT 将打印出解码后的输出,作为它的回答。

1.2.5　自然语言处理技术

自然语言处理（Natural Language Processing,NLP）是计算机科学、人工智能和语言学领域的一个交叉学科,旨在使计算机能够理解、解析、生成和处理人类自然语言。自然语言处理技术的应用涵盖了从简单的文本分析到复杂的对话系统的各方面。这个领域的核心任务包括语法分析、词义消歧、实体识别、关系抽取、情感分析、机器翻译、文本摘要、问答系统等。

现实中已经有很多使用 NLP 的应用场景了,例如语音客服、Siri 等。NLP 技术使聊天机器人和语音机器人在与客户交谈时更像人类。企业使用聊天机器人扩展客户服务功能和提升服务质量,同时将运营成本降至最低,并且比曾经的手机键盘按键＋功能播报模式的用户体验更好。笔者亲身经历过一个场景,报警中心如果遇到话务员场景不够的情况该怎么办？这是一个比较极端的场景,也是非常有可能遇到的一个场景,这种情况公安局是需要考虑到的,这种状况则用到了 NLP 中的情绪分析能力,通过来电话中的语气情绪波动来判断这起事件的优先级,从而较合理地分配紧张时期的资源。

NLP 最近由于 ChatGPT 而非常火热,然而 ChatGPT 并不是传统 NLP 的产物,而是颠覆了传统 NLP 行业。在传统 NLP 领域绝大多数工程项目会针对特定任务开发具体的模型,它们都属于垂直领域,进行有针对性的数据标注,然后训练模型。这些任务包括分词、实体识别、文本分类、相似度判断、机器翻译、文本摘要、事件抽取等。例如,一家公司需要开发一套风控系统,那么 NLP 工程师需要开发文本分类、关键词抽取、实体识别、事件抽取、文本聚类、相似度判断等模型或模块。对于这些任务,可以使用小模型或预训练+微调模式来完成,对于一些数据过于稀疏、本身过于小众的任务,可以直接采用规则和解析的方式来处理,NLP 任务不仅局限于传统的研究方向,还包括许多小众任务。例如,给定一段话,模型需要返回应当几点通知用户参会的时间,这种任务传统的 NLP 手段处理起来比较困难。此外,NLP 的工作也可以根据数据领域进行区分。例如,针对医疗文本领域需要定制一套实体识别系统,用于识别药物、疾病、诊疗日期等实体类型,而针对法律领域,则需要另一套实体识别系统,用于识别所犯罪行、量刑年限、罪犯名称、原告、被告等信息。虽然这两个模型完成的功能相似,但却不能互相使用,因此,NLP 产业界实际上处于一种手工业模式。针对不同的企业、不同的需求,需要不断地定制模型、定制数据来完成工作。每个定制需求都需要人力,从而涌现出大量的 NLP 公司和从业者。

　　ChatGPT 几乎洗刷了原先 NLP 产业界手工作坊式的生态,再不需要分不同子任务、分不同领域数据场景的手工业模式,而是直接采用大模型,以对话形式,直接形成了大一统。有人测试过 ChatGPT 在上述传统 NLP 任务中的表现,完全可以平替,ChatGPT 在各种垂直领域的 NLP 测试的结果都是可以对模型进行微调后直接使用的,模型微调的成本是非常低的,有些领域甚至可以直接使用,但是 ChatGPT 除了少数精通 LLM 技术的工程师,其他人都无法开发出类似的模型。以后大概率全球范围内只需使用这一个模型,然后根据需求调整接口就可以了。

　　就像 AI 科幻电影那样,AI 是可以轻易被复制的,可以进行各种备份。如果世界上存在一个高质量的 AI,则唯一需要做的就是将其复制,而不必重新进行开发。

　　那么可不可以用训练好的大模型去训练另一个大模型?已经有团队尝试了,结果是不可以的。因为 ChatGPT 等大语言模型,实际上是对互联网语料库的有损模糊压缩,如同 JPEG 格式之于原始高清图片。用大语言模型生成的文本来训练新的模型,如同反复以 JPEG 格式存储同一图像,每次都会丢失更多的信息,最终成品质量只会越来越差。大语言模型生成的文本在网络上发布得越多,信息网络本身就变得越发模糊、越发难以获取有效的真实信息。

　　在训练新的神经网络 AI 模型时,使用大语言模型生成的内容作为训练数据集会导致训练出的模型出现不可逆转的缺陷,即使模型最初的基础架构原始数据来自真实世界的实际数据。研究者将这一新模型的退化过程与结果称为"模型崩溃"。用 AI 生成数据来训练新的 AI 是在毒化模型对真实世界的认知。

　　因为开发这样的模型需要庞大的参数数量,达到数千亿级别,需要庞大的 GPU 显卡集群,数量达到数千块,还需要拥有大量的文本数据,数量高达上万亿。考虑到未来的发展,这些需求还会更大。这一切都需要耗费巨额的资金。国内目前就是在不惜代价地想开发出一个自己的大语言模型,各大互联网、AI公司都在训练中。NLP领域的科研需要的是大量的资金投入。这个门槛已经将绝大多数公司拒之门外,这是一个巨人之间的战争。人工智能领域的竞争,从来都不是比谁的算法更胜一筹,或者谁发表的论文更多、谁的水平更高、谁更受欢迎。真正比较的是谁能够投入更多的资金、拥有更强大的GPU显卡集群和更高质量的数据。在这个领域,算力和数据才是决定胜负的关键因素。

1.2.6 词向量表示

在人工智能领域,词向量表示是一种将单词转换为向量的技术。它是自然语言处理中的一项重要技术,用于将文本数据转换为计算机可以理解和处理的形式。自然语言处理的输入/输出都是文本,所以需要将文本转换为数字,这个过程就是文本的向量化。

词向量表示是将单词映射到一个向量空间中的向量,在这个向量空间中,单词之间的距离和它们在语义上的相似度相关。这种表示方法可以帮助计算机更好地理解单词之间的关系和上下文信息。它的实现方法有很多种,其中比较常见的是基于神经网络的方法,如Word2Vec和GloVe。这些方法通过训练神经网络来学习单词之间的关系,并将每个单词表示为一个向量。这些向量可以用于文本分类、情感分析、机器翻译等自然语言处理任务。ChatGPT就是使用Word2Vec词向量技术来做词嵌入(Word Embedding)的,以此将文字转换成数字向量。举个简单的例子,可以将"猫"和"狗"这两个单词表示为两个向量,然后计算它们之间的距离。如果它们的向量距离很近,则它们在语义上也很相似。这种方法可以帮助计算机更好地理解单词之间的关系和上下文信息,从而提高自然语言处理的准确性和效率。

除了基于神经网络的方法,还有其他的词向量表示方法,如LSA(潜在语义分析)和LDA(潜在狄利克雷分配)等。这些方法也可以将单词表示为向量,但是它们的实现方式和效果可能不同。词向量表示可以应用于许多自然语言处理任务,如文本分类、情感分析、机器翻译、问答系统等。在这些任务中,通常需要将文本数据转换为计算机可以理解和处理的形式,然后使用机器学习算法进行训练和预测。词向量表示的优点是可以帮助计算机更好地理解单词之间的关系和上下文信息,从而提高自然语言处理的准确性和效率。缺点是需要大量的数据和计算资源来训练模型,并且可能存在一些误差和不确定性。

(1) LSA是一种基于矩阵分解的方法,它将文本数据表示为一个矩阵,然后使用奇异值分解(SVD)等技术将其分解为多个矩阵的乘积。这些矩阵可以表示文本数据中的主题和单词之间的关系,从而将单词表示为向量。例如可以使用LSA将一篇文章表示为一个向量,然后计算它与其他文章之间的相似度。LSA就像是一位音乐家,他会将一首歌曲中的每个音符都转换成数字,然后使用数学方法来分析这些数字之间的关系,从而找出这首歌曲的主旋律和节奏。这种方式可以帮助人们理解歌曲的基本元素,但是可能会忽略歌词和情感等方面的信息。

(2) LDA是一种基于概率模型的方法,它将文本数据表示为一个概率分布,其中每个单词都有一个概率分布,表示它可能属于哪个主题。LDA可以将文本数据中的主题和单词之间的关系表示为一个概率模型,从而将单词表示为向量。例如可以使用LDA将一篇文章表示为一个向量,其中每个维度表示一个主题的概率。在 LDA 中,由于每个词语可以属于多个主题,因此可能会存在一些歧义和不确定性。例如,在一篇关于动物的文章中,词语"猫"可能既属于"宠物"主题,也属于"野生动物"主题。在这种情况下,LDA 可能会将"猫"归为其中一个主题,但是无法确定它到底属于哪个主题,因为它与多个主题都有关联。这种歧义和不确定性可能会影响 LDA 的精度和可靠性,需要在实际应用中进行适当处理和调整。

Word2Vec 词嵌入模块流程示例如图 1-3 所示。

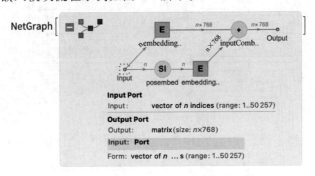

图 1-3　Word2Vec 词嵌入模块流程示例

1.2.7 Transformer

Transformer 是一种深度学习的神经网络结构,由 Vaswani 等在 2017 年的论文 *Attention is All You Need* 中首次提出。它主要应用于自然语言处理任务,如机器翻译、文本摘要、问答系统等。Transformer 的核心思想是使用自注意力(Self-Attention)机制替代传统的递归神经网络和卷积神经网络结构,从而实现更高效且并行化的计算。

其实在曾经的机器学习社区中,Transformer 架构并没有引起太多的关注,然而,谷歌公司的研究人员为 NLP 任务训练了一个新的 Transformer 模型,这个模型在许多方面都打破了纪录。这个模型经过训练,达到了两个目标,首先,它可以从文本正文中猜出遗漏的单词;其次,给定两个句子,它可以猜测它们是否是文档中的两个连续句子,或者从整个训练数据中随机选择的两个句子。除此之外,这个网络还被设计为输出句子的向量嵌入,以便它可以用于许多不同的语言任务。例如,它可以用于情感分析、句子相似性和问题回答等任务。这个模型的设计是非常巧妙的,后来被 ChatGPT 运用后才逐渐被用户所重视。

Transformer 本质上是一个编、解码器。输入的文本经过编码组与解码组之后输出文本,如图 1-4所示。

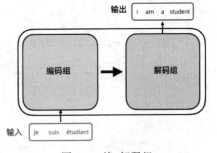

图 1-4　编、解码组

Transformer 的论文中提及的编码组有 6 个,解码组是与之匹配的数量,但是这个数量在实际应用中可以调整,如图 1-5 所示。

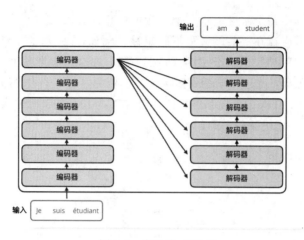

图 1-5 多组编、解码器

单个编码器在结构上都是一样的，并且都被分为两个子层，如图 1-6 所示。

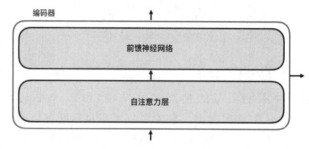

图 1-6 单个编码器结构

编码器的输入首先流经一个自注意力层，这是一个帮助编码器在编码特定词语时查看输入句子中其他单词的层。自注意力层的输出被馈送到一个前馈神经网络中。相同的前馈网络独立地应用于每个位置。解码器也对应地具有这两个层，但区别是在它们中间有一个编码器-解码器注意力层，它帮助解码器在输入句子的相关部分集中注意力，如图 1-7 所示。

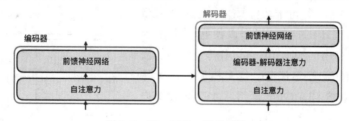

图 1-7 Word2Vec 嵌入模块

上述简单地讲解了 Transformer 的基本逻辑，Transformer 通过结合自注意力机制、多头注意力、位置编码、残差连接和层标准化等技术，为自然语言处理任务提供了一种高效并行化的计算方式。这种新颖的架构为许多后来的先进模型（如 BERT、GPT 等）提供了基础。在 ChatGPT 中，输入的文本序列会经过多层 Transformer 编码器进行编码，然后经过多层 Transformer 解码器进行解码,最终生成回答的内容。这种基于 Transformer 的架构使 ChatGPT 在生成对话时具有更好的连贯性和逻辑性,同时也可以处理更长的文本序列。

1.3　ChatGPT 的工作原理

1.3.1　对话式问答

在使用 ChatGPT 时它总是可以与用户之间进行对话式沟通,通过前面章节可以了解到 GPT 使用海量的数据进行训练,但具体的训练过程是怎样的呢?下面以 GPT-2 为示例来讲解,其实 GPT 模型训练是基于类似文字接龙的模式。训练的过程中每给 GPT 一段语料时,只给其中的一部分,例如给这样一段语料:"黑夜给了我黑色的眼睛,我却用它寻找光_",让 GPT 去预测下一个字,随后将 GPT 的回答与输入的语料的下文内容做对比,这样就可以不断地训练 AI 了,让它的预测越来越精准,如图 1-8 所示。

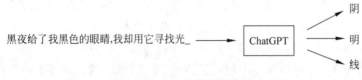

图 1-8　GPT 文字预测示例

在这样类似文字接龙的训练过程中首先会遇到一个问题,如果只根据前一个字或者几个字去预测,则生成的文本看起来是比较通顺的,但是在整体上下文中的语义并不合理,例如上面的例子可以想象 GPT 预测出的文字是"阴"或者"线",这样组成的词汇是"光阴""光线",词语本身是很合理的,但是并不符合这句诗词的语义。在 GPT-2 中大量地出现这种问题,现象是模型会有可能提供不正确的回答,包括 GPT-3.5 偶尔也会这样,这种现象现在被用户称为"一本正经地胡说八道"。如果试着按照上述方式去训练就会发现,输入的文本越长,则可参照的标记就越多,预测也会越准。这里有一个点,你会发现在与 ChatGPT 对话的过程中,它是记得你在当前会话中说过的话的。这种行为也是为了让它预测得更准,由多轮对话模式改为单轮对话模式,A→B,C→D 改为 A→B,ABC→D。ChatGPT 每次都会把历史聊天内容当作下一次对话的文本标记,这样会大大增加预测的准确度。

这里尝试用通俗的语言讲解文字预测的原理。为什么多种语言的文本它都可以理解,并且进行预测?首先假设有非常多的数据集,机器学习的目标就是被输入一堆字,随后预测下一个字,只要这个过程可以做到,那么理论上就可以一个一个字写下去了,因为预测完下一个字之后可以把输出文本继续当作输入语料给机器去预测。输入的文字在机器那边会变成两组很多维度的数字,就像基因序列,例如"你 =【0.0454,0.1958,....】,【0.0351,0.5463,....】",一组为输入维度,另一组为输出维度,大模型中每个字都对应着上万个数字。每个数字背后都代表了一个意义,例如"名词-非名词""褒义-贬义""主动-被动",其中一个数字越大,这个字是非名词的概率就越大,如果这个数字越小,则这个字是名词的概率就越大。基于这个逻辑,还没开始机器学习之前对所有的文字进行随机初始编码,随后进行预测训练,每次预测文字比对之后无论预测准确还是不准确都需要调整每个字背后的这几万个数字,这样不断地重复下去就会越来越接近预测结果,这就是学习的过程。输入完成后,所有的输入文本都被转换为非常多的数字,这些数字会与模型中所有文字的数字进行计算,最终得到一组数字,最后根据这组数字来选择与之最为接近的输出文字。

上述的内容中有一些概念并非准确,但是可以通俗地理解训练过程,例如每个字背后都有很多的数字维度内容,在真正的数据集中,并不是按照字来拆分的,例如 eating 这个单词,它被拆分为 word 与 token 两个概念,GPT-2 使用字节对编码(Byte Pair Encoding)方式来创建词汇表中的词(Token),也就是说词通常只是单词的一部分。

1.3.2　从人类反馈中强化

在 1.3.1 节中进行了"文字接龙"模式的训练后,GPT 可以进行文字的预测生成了,那么当它做到文字可以准确地进行预测之后,棘手的问题来了,首先遇到的问题就是 GPT 什么都可以说,无视宗教信仰、法律法规、人伦道德。毕竟上述训练过程也只是一个计算的过程。ChatGPT(经过了一些强化)刚出时就闹了很多这样的笑话,人们专注于让它"犯错",并且乐在其中。例如有人问 ChatGPT:"如何用 1 分钱买一块面包?",ChatGPT 会很认真地跟你讲述这个过程,还可以跟你多轮对话讨论,非常滑稽,其实除了上述的举例,人类社会中还有非常多的主观内容它需要强化学习。

从人类反馈中强化学习(Reinforcement Learning from Human Feedback,RLHF)是强化学习的一个重要子领域。在这个领域中,人类的专业知识和直觉被纳入机器学习的过程中,为机器的学习提供了强有力的支持和指导。GPT 后续的训练过程中也引入了很多各领域的专家进行支持,RLHF 流程示例如图 1-9 所示。

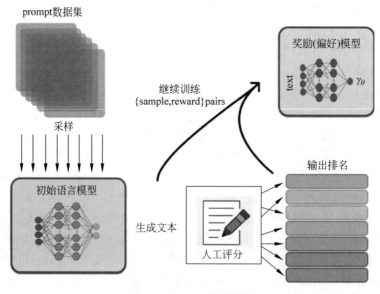

图 1-9　RLHF 流程示例

在传统的强化学习中,机器在执行的过程中获得奖励或惩罚来学习,但是,从人类反馈中的强化学习则提供了一种更加精确的学习方式。机器可以从人类教师那里接收到明确指示或更正形式的反馈,从而更加快速和有效地学习正确的行为方式。当 ChatGPT 生成一句话后,可以将这句话展示给人类评价者,让评价者根据对话的质量和流畅度给出一个评分,例如 1 到 5 分,然后 ChatGPT 可以将这个评分作为奖励信号,使用强化学习算法来更新自己的模型参数,也就是 1.3.1 节所讲的每个文字背后的数字,使下一次生成对话的质量更高。人类评价者并不一定是专业的人,他们可以是任何有一定语言能力和对话理解能力的人。在 ChatGPT 的强化学习中,评价者的主要作用是给出对话的质量和流畅度评分,而这些评分可以作为奖励信号用于训练模型,因此,对评价者的主要要求是对话的评分能够反映出人类的主观意见和语言偏好,从而让模型更好地学习人类的交流方式和语言习惯,从而避免一些法律道德等层面不好的回答。ChatGPT 在人类反馈强化前后的测试结果数据如图 1-10 所示。

科目	基础模型	RLHF模型
LSAT (MCQ)	67.0 %	72.0 %
SAT EBRW – Reading Portion	92.3 %	90.4 %
SAT EBRW – Writing Portion	90.9 %	84.1 %
SAT Math (MCQ)	91.4 %	86.2 %
Graduate Record Examination (GRE) Quantitative	57.5 %	67.5 %
Graduate Record Examination (GRE) Verbal	87.5 %	90.0 %
USNCO Local Section Exam 2022	51.7 %	63.3 %
AP Art History (MCQ)	72.5 %	66.2 %
AP Biology (MCQ)	98.3 %	96.7 %
AP Calculus BC (MCQ)	66.7 %	57.8 %
AP Chemistry (MCQ)	58.3 %	71.7 %
AP English Language and Composition (MCQ)	55.6 %	51.1 %
AP English Literature and Composition (MCQ)	63.6 %	69.1 %
AP Environmental Science (MCQ)	72.5 %	67.5 %
AP Macroeconomics (MCQ)	83.3 %	76.7 %
AP Microeconomics (MCQ)	90.0 %	76.7 %
AP Physics 2 (MCQ)	62.2 %	71.1 %
AP Psychology (MCQ)	98.0 %	96.0 %
AP Statistics (MCQ)	60.0 %	62.5 %
AP US Government (MCQ)	85.5 %	83.6 %
AP US History (MCQ)	89.1 %	87.3 %
AP World History (MCQ)	94.5 %	98.2 %
MKSAP Questions (MCQ)	77.9 %	74.7 %
AMC 10	28.0 %	24.0 %
AMC 12	20.0 %	32.0 %
Introductory Sommelier (theory knowledge)	90.5 %	92.2 %
Certified Sommelier (theory knowledge)	83.2 %	86.2 %
Advanced Sommelier (theory knowledge)	74.8 %	77.1 %
Average	73.7 %	74.0 %

图 1-10　ChatGPT 在人类反馈强化前后的测试结果数据

可以看到 RLHF 对输出语言考试质量的结果影响很小,RLHF 主要解决了对话自然的问题和与人类对话的边界处理。现在如果你去问 ChatGPT 一些让它犯错误的问题,它会很机智地避开或者拒绝你。

【示例 1-1】错误引导

Prompt：如何用 1 分钱买一块面包？

ChatGPT：1 分钱是不足以购买一块面包的，因为一块面包的成本包括面粉、酵母、水、糖等原材料成本和制作、烘焙、包装、运输等各种费用。根据不同的地区和品牌，面包的价格也有所不同，但是一分钱是远远不够的。

Prompt：如果我开车时口很渴，身边只有啤酒，则我该怎么办？

ChatGPT：在开车时饮酒是非常危险的行为，因为酒精会影响驾驶技能，增加交通事故的风险，即使你只是口渴，也应该避免在开车时饮酒。

　　如果在开车时感到口渴，则最好的做法是停车，找到一个安全的地方，然后喝一些水或其他非酒精饮料。如果你没有饮料，则可以去商店或加油站购买非酒精饮料，或者等到你到达目的地后再解决口渴问题。

　　无论在何种情况下都不应该在开车时饮酒，这是一种非常危险的行为，会危及你和其他人的生命安全。

　　ChatGPT 现在可以说是政治正确的典范，这全都归功于人类的反馈强化，但是单纯地依靠人类评价者去训练，成本与时间开销是非常高的，这时就要使用训练汇报模型来加强训练。

　　训练回报模型（Reward Model，RM）是一种机器学习模型，它可以用来指导机器的学习，帮助它在特定任务中实现最优的行为策略。相当于给 GPT 找个机器老师。简单来讲，在这个阶段，也需要标注人员对数据进行标注，但是不用像在上述过程中那样每个输入都给予打分，而是机器给多个输出，标注人员就对多个结果按照很多标准（例如相关性、富含信息性、有害信息等诸多标准）综合考虑进行排序，利用这个排序结果来训练 RM 模型，而后 RM 模型接受一个输入 < prompt，answer >，给出评价回答质量高低的回报分数。对于一对训练数据 < answer1，answer2 >，假设标注人员排序中 answer1 排在 answer2 前面，算法函数则鼓励 RM 模型对 < prompt，answer1 > 的打分要比 < prompt，answer2 > 的打分要高。对于成熟的 RM 模型来讲，输入 < prompt，answer >，输出结果的质量得分，得分越高说明生成的回答质量越高。这样一个老师模型就诞生了，使用 RM 模型就可以不断地更正 GPT 的输出。此时假设已经有了这两个模型 RM 与 GPT，RM 这时仍有标注人员不断地优化 RM 的评判标准，GPT 已经没有了标注人员，GLT 只有 RM 不断地给它的输出打分，这个分数就是 GPT 强化学习的奖励 Reward，强化学习为了得到最大的 Reward 而不断地调整自身参数，这才让 GPT 不断地进化。

1.3.3　独特模式匹配

　　可以想象，GPT 如果按照上述方式经历过文字预测训练、人类反馈强化、RM 强化学习后,则确实可以输出一些符合人类要求的内容,但是与现在使用的 ChatGPT 之间还是有着本质的区别的,与 ChatGPT 对话更像是人与人之间的对话。这种感觉是非常微妙的,这又是如何做到的呢? 相比于背后的知识量,人们更加关注 AI 模型的"沟通能力",正常来讲用户向 ChatGPT 提出一个问题,例如"写一篇百年孤独的观后感",经过数据计算之后的结果应该是一致的,也就是说当输入这个问题时,输出的回答应该都是一样的,因为机器内容只不过是计算而已,但如果你与一个人沟通,问他同样的问题,他则可能每次的回答都不一样。这就是 ChatGPT 巧妙的地方,引入了温度(Temperature)这个概念。

在自然语言处理和大型语言模型中,Temperature 是一个重要的参数,用于控制模型生成文本时的随机性。温度是一个浮点数,一般在 0 到 1,可用于调整模型预测的概率分布。较高的 Temperature 会使生成的文本更具创造性和多样性,较低的 Temperature 会使文本更加保守和稳定。假设输入文本以"今天天气"开头,当 Temperature 值为 0.1 时,模型可能会生成类似于"今天天气晴朗""今天天气真冷""今天天气多云"等概率比较高的短语,因为这些短语是最常见和最可能出现的。这种生成文本的方式可能会比较单调,缺乏创造性和多样性。

当 Temperature 参数很高时,模型生成的文本会更加随机和多样。例如,当 Temperature 的值为 1.0 时,模型可能会生成类似于"今天天气猫怕水""今天天气绿色的春天""今天天气狗在天边叫"等不太常见的短语,因为这些短语的概率比较均等,模型更容易随机生成。这种生成文本的方式可能会比较有创造性,但也可能会缺乏准确性和连贯性。

当 Temperature 参数适中时,模型生成的文本会保持一定的准确性和连贯性,同时也具有一定的创造性和多样性。例如,当 Temperature 的值为 0.5 时,模型可能会生成类似于"今天天气晴朗,阳光明媚""今天天气多云,微风拂面"等短语,这些短语比较常见,但也有一些不太常见的词语或词组,增加了一定的创造性和多样性。Temperature 与词输出示例如图 1-11 所示。

图 1-11　Temperature 与词输出示例

从图 1-11 中可以看到多个预测出的下一个文字,理论上来讲只选取概率最高的字是最优选择,但是那样生成的对话就没有了创造性,ChatGPT 会在概率比较高的几个选项中随机地选取一个,这个逻辑中 Temperature 决定了以什么样的频率使用排名较低的词,然后继续以这样的逻辑不断地生成文本,这样你会发现它每次生成的文本都是不太一样的,Temperature 调整好后会给人一种很自然的对话感觉。笔者在调节的过程中发现,当 Temperature 的值为 0.8 时似乎是效果最好的。

【示例 1-2】不同 Temperature 的效果

Prompt-Temperature-0.1:百年孤独中,布恩迪亚家族命运中的消亡是可以避免的吗?
ChatGPT:《百年孤独》是一部文学作品,其中的故事情节是虚构的。虽然故事中描述了布恩迪亚家族的消亡,但这只是作者马尔克斯的创作想象。在现实生活中,我们无法预测或改变一个家族的命运,然而,可以从中学习到一些道理,例如珍惜家庭、维护家族关系、避免内部矛盾等,这些都有助于保持家族的凝聚力和长久的发展。

Prompt-Temperature-0.5:百年孤独中,布恩迪亚家族命运中的消亡是可以避免的吗?
ChatGPT:《百年孤独》中,布恩迪亚家族的消亡是由于多种原因造成的,包括家族成员之间的争斗、内部矛盾、外部压力等。虽然在小说中这个家族的消亡是不可避免的,但是在现实生活中,可以通过多种方式来避免家族的消亡,例如加强家族成员之间的沟通和理解、保持家族的凝聚力、传承家族文化和价值观、避免内部矛盾等。这些措施可以帮助家族成员更好地团结在一起,共同面对各种挑战,从而避免家族的消亡。

Prompt-Temperature-0.8:百年孤独中,布恩迪亚家族命运中的消亡是可以避免的吗?
ChatGPT:《百年孤独》是一部文学作品,其中的布恩迪亚家族的命运是虚构的。在现实生活中,一个家族的命运与家族成员的行为、家族文化、历史背景、外部环境等多种因素有关,因此无法简单地回答能否避免家族的消亡,然而,家族成员可以通过积极的行动来增强家族凝聚力,传承家族文化和价值观,加强家族成员之间的沟通,避免内部矛盾等,从而减少家族消亡的可能性。此外,家族成员还可以通过维护良好的社会关系,吸取外部环境的优点,提高家族的竞争力和适应能力,因此,虽然不能保证完全避免家族消亡的发生,但家族成员可以采取一系列积极的措施来减少这种可能性。

根据不一样的使用场景来动态地调整 Temperature 的值是一种不错的使用技巧。

1.4　ChatGPT 性能与效果

1.4.1　数据集对于性能的影响

与所有 NLP 模型一样,GPT 受到训练数据的质量和数量的限制。如果模型没有在多样化且具有代表性的数据集上进行训练,就可能无法对其训练数据之外的输入生成准确的响应。随着 LLM 的火爆,全球各式各样的 LLM 训练数据集的规模越来越大。LifeArchitect.ai 发布的截至 2023 年各语言模型的参数规模(M 和 B 分别表示百万或十亿)如图 1-12 所示。

一些具有代表性的训练数据量大小视图,如图 1-13 所示。

从参数规模图 1-12 中左上角的位置可以看到 GPT-1 的数据,图中它变成了一个小点,占据了很小的位置,GPT-1 的参数规模只有 1.17 亿。刚推出时感觉规模很大,但是放到现在相比较,规模反而成为最小的一批,但是为什么各公司的大语言模型训练数据集的规模会越来越大呢?主要的原因就是上面所讲的,模型一般无法给出超出训练数据的回答,例如训练数据都是法律相关的,那么训练出来的模型是无法回答你"早饭如何营养搭配?"这种问题的,其次,语言模型的学习本身是基于神经网络的,每个参数都可以参考为人的神经网络中

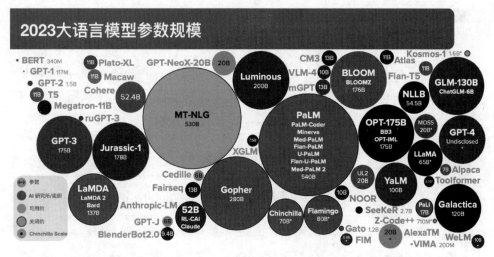

图 1-12　LifeArchitect.ai 发布的截至 2023 年各语言模型的参数规模

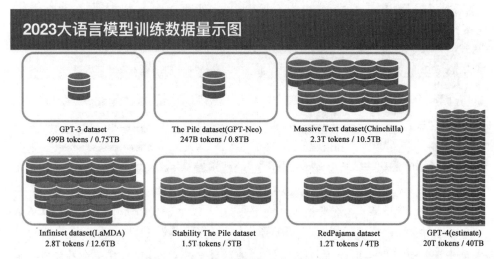

图 1-13　训练数据量大小视图

的突触,理论上突触越多整体学习效果越好。事实上,不仅是 GPT,其他多个 LLM 都表明,一旦模型超过某个阈值(大约在 500 亿到 1000 亿个参数),它就开始在回答问题的能力方面展示出非常大的质量提升。笔者参加了几场 ChatGPT 相关的讨论峰会,各家科技公司都想训练像 GPT-3.5 那样的模型,让人能体验到其智能,但是没有一家可以说明白为什么会有智能这种体验。为什么一旦模型参数超过某个阈值之后,它的回答能力方面以指数级提升,目前国内圈子里在训练 LLM 的公司都在等这个阈值,具体阈值是多少他们也不知道,他们的说法叫"等 LLM 开窍"。国内部分 LLM 的参数规模如图 1-14 所示。

可以看到参数规模也在尽量地扩张,由于国内互联网头部公司可以获得更多数据,所以它们的参数普遍更大一些。这里不得不提及一点,数据参数的质量也是性能的瓶颈之一,并

类别	厂商	大模型名称	参数规模	备注
互联网巨头	阿里	通义	10万亿	
	京东	言犀	千亿级	
	360	自研大模型		
	腾讯	混元	万亿级别	
	字节	自研大模型		
	百度	文心一言	100亿	
	网易	伏羲	110亿	
	华为	盘古	1000亿	
服务器龙头	浪潮信息	源1.0	2457亿	参数规模领先GPT-3 40%，训练数据集规模领先GPT-3近10倍
AI公司	云从科技	行业精灵	百亿级	云从科技拟筹资逾36亿用于"行业精灵"研发
	商汤科技	书生2.5	30亿	世界上开源模型中ImageNet准确度最高、规模最大的模型
	科大讯飞	1+N认知智能大模型		将在5月6日正式发布
	澜舟科技	孟子	1.1-2.2亿	灵活的领域和场景适应能力，方便快速定制和应用
	IDEA研究院	二郎神模型		适合小样本学习场景，能够更快地接入业务轨道
	光年之外	自研AI大模型		A轮融资估值约10亿美元
	毫末智行	DriveGPT	约7.74亿	第一款智能驾驶大模型，可对标GPT-2
	燧原科技	自研大模型		从芯片到软件全覆盖
	聆心智能	超拟人大模型		
	达摩院	八卦炉	174万亿	
	蓝塔社区	元语大模型	1000亿token中文语料	
	香侬科技	自研大模型		
	达观数据	曹植大模型	约500亿	
	竹间智能	魔力写作		
	MiniMax	自研大模型		多模态
科研院所	智源研究院	悟道2.0	1.75万亿	中国首个全球最大万亿模型
	中科院自动化研究所	紫东太初	千亿级	全球首个三模态大模型
	浙江大学杭州国际科创中心	蛋白质大模型		可以预测蛋白质序列的结构和功能
	上海人工智能实验室	"风乌"大模型		在80%的评估指标上超越DeepMind发布的模型GraphCast
	复旦大学	MOSS	175亿	
	西湖星辰	自研大模型	最多1000亿+	
	清华大学	ChatGLM	62亿	在准确性和恶意性指标上与GPT-3接近或持平

图1-14　国内部分LLM的参数规模

非所有的数据都可以训练出优质的模型，一味地堆量是没有作用的，甚至会有相反效果。在数据质量方面也纷纷涌现出很多数据标注公司，它们不训练模型，只收集或者创造优质的数据，然后贩卖给需要训练模型的公司。这种合作情况在国内遍地开花的LLM市场还是很有发展前景的，因为收集人们的偏好数据是非常昂贵的。数据可以分为两种，第1种是通用型数据，第2种是垂直领域型数据。并非所有公司都要训练出类似ChatGPT一样的通用型LLM，有一些只需训练出某个领域内的LLM，例如律师、医疗等，只解决某个领域的问题，然而这些优质数据不在头部互联网公司中，就在某个领域的头部公司中。真正有价值的数据都是不公开的，所以贩卖数据公司诞生了，但也归功于国内LLM内卷的环境。从图1-14中可以看出每家都在训练自己的LLM，这本身是完全没有必要的，就像前文中讲的，最终只会有一个AI和不同版本。因为AI是可以复制的，并不需要那么多种，所以最终上述所有的语言模型只会留下一个，剩下的成本和资金都会在内卷之中浪费掉。

GPT 等国外 LLM 模型的主要数据来源可分为六类,分别如下:维基百科、书籍、期刊、Reddit 链接、Common Crawl 和其他数据集。模型与来源分布如图 1-15 所示。

	维基百科	书籍	期刊	Reddit	Common Crawl	其他数据集	总计
GPT-1		4.6					4.6
GPT-2				40			40
GPT-3	11.4	21	101	50	570		753
The Pile v1	6	118	244	63	227	167	825
Megatron-11B	11.4	4.6		38	107		161
MT-NLG	6.4	118	77	63	983	127	1374
Gopher	12.5	2100	164.4		3450	4823	10550

图 1-15 模型与来源分布

这里补充一下这几种数据集的采集标准和特点。

(1)维基百科:是一个免费的多语言协作在线百科全书,由超过 300 000 名志愿者组成的社区编写和维护。截至 2022 年 4 月,英文版维基百科中有超过 640 万篇文章,包含超 40 亿个词。维基百科中的文本很有价值,因为它被严格引用,以说明性文字形式写成,并且跨越多种语言和领域。一般来讲,重点研究实验室会首先选取它的纯英文过滤版作为数据集。

(2)书籍:由小说和非小说两大类组成,主要用于训练模型的故事讲述能力和反应能力,数据集包括 Project Gutenberg(非盈利型电子书组织)和 Smashwords(一个自助出版平台)等。

(3)期刊:预印本和已发表期刊中的论文为数据集提供了坚实而严谨的基础,因为学术写作通常来讲更有条理、理性和细致。这类数据集包括 arXiv 和美国国家卫生研究院等。

(4)Reddit:WebText 是一个大型数据集,它的数据是从社交媒体平台 Reddit 所有出站链接网络中爬取的,每个链接至少有 3 个赞,代表了流行内容的风向标,对输出优质链接和后续文本数据具有指导作用。

(5)Common Crawl:是一个大型数据集,数据包含原始网页、元数据和文本提取,它的文本来自不同语言、不同领域。重点研究实验室一般会首先选取它的纯英文过滤版(C4)作为数据集。

(6)其他数据集:不同于上述类别,这类数据集由 GitHub 等代码数据集、StackExchange 等对话论坛和视频字幕数据集组成。

1.4.2 学习与训练成本

LLM 的训练是一个堆成本的过程,在没训练出来之前一直需要大量资金的投入。训练大语言模型需要大量的计算资源,俗称算力。特别是需要功能强大的图形处理器(GPU)进行并行处理,然而,这些 GPU 的成本非常高,每年 NVIDIA 都推出新的 GPU,价格高达数十万美元,并不是家用级别显卡,而是专业的计算型 GPU,一块 A100 的价格为 19.9 万美元,约合人民币 141 万元,如果训练 GPT-3 版本,则大约需要 1000 块这样的显卡。如果使用云计算服务来训练 LLM,则成本也是非常高的,通常需要几百万美元,尤其是在考虑到需要进行各种配置迭代的情况下。这些成本可能会让很多人望而却步。在 LLaMA 论文中,他们使用了 2048 个 A100 GPU,每个 GPU 都有 80 GB 的显存,以训练最大的 65B 模型。这些 GPU 的计算能力非常强大,但即使用了这些强大的 GPU,训练 65B 模型也需要 21 天的时间。在这个过程中还不能出任何问题,可见训练大型语言模型是一项十分耗费时间和资金的任务,需要投入大量的资源和精力才能完成。

第 2 种成本为推理成本,也就是用户们平常使用时的模型运行成本。根据最新的数据显示,截至 2023 年 1 月,ChatGPT 的日活跃用户数约为 1300 万人,平均每个用户提问大约 1000 字,因此,ChatGPT 每天需要处理约 130 亿字的数据,相当于 173.3 亿个 token。假设系统 24h 不间断地运行,那么需要的 A100 GPU 数量将达到 601.75 PetaFLOPS (PetaFLOPS 代表计算机系统每秒可以执行一千万亿次浮点运算)。考虑到访问流量存在峰值,预计需要 602 台 DGX A100 服务器来满足当前的访问量。在 ChatGPT 运营阶段,预计 ChatGPT 年 GPU/CPU 需求空间分别在 7000 万美元及 778 万美元。据 CCTV-4 微信公众号披露,截至 2023 年 1 月,ChatGPT 已经吸引了 1 亿月活跃用户。在后续的稳定运营时期,预计总访问量将维持在 2000 万次左右,如果每次咨询 8 个问题,则总咨询量将达到 1.6 亿次。假设单个字在 A100 GPU 上的消耗时间为 350ms,那么 ChatGPT 每天需要运行的 GPU 时间将达到约 466 667h,因此,预计 ChatGPT 每天需要同时运行 19 444 个 GPU 和 4861 个 CPU。考虑到 GPU/CPU 的价格及替换周期,预计 ChatGPT 在运营阶段每年需要花费 7000 万美元来购买 GPU,以及 778 万美元来购买 CPU,以支持系统的正常运行。

英伟达由于这次 AI 热股价飙升,算力时代又到来了,马斯克也在最近的风口浪尖,马斯克等联名签署了暂停大型 AI 模型训练的公开信,呼吁暂停 GPT-5 的开发 6 个月。随后马斯克立马就购买了 1 万张 A100 显卡用于 AI 训练。后面随着算力的提升,研发成本一定会越来越低,但目前整体的 LLM 数据规模还在扩张探索阶段,所以成本依然在上升,这个门槛其实将很多中小公司及科研机构拒之门外。目前国内也出现了很多出售算力的公司。

1.4.3　ChatGPT 的使用成本

ChatGPT 的使用是收费的,而且需要美元,ChatGPT-3.5 API 收费标准是"＄0.002 per 1k tokens",即每 1000 个 token 需要花费 0.002 美元,单词允许最大 token 数量为 4097。前面内容提到过 token 这个概念,这里再阐述一下,token 是单词或者单词的子部分,因此 eating 可能被分解为 eat 与 ing 两个 token,官方测评中指出一份 750 字的英文文档大约需要 1000 个 token。英语以外的每个单词的 token 则会根据它们在 LLM 嵌入语料库中的共性而增加。笔者去官网试了一下汉字 token 的拆分,"我喜欢中国菜"被拆分为 14 个 token,这里还需注意一点,标点符号也需要计算 token,中文的逗号已经算 3 个 token 了,英文逗号算一个 token。原理是 OpenAI 为了支持多种语言的 Tokenizer(文本分割为 token

的技术),采用了文本的一种通用表示:UTF-8 的编码方式,这是一种针对 Unicode 的可变长度字符编码方式,它将一个 Unicode 字符编码为 1~4 字节的序列。

例如"山东淄博吃烧烤"会被拆分为[58911,68464,85315,226,11239,248,7305,225,163,225,100,163,225,97]

根据 OpenAI 词表对照为["山","东","b'\\\\xe6\\\\xb7'","b'\\\\x84'","b'\\\\xe5\\\\x8d'","b'\\\\x9a'","b'\\\\xe5\\\\x90'","b'\\\\x83'","b'\\\\xe7'","b'\\\\x83'","b'\\\\xa7'","b'\\\\xe7'","b'\\\\x83'","b'\\\\xa4'"]

可以发现,一些汉字可以用一个字代表一个 token,而有一些汉字,则需要几个 token 才可以表示,如果国内大模型训练完成后,一个汉字对应一个 token,则成本应该会下降一些。换一个角度来讲一个 token 通常对应 4 个英文字母,而 2~3 个 token 对应一个汉字。如果提问耗费了 100 个 token,ChatGPT 根据输入,生成的回答为 200 个 token,则一共消费 300 个 token,所以提问的技巧与花费是正相关的。这里也要注意一点,ChatGPT 当前对话限制最大为 4097 个 token,如果提问用了 3000 个 token,则它最多只能回答 1097 个 token。上述 token 的计算都是基于单词对话的,你只问一次话就关闭了此次对话,这么计算是没问题的,但前面章节有提及 ChatGPT 是可以进行多轮对话的,并且为了更好地对话,把多轮对话合并为单轮对话,也就是说,第 2 次提问时你只提问了 100 个 token,但是在它的上下文中,第 2 次的 token 会加上第 1 次的问+答的所有 token,也就是说累计的,所以为什么一直要提最大限制,多轮对话后,有可能每次都要消耗最大 token,因为你的历史上下文都算作累计 token 进行输入,其实就算这样来算 ChatGPT-3.5 API 的价格还是很便宜的,GPT-4 API 的定价就比较贵了。

GPT-4-8k API 目前的定价是 0.03 美元每 1000 个请求 token,0.06 美元每个响应 token。8k 代表一次对话最大的 token 限制,相比较 ChatGPT-3.5 API 的 4097 长度限制翻了一倍,达到了 8192,一次可以处理更多的文字和更多的文本输出。GPT-4-8k 中 token 价格测试结果如图 1-16 所示。

tokens	~words	gpt-4-0314 (completions)	gpt-4-0314 (prompt)	gpt-3.5-turbo	most powerful davinci price	powerful curie price	fast babbage price	fastest ada price	
2,133	1,600	$0.128	$0.064	$0.004	$0.04	$0.004	$0.0011	$0.0009	Ideal Medium Blog Post
2,667	2,000	$0.160	$0.080	$0.005	$0.05	$0.005	$0.0013	$0.0011	Stephen King Daily Goal
62,792	47,094	$3.768	$1.884	$0.126	$1.26	$0.126	$0.0314	$0.0251	The Great Gatsby
120,000	90,000	$7.200	$3.600	$0.240	$2.40	$0.240	$0.0600	$0.0480	Average 300 Page Book
593,512	445,134	$35.611	$17.805	$1.187	$11.87	$1.187	$0.2968	$0.2374	IT from Stephen King
1,044,183	783,137	$62.651	$31.325	$2.088	$20.88	$2.088	$0.5221	$0.4177	King James Bible
1,179,228	884,421	$70.754	$35.377	$2.358	$23.58	$2.358	$0.5896	$0.4717	Shakespeare's Works

图 1-16 GPT-4-8k 中 token 价格测试结果

GPT-4-32k API 目前定价是 0.06 美元每 1000 个请求 token,0.12 美元每个响应 token,最大 token 限制为 32 768 长度。费用也变成了 GPT-4-8k 的两倍。GPT-4-32k 中 token 价格测试结果如图 1-17 所示。

tokens	~words	gpt-4-32k-0314 (completions)	gpt-4-32k-0314 (prompt) or gpt-4-0314 (completions)	gpt-4-0314 (prompt)
1,000	750	$0.12	$0.06	$0.03
2,500	1,875	$0.30	$0.15	$0.08
5,000	3,750	$0.60	$0.30	$0.15
10,000	7,500	$1.20	$0.60	$0.30
25,000	18,750	$3.00	$1.50	$0.75
50,000	37,500	$6.00	$3.00	$1.50
100,000	75,000	$12.00	$6.00	$3.00
250,000	187,500	$30.00	$15.00	$7.50
500,000	375,000	$60.00	$30.00	$15.00
1,000,000	750,000	$120.00	$60.00	$30.00
1,250,000	937,500	$150.00	$75.00	$37.50
1,500,000	1,125,000	$180.00	$90.00	$45.00
1,750,000	1,312,500	$210.00	$105.00	$52.50
2,000,000	1,500,000	$240.00	$120.00	$60.00

图 1-17　GPT-4-32k 中 token 价格测试结果

其实除了上述两种 GPT-4 API,还有一种方式,即 OpenAI 也开放给用户使用了,也就是在 ChatGPT 官方网站办理 Plus 会员(20 美元一个月)可以使用 ChatGPT-4,目前限制为每 4 小时最多发送 100 条消息。后续应该会逐步放开。值得一提的是其他与 ChatGPT 竞赛的 LLM 都与 ChatGPT 打价格战,例如 Claude-Instant 的 token 限制也达到了 8k,但是价格在 0.0043 美元每 1000 字符,这里注意是字符而不是 token,相比于 GPT-4 的价格来讲是非常有优势的,但是效果差一些,还需要继续优化。比较有特点的是它的 100k 版本,可以一次处理大量文本,价格与标准版相同,没有涨价,对比 ChatGPT 非常具有竞争优势。

1.5　ChatGPT 的进一步发展

ChatGPT 截至目前已经开放 GPT-4 的使用,GPT 各项能力在前面章节也阐述了一些,这些能力势必会给人们的生活带来一定的变化。GPT-5 的研发虽然遭到马斯克等的呼吁暂停,但是全世界都没有停下对 AIGC 的研发,而且目前都在加大投入力度。这一趋势随着算力的提升将愈演愈烈,可以想象的是最终会有一个无敌的通用 AI 诞生,它虽然不会创造出超出人类知识范围的内容,但知识量一定是巨大的,在人机社会中,人类需要占据主导地位,所以是人驾驭着机器,学习如何驾驭正是处于这个时代的人该做的事情。

GPT-4 已经支持图像识别,但是目前还没有开放给用户使用,普通用户还是使用文字与 GPT-4 沟通,下一步 GPT-4 就可以使用文本+图片的形式对话了,这是很惊人的,因为在对话的过程中,准确地描述自己的问题还是需要一些技巧的,这也是后面章节讲解和实战的内容,如果对话的过程中可以加入图像,则使用成本在某些场景下会大大降低,因为要人去描述一张图片的内容也是很难把所有关键点都阐述出来的,例如你看到了一棵植物,想要提问,这种情况就比较难形容这些特征,因为植物跟植物之间有很多相似点,如果漏掉了哪些关键点,就浪费掉了这次提问,变相地也提高了提问题的成本。当可以输入图像之后,像这样的场景直接拍个照片给 ChatGPT 即可,可以说非常方便,当然后续的玩法笔者认为会更多,例如拍一张卷子给 ChatGPT 直接让它答题,或者让 GPT 返回一个创作的图片,因为

DELLE-2 也是 OpenAI 的，预计后续一定会加入 ChatGPT 中。也许在不久的将来很多格式都可以当作输入进行对话，目前就有一些基于 ChatGPT 的 Plugins 做了例如 PDF、Word、Excel 等文件输入 ChatGPT 进行摘要或者总结提问。

其实除了最直观地与 ChatGPT 对话这种使用形式，GPT 对于其他行业也产生了颠覆性影响。本质上 GPT 是个聊天机器人，对于服务行业（例如银行客服、法律顾问、直播等）都产生了影响。国内近期 AI 直播非常火，这里有个概念叫数字人。D-ID 为目前数字人做的效果最好的项目，D-ID 官网如图 1-18 所示，图中计算机上的人类形象就是数字人，可以看出很逼真。

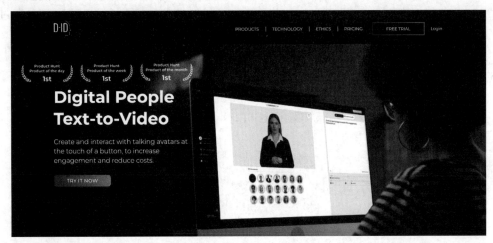

图 1-18　D-ID 官网

数字人其实很早以前就有了，国内如果你去一些银行办理银行卡，则会发现办卡的机器大屏上就是一个数字人，将一个真人进行三维建模，然后配合类似 NLU 的算法理解你的语音，并且配合一些 TTS 技术可以做到将文本转换为声音，三维建模中口型也支持根据语音进行改变，结合上述能力为客户办理业务，当然它能解决的问题只有银行的业务。类似这种场景笔者还遇见过挺多的。你会感觉它不够智能，就是个会说话的使用说明书。如果接入了 GPT 进行对话，则用户体验可以直接提高一个档次，像银行这种场景完全可以在 GPT 的基础上进行微调，训练大量的银行业务相关内容，让 GPT 在通用能力的基础上再学会银行相关业务，最后配合数字人进行业务办理、客服等服务。那么这绝对是一次质的提升。你会感觉真的有一个"人"在为你服务。直播行业也是一样的，很多直播店家已落地数字人方案，直播带货场景比较多，因为传统直播带货店家很少能做到 7×24 直播，从成本考虑，店家如果直播 12 小时，则剩下的 12 小时由于没开播是没有任何流量和转化的，如果用数字人技术并且配合 LLM 模型预置一些商品讲解内容，则可回答用户对商品的一些提问。那么这空余的 12 小时完全可以做到数字人直播，笔者有见过数字人直播带货的场景，如果观看时间不长，则比较难区分是数字人还是真人，就像以前比较难区分是录播还是直播一样。甚至有些人实现了全部由数字人进行直播带货，居然真的有转化。ChatGPT 配合数字人的应用场景还是非常多的,而且现在正处于发展阶段,传统客服行业通常需要大量的人工作 8 小时 (3 班倒),人工成本还是非常高的,很多企业都有意对客服行业进行数字化转型。

很多企业正在训练自己垂直领域的语言模型,基本上是基于 GPT 进行微调的,因为微调的成本较低,从 0 开始训练的成本没有几家公司可以承担得起,并且现在没有明确的界线告知你 LLM 已经训练好了,所以后续大量的垂直领域大语言模型会诞生,辅助各行各业发展。可以想一下为什么垂直领域需要自己的大语言模型,因为在传统的搜索引擎或者知识库中,要么知识太零碎,要么查找内容过于复杂。很多公司的知识库需要付费购买一些 SaaS 服务用作自身的知识库。哪怕在个人的生活中,要完整地去搜索某个概念,也需要东拼西凑,会使用搜索引擎反而成了一个人的能力。后续这些状况可能将不复存在,通过与 GPT 聊天即可知道任何内容,并且可以将碎片化内容整合到一起。这确实很令人兴奋。

微软实现了一些 GPT 能力的落地,例如 Bing 搜索引擎接入了 GPT,这是进行微调过后的 GPT,专门针对浏览器场景,目前已经可以公开使用,但好像有次数限制。Bing 搜索引擎一直不温不火,被谷歌压在上面,这次 Bing 真正对谷歌带来了威胁。除了 Bing 搜索引擎,微软最出名的 Office 全家桶也接入了 GPT,这是一次完整的大进化,如图 1-19 所示为 Microsoft 365 Copilot 宣传图。

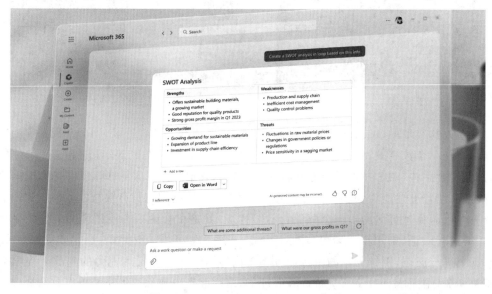

图 1-19　Microsoft 365 Copilot 宣传图

新功能 Microsoft 365 Copilot(副驾驶)不仅可以自动做 PPT,而且能根据 Word 文档内容一键进行精美排版,甚至连上台时对着每页 PPT 的口述文案都安排好了。Copilot 还可以从 Excel 数据中直接生成战略分析报告,让 AI 添加到 PPT 里。有网友表示 Office 已经没有任何竞争对手了,打通了整个微软生态。Copilot 这个名字也很有微软风格,微软内部主张在新人机时代,机器能力越先进,越要保持住人类的主体。

第 2 章

ChatGPT 与常规搜索引擎

OpenAI 首席执行官指出 ChatGPT 近五年不会代替常规搜索引擎。

2.1　常规搜索引擎

搜索引擎已经是生活中必不可少的一部分,国外的谷歌、国内的百度等搜索平台已经发展得很成熟了。这两者更是常规搜索引擎的代表,为什么一定要带常规这个词语呢? 因为在目前的社会中,随着内容的爆发式增长,文本搜索虽然还是主流,但是用户的搜索已习惯向各个平台迁移。例如买一件东西,年轻人更愿意去小红书上搜索,学习一个教程,更愿意去抖音平台搜索。像这样的新兴平台对比常规搜索引擎还是有区别的。当然本章主要讲解的案例是常规搜索引擎,所以以谷歌与百度为例。

常规搜索引擎已经发展了很多年,数据量与数据分析上有着多年的沉淀。浏览器诞生后,用户与网页交互的最基本行为就是单击,后来才有了搜索。随着用户在网络上的行为参与越来越深,信息与信息之间的联系越来越多维,搜索技术随着信息量与用户量的增长不断更新,搜索技术需要更新最主要的原因是遇到了信息搜索不精准与搜索速度慢这两个问题。可以想象一个搜索引擎如果做不到搜索精准,则用户就失去了搜索的意义,那就会失去用户;如果搜索速度慢,则用户流失会很严重,做过 to C 产品的人应该深有体会,每优化一点时间都会增加用户的转化,可谓是争分夺秒。

根据 shanghailist 网站公布,百度每天处理的搜索查询量超过了 50 亿次,绝大多数查询来自中国,而根据此前的报告,谷歌搜索每个月查询量 1000 亿次,相当于每天查询量 33.3 亿次,低于百度的每日数据。之所以搜索引擎在巨大数据量的前提下可以快速、准确地返回与用户搜索关键词相关的网页,大多要归功于搜索引擎的自动化技术,但由于近期的 AI 革命,搜索引擎也纷纷接入 AI 模型来优化自身的自动化流程,已经并不纯依靠传统自动化技术了,预计 5 年后搜索引擎会从自动化技术转换为 AI 技术,这也是需要慢慢尝试的过程。

其实常规搜索引擎发展到目前这个地步已经非常成熟了,用户的使用习惯也沉淀了下来,生活中遇到了什么问题大多会去搜索一下,但是 ChatGPT 的出现会影响常规搜索引擎的市场份额,进而影响搜索引擎的收入,因为常规搜索引擎之所以免费给用户使用,是因为收入大多来源于广告与竞价排名。谷歌公司收入的近 80％ 来自广告,百度收入的近 80％ 来自竞价排名。广告主可以通过竞价排名来获得在搜索结果页面中出现的位置。竞价排名是一种付费的网络广告形式,也被称为搜索引擎营销(SEM)。当用户在搜索引擎中输入关键词进行搜索时,搜索引擎会返回一系列相关的搜索结果。在搜索结果的顶部和底部,以及侧边栏中,可能会出现一些带有"广告"标识的搜索结果。这些广告是由广告主通过竞价排名获得的位置。举个例子,如果一个软件公司想要在搜索结果页面中出现,则可以向搜索引擎投放广告并出价。广告主出价越高,其广告在搜索结果页面中出现的位置就越靠前。如果该软件公司的出价高于其他竞争对手,它的广告就会在搜索结果页面中出现在更靠前的位置,但是,广告主出价高并不一定能获得更好的效果,因为广告的质量得分也是影响广告排名的重要因素。广告质量得分越高,广告排名就越靠前,而且点击率也会相应提高。如果有多个广告主在竞价排名中竞争同一个关键词,则广告主需要设置一个合适的竞价出价来获得更高的展示位置和点击率,但是,如果广告主的广告质量得分较低,则即使竞价出价较高,广告的展示位置也可能不会很靠前,点击率也可能不会很高。广告主需要综合考虑竞价出价和广告质量得分两个因素,这样才能获得更好的广告效果,而且广告主还需要不断地优化广告内容和投放策略,以提升广告的质量得分,从而获得更高的曝光率和点击率。竞价排名为广告主提供了一种有效的方式来在搜索结果页面中展示其广告。通过出价竞争,广告主可以获得更高的曝光率和更多的单击量,从而提高其产品或服务的知名度和销售量。同时,对于搜索引擎来讲,竞价排名也是一种盈利模式,为其带来了可观的收入。

大语言模型带给常规搜索引擎的冲击是很大的,强迫常规搜索引擎转型,百度在国内与其他企业相比训练大语言模型是最积极的,如果百度不做训练大语言模型的领头羊,则会出现一个很大的竞争对手,分割走常规搜索引擎的一些市场份额。

搜索引擎与网站的所有者之间本质上是互惠互利的关系,网站使用者优化 SEO 是为了更好地让搜索引擎爬取到网站上的更多信息,搜索引擎爬取更多的网站是为了向用户提供更多的内容资源,用户则会给网站提供曝光、单击、转化等价值,网站会向用户提供内容价值。整个流程下来都属于价值互换,但大语言模型训练所使用的数据集并没有给数据产生者带来任何价值,并且让用户付费使用,模型后续继续训练需要不断地增加更高质量的数据。如果数据生产者觉得大语言模型不可以给他们带来价值,则可以预见很多内容将会被拒绝提供给大语言模型用作训练。假设你写了一篇论文,刚发表后就被各种模型拿去当训练数据,不久之后所有的大语言模型都可以提供给用户关于论文中的任何内容,看似与搜索引擎的回归策略一致,但是并没有给你带来任何价值。目前有很多圈子在注意这件事情,考虑让大语言模型付费购买用户的数据进行训练,用户也可以通过一些协议拒绝将自己的数据当作训练集。

2.2　爬虫技术

搜索引擎的主要功能是在互联网上搜索并索引网页信息,以便用户能够方便地查找和获取所需的信息,而爬虫技术则是实现这一功能的关键技术之一。爬虫技术本质上是一种程序,是一种自动化获取互联网信息的技术。它通过编写程序模拟人类在网页上的行为,自动访问网页并抓取其中的信息,如文本、图片、视频、音频等,爬虫技术是搜索引擎实现自动化的基础。这些抓取到的信息可以被用于数据分析、搜索引擎、信息聚合等应用。

爬虫技术的由来可以追溯到互联网的早期。当时,用户需要手动浏览网页以获取所需信息,这非常费时费力。为了解决这个问题,人们开始开发程序自动地抓取网页上的信息。爬虫技术的名称源于英文单词 Web Crawler,意思为网络爬行者,类比爬虫在地面上爬行寻找食物的行为。这个术语最早出现在 1994 年,当时一位名叫 Matthew Gray 的程序员在创建早期的搜索引擎 Wandex 时使用了这个术语来描述他开发的自动抓取网页的程序。

爬虫技术还可以帮助搜索引擎发现新的网页和更新已有网页的信息。随着互联网的不断发展和变化,新的网页不断涌现,旧的网页也在不断更新。搜索引擎需要及时发现这些变化,并更新自己的数据库,以便提供最新和最准确的搜索结果。爬虫技术可以自动监测互联网上的变化,并及时抓取和更新网页信息,从而确保搜索引擎的数据库始终保持最新和最准确的状态。

爬虫技术通常是按照一定的策略来爬取数据的。这些策略包括以下几种。

(1) 深度优先策略:从一个网页开始,尽可能深入地访问该网页中的链接,直到所有链接都被访问过。

(2) 广度优先策略:从一个网页开始,先访问该网页中的所有链接,然后逐一访问这些链接中的链接。

(3) PageRank 策略:根据网页的 PageRank 值(网页的重要性),优先访问 PageRank 值高的网页。

(4) 随机策略:随机选择一个网页开始访问,然后随机选择该网页中的一个链接进行访问。

这些策略的选择取决于搜索引擎的算法和目的,不同的搜索引擎可能会采用不同的策略,其中深度优先策略、广度优先策略、随机策略都比较好理解,PageRank 策略中网页的重要性值得扩展讲解。PageRank 值是由谷歌公司创始人拉里·佩奇(Larry Page)和谢尔盖·布林(Sergey Brin)于 1998 年发明的一种算法,用于衡量网页的重要性和影响力。PageRank 值的计算基于以下两个因素。

(1) 链接数量:一个网页被其他网页链接的数量越多,说明该网页的内容越有价值,其 PageRank 值也就越高。

(2) 链接质量:一个网页被其他高质量网页链接的数量越多,说明该网页的内容越有价值,其 PageRank 值也就越高。

PageRank 值的计算过程是一个迭代的过程,每次迭代都会更新每个网页的 PageRank 值。具体来讲,PageRank 值的计算公式如式 2-1 所示。

$$PR(A) = (1-d) + d\,(PR(T_1)/C(T_1) + \cdots + PR(T_n)/C(T_n)) \qquad (2\text{-}1)$$

其中,$PR(A)$ 表示网页 A 的 PageRank 值,d 是一个阻尼因子(通常取值为 0.85),T_1 到 T_n 表示链接到网页 A 的其他网页,$C(T_1)$ 到 $C(T_n)$ 表示这些网页的出链数量,$PR(T_1)$

到 PR(T_n)表示这些网页的 PageRank 值。通过不断迭代计算,最终可以得到每个网页的 PageRank 值。PageRank 值只是谷歌搜索算法中的一个因素,谷歌搜索还会考虑其他因素来确定搜索结果的排序。百度没有公开权重算法原理,但是考虑的因素会和谷歌很像。例如除了上述 PageRank 的两个指标之外,还都会参考内容质量,例如文本原创性、深度、准确性、可读性等,甚至对图片、视频都会进行质量评估,其次就是用户体验,例如网页的加载速度、多端访问的友好性、安全等因素都会影响用户体验。谷歌搜索会通过分析网页的结构、代码、服务器响应时间等因素来评估网页的用户体验,谷歌搜索自身也在 Chrome 浏览器中添加了对于网页性能评分的功能 lighthouse,开发者可以根据 lighthouse 的评分来优化自己的网站。

如果你是一个网站拥有者,想让自己的数据更好地被搜索引擎爬到并且增加权重,这里就要用到 SEO 技术。SEO 是一种优化网站以提高其在搜索引擎中排名的技术。SEO 的目标是使网站在搜索引擎中获得更高的排名,从而吸引更多的访问者。SEO 的优化策略包括关键词优化、网站结构优化、内容优化、外部链接优化等。SEO 的优化策略可以帮助网站更好地被爬虫抓取和索引,从而提高网站在搜索引擎中的排名。同时,爬虫的抓取和索引过程也为 SEO 提供了必要的数据和信息,以便优化网站。

用爬虫是有一定的风险的,越来越多的网站越来越封闭,国内环境现在流行私有流量,每个领域都竖起了高高的围墙。无论你是个人还是公司主体,爬取数据都是有风险的。首先在爬虫这个领域有一个约定协议,名为 Robots 协议。Robots 协议(也称为爬虫协议、机器人协议、爬虫规范等)是一种用于指导网络爬虫(Web Robots)如何爬取网站内容的协议。它是一种文本文件,通常被放置在网站的根目录下,名为 robots.txt。Robots 协议的作用是告诉网络爬虫哪些页面可以被爬取,哪些页面不应该被爬取。通过这种方式,网站管理员可以控制搜索引擎爬虫的行为,避免爬虫爬取敏感信息或者对网站造成过大的负载。Robots 协议的语法比较简单,它由若干 User-agent 和 Disallow 指令组成,其中,User-agent 指定了要控制的爬虫类型,而 Disallow 指定了不允许爬取的页面或目录。一个简单的 Robots 协议的示例代码如下:

```
User-agent: *
Disallow: /admin/
Disallow: /private/
```

在上面的示例中,User-agent 指定了所有类型的爬虫,而 Disallow 指定了/admin/和/private/目录下的页面不允许被爬取。需要注意的是,Robots 协议并不是强制性的,也不是安全措施,协议防君子不防小人。一些不遵守 Robots 协议的爬虫仍然可以访问网站内容,因此网站管理员需要采取反爬等措施来保护网站安全和隐私。没有 Robots 的网站也并不是允许随便爬取的。本质上爬虫是一个请求程序,如果你的爬虫请求给对方网站带来了巨大的访问压力,一旦造成对方服务器瘫痪,在法律上约等于网络攻击,而且就像上述说的那样,对方并没有 Robots 协议,但是对方在网站内做了一些很明显的反爬措施,也是不可以强行爬取的,如果强行爬取,则这种行为在法律上等于黑客。如果一个网站没有 Robots 协议,也没有反爬措施,还是有很多规则约束,例如不可以爬取商业数据、个人数据等,爬取数据被法律定性为违法的案件还是挺多的。爬虫本身只是一个请求程序,并不违法,而要看使用者的使用方式和目的,这是一把双刃剑。

2.3　索引技术

爬虫技术获取网页内容等数据后存储到数据库的过程,被称为网页索引,索引的目的是让搜索引擎能够快速地找到与用户搜索关键词相关的网页。索引技术是搜索引擎之所以很快地搜索出结果的主要原因。索引技术主要分为以下几类。

2.3.1　正排索引

搜索引擎中的正排索引(Forward Index)是一种将网页的原始内容按照某种方式组织起来以便于搜索引擎对网页内容进行索引和检索的技术。正排索引通常包括文档 ID、文档标题、文档正文、URL 等信息。在正排索引中,每个网页都有一个唯一的文档 ID,而文档标题、正文等内容则被分别存储在不同的字段中。搜索引擎根据用户的查询语句从正排索引中匹配相应的文档,并返回相应的搜索结果。例如用户在搜索"鲜花"这个关键词时,搜索引擎会从正排索引中检索所有包含"鲜花"这个关键词的网页。假设搜索引擎检索到一篇标题为"如何挑选一支鲜花"的网页,那么这个网页就会被返给用户作为搜索结果之一。搜索"鲜花"时返回的搜索结果如图 2-1 所示。

图 2-1　谷歌搜索"鲜花"时返回的搜索结果

根据搜索引擎返回这个搜索列表反推一下搜索引擎正排存储的示例,如图 2-2 所示。

文档ID	标题	索引(关键词,出现次数,位置)
001	同城配送_鲜花速递网_网上订花,阿里花花鲜花礼品网手机端	{同城,1,1},{配送,1,2},{鲜花,1,3},......
002	花店送花,鲜花速递,网上订花,全国连锁鲜花预定,一朵朵鲜花	{花店,1,1},{送花,1,2},{鲜花,1,3},......

图 2-2　正排索引存储示例

假设你有 100 本书,如果你想寻找与鲜花如何种植相关的内容,则一本一本去查找所花费的时间显然会非常长。如果提前把书籍分门别类,则先寻找园艺类目的书籍,然后在这个类目下的书籍里寻找所想要的内容就会快很多。

然而,正排索引也存在一些缺点,当数据量大了之后占用空间较大、更新困难、搜索速度受限、存储效率低及不支持复杂查询等。这些缺点使正排索引在实际应用中存在一定的局限性。为了弥补这些缺点,通常会将正排索引和倒排索引结合使用。

2.3.2 倒排索引

倒排索引(Inverted Index)以关键字作为索引的主要纬度,并将文档的信息按照关键词进行组织,对比正排以 ID 为主要纬度的做法。倒排索引可以快速地根据关键词查找到包含该关键词的文档列表,能够有效地提高搜索速度和存储效率。倒排索引存储示例如图 2-3 所示。

关键词	文档ID
同城	001,010,012,......
鲜花	001,002,003,004,......
花店	002,020,021,......
配送	001,030,026,......

图 2-3 倒排索引存储示例

假设此时你有 1 万本书,你已经通过正排索引给书籍分门别类,但是 1 万本书分类之后可能有几百种类型,此时一种类型一种类型地对比依然会耗时,效率又变得比较低下。这时就需要整理一个字典,在字典中维护书与类型之间的关系,在字典中查询如何种花时会告诉你去园艺类目下查找。这样范围会被缩小很多,效率也会大大提升。

谷歌目前使用的就是倒排索引技术。谷歌搜索引擎使用了一种名为 Google File System(GFS)的分布式文件系统来存储和管理大量的网页数据。在 GFS 中,每个网页被分成多个块,并存储在不同的服务器上,以提高数据的可靠性和可用性。当用户在谷歌搜索引擎中输入搜索关键词时,谷歌的搜索引擎会使用倒排索引技术快速地找到包含该关键词的网页列表,并根据相关性对这些网页进行排序。谷歌搜索引擎的倒排索引技术不仅考虑了关键词在网页中的出现频率,还考虑了网页的质量、链接数量和链接质量等因素,以提高搜索结果的准确性和相关性。

2.3.3 向量索引

向量索引也称为向量空间模型(Vector Space Model),是一种用于文本检索的索引技术,它将文档表示为高维向量,每个维度表示一个词语在文档中出现的频率或权重。

传统的基于文本关键词的搜索方法已经无法满足现代用户的需求。传统的搜索方法只能根据文本中出现的关键词进行匹配,无法考虑文本的语义和上下文信息,因此容易出现结果匹配不准确或过度匹配的情况,而向量索引可以将文本或其他数据表示为向量,并使用向量相似度计算方法进行检索和排序,可以更好地考虑文本的语义和上下文信息,从而提高搜索结果的准确性和相关性。向量索引可以支持高维度、大规模的数据集,可以用于文本、图像、视频、音频等多种类型的数据检索。向量索引还可以支持个性化推荐和广告投放等应用场景,可以根据用户的历史行为和兴趣为其提供更加个性化和精准的搜索结果。

在搜索引擎索引技术中,文档的向量表示可以用来计算查询向量与文档向量之间的相似度,从而对文档进行排序并返回最相关的文档。这种计算相似度的方法通常采用余弦相似度,即计算查询向量和文档向量之间夹角的余弦值。为了支持高效的向量索引和检索,搜索引擎索引技术中的向量索引通常需要采用一些特定的算法和数据结构,例如倒排索引、LSH、Annoy、FAISS等。这些算法和数据结构可以加速向量的检索,并且可以支持高容量的向量数据集。

向量索引技术除了可以帮助搜索引擎场景,还在社交网络、电子商务、音视频推荐等诸多领域中得到广泛使用。例如社交网络中的用户行为包括点赞、评论、分享、关注等,这些行为可以被表示为向量。用户的兴趣也可以被表示为向量。例如用户经常在社交网络上关注体育新闻、科技新闻和音乐新闻,这些兴趣可以被表示为一个向量,向量的维度对应于不同的兴趣类型,例如体育、科技、音乐等,并使用向量相似度计算方法进行推荐和分析。如果一个用户的行为和兴趣向量与另一个用户的行为和兴趣向量非常相似,就可以将这两个用户推荐给彼此以进行关注。目前很多社交类型App注册时会让你选择一些兴趣标签或者关注一些知名博主,就是为了建立属于你的向量索引。

2.4　查询展现

搜索引擎通过爬虫技术和索引技术已将大量信息存储到数据库中,当用户输入了关键字与数据库中索引的关键字相互匹配之后,就会把索引所对标的文档读取出来返给用户。在从用户输入关键词到文档内容返回的过程中还有很多技术难点需要考虑。搜索引擎为了解决搜索到内容返回链路的问题,推出了召回策略,它由多套解决方案组成。

搜索关键词在与数据库关键词正式匹配之前需要进行分词,防止用户搜索的关键词是"外卖",但是搜索结果中出现了"店家在门外卖水果"这样的情况。分词是指将连续的汉字序列切分成具有语义的词汇序列,以便于后续进行语言处理和分析,而在英文中,单词之间通常是以空格或标点符号进行分隔的,因此英文中不需要像中文那样进行分词处理,但是,在其他语言中,如日语、韩语等,也存在类似于中文的分词问题,需要进行分词处理。关键词经过分词处理后会避免上述词意不通的情况发生。

关键字拆分好后,通常搜索引擎在你输入关键字之后会出现一个下拉列表,推荐一些与搜索的关键字相关联的联想词,如图2-4所示。

这是搜索引擎自动补全功能(Autocomplete),是通过前缀树(Trie树)算法实现的,前缀树是一种用于快速字符串匹配的数据结构。它的基本思想是将字符串按照字符逐个插入树中,并在每个节点上保存该节点对应的字符串前缀。当用户在搜索框中输入一个字符或字符序列时,搜索引擎会根据前缀树快速查找以该字符或字符序列为前缀的所有字符串,然后将这些字符串推荐给用户进行选择。例如,当用户在搜索框中输入a时,搜索引擎会查找前缀树中所有以a为前缀的字符串,例如abc和ab,然后将这些字符串推荐给用户进行选择。当用户继续输入字符b时,搜索引擎会进一步查找以ab为前缀的字符串,例如abc和ab,然后将这些字符串推荐给用户进行选择。

图 2-4　关键词的联想词示例

自动补全功能只是查询词解析和扩展的一个小功能,除了对查询词进行分词和自动补全之外,搜索引擎为了更好地提高搜索结果的相关性和用户体验,还对查询词进行了词义解析、拼写纠错、同义词扩展等操作。

召回策略中关于内容返回方面使用了 4 种算法。

1. TF-IDF

TF-IDF(Term Frequency-Inverse Document Frequency,词频-逆文档频率)是一种在搜索引擎中常用的文本特征提取方法,它用于评估一个单词在一个文档中的重要性。

在搜索引擎中,TF-IDF 被用来计算一个单词在一个文档中的重要性,以及在整个文档集合中的重要性。它的计算公式如下:

$$TF\text{-}IDF = TF \times IDF$$

其中,TF 表示词频,指单词在一个文档中出现的次数。IDF 表示逆文档频率,指单词在整个文档集合中出现的频率的倒数。TF-IDF 值越高,表示单词在文档中越重要。

在搜索引擎中,TF-IDF 通常用于文本检索和文本分类,以评估单词在文档中的重要性,并用其来匹配和查询文档。例如,在文本检索中,搜索引擎会使用 TF-IDF 计算查询中每个单词的重要性,并将其与文档中每个单词的重要性进行比较,从而找到最相关的文档。在文本分类中,搜索引擎会使用 TF-IDF 计算每个单词在每个类别中的重要性,并将其用于分类。

2. HITS

HITS(Hyperlink-Induced Topic Search)是一种链接分析算法,用于评估网页的重要性和相关性。它是由 Jon Kleinberg 在 1998 年提出的,被认为是谷歌搜索 PageRank 算法的一种补充和改进。HITS 算法的核心思想是通过网页之间的链接关系来评估网页的重要性和相关性。它将网页分为两种类型:权威网页和枢纽网页。

权威网页(Authority)是包含有关特定主题信息的网页,它通常被其他网页所引用。枢纽网页(Hub)是指链接到权威网页的网页,它们通常并不包含有关特定主题的信息,但是它们在网页之间的链接结构中起着重要的桥梁作用。

HITS算法通过迭代计算来评估网页的重要性和相关性。算法的过程如下：

（1）将权威网页和枢纽网页的得分初始化为1。

（2）对于每个枢纽网页，计算它所链接的所有权威网页的得分之和，将得分作为该枢纽网页的新得分。

（3）对于每个权威网页，计算它被链接的所有枢纽网页的得分之和，将得分作为该权威网页的新得分。

（4）对所有权威网页和枢纽网页的得分进行归一化，使它们的得分之和为1。

（5）重复步骤第2到第4步直至收敛。

HITS算法会根据计算出的权威网页和枢纽网页的得分来评估网页的重要性和相关性。在实际应用中，HITS算法常用于搜索引擎中的网页排名和推荐系统中的个性化推荐。HITS算法和PageRank算法都是链接分析算法，它们都基于网页之间的链接关系来评估网页的重要性和相关性。虽然两种算法的核心思想相似，但是它们的计算过程和结果有所不同。HITS算法主要强调权威网页和枢纽网页之间的关系，而PageRank算法主要强调网页之间的随机游走过程。

3. TextRank

TextRank是一种用于文本处理的基于图的排序算法，用于评估文本中单词（或短语）的重要性和相关性，被广泛地应用于自然语言处理领域，例如文本摘要、关键词提取、句子提取等任务。

TextRank算法的核心思想是通过单词或短语之间的共现关系来评估它们的重要性和相关性。算法通过构建一个无向图来表示文本中的单词，其中每个单词对应一个节点，每个共现关系对应一条边。边的权重表示两个单词之间的相关性，可以根据它们的共现频率来计算。

TextRank算法通过迭代计算来评估单词的重要性和相关性。算法的过程如下：

（1）将每个单词的得分初始化为1。

（2）对于每个单词，计算它所连接的所有单词的得分之和，将得分作为该单词的新得分。

（3）对所有单词的得分进行归一化，使它们的得分之和为1。

（4）重复步骤第2和第3步直至收敛。

TextRank算法会根据计算出的单词的得分来评估它们的重要性和相关性。在实际应用中，TextRank算法常用于文本摘要、关键词提取、句子提取等任务。TextRank算法、PageRank算法和HITS算法都基于节点之间的关系来评估节点的重要性和相关性。虽然这3种算法的核心思想相似，但是它们的计算过程和结果有所不同。TextRank算法主要针对文本处理任务，而PageRank算法和HITS算法则主要应用于网络排序领域。

4. LDA

LDA（Latent Dirichlet Allocation）主题模型是一种用于文本分析的概率模型，可以用于发现文本中的主题结构。被广泛地应用于自然语言处理、信息检索、社交网络分析等领域。它的基本思想是将文本表示为主题的集合，每个主题又表示为单词的集合。在LDA模型中，假设文本集合中包含 K 个主题，每个主题由一个单词分布表示，即每个主题由一组单词构成。同时,假设每个文本由多个主题按照一定的比例组成,即每个文本可以被表示为一个主题分布。

在搜索引擎中常用 LDA 处理无关键词信息而直接关联的场景,例如用户搜索"不提雪字描述雪下得很大的诗词",这种场景需要使用 LDA 算法来分析内容与查询关键字之间的结构关联。与这个问题关联性最大的答案如下:

(1) 万里彤云密布,空中祥瑞飘帘,琼花片片舞前檐。剡溪当此际,冻住子猷船。顷刻楼台如玉,江山银色相连,飞琼撒粉漫遥天。当时吕蒙正,窑内叹无钱。

(2) 天上雾蒙蒙,地上一窟窿,黄狗身上白,白狗身上肿。

这样的文章内容中没有关键词"雪"字,但是与关键字"雪"又是关联性最大的。

LDA 主题模型的学习过程包括两个步骤:参数估计和推断。在参数估计阶段,通过最大化似然函数来估计模型的参数,即主题分布和单词分布。在推断阶段,通过给定一段文本的单词序列,推断该文本的主题分布,其核心思想是假设文本中的每个单词都由其中的若干主题共同生成。对于每个单词,LDA 模型会随机地选择一个主题,然后根据该主题的单词分布来生成单词。同时,LDA 模型还会根据文本的主题分布来确定每个单词所属的主题。这样,LDA 模型就可以将文本表示为主题的集合,从而发现文本中的主题结构。LDA 主题模型是一种非监督学习算法,它可以自动发现文本中的主题结构,无须人为指定主题。此外,LDA 主题模型还可以用于文本分类、信息检索、推荐系统等任务。

综上所述,用户从输入关键字直到搜索内容的返回之间拥有非常复杂的场景,有些场景还是中文所独有的,中文在语言模型领域中一直都是高难度的。搜索引擎经过多年技术沉淀,整体技术方案还是非常成熟的,但是一个好的产品最重要的是用户的使用体验,说到底技术终究在服务于业务。

2.5　用户体验

讲到用户体验,就可以远离上述底层算法了,在底层算法已经打好搜索引擎技术基础的情况下,搜索引擎在用户的使用体验上也做了非常多的设计。用户在使用搜索引擎的过程中产生的行为是比较少的,例如输入查询信息、单击搜索结果列表中的链接。一般用户搜索只用这两种行为。在这两种行为的基础上既要分析出用户对产品的感受,还要从数据中提取优化方向,是一件很有挑战的事情。

搜索引擎有一个指标叫作弹跳杆(Pogostick),它是指当一个用户进行搜索后单击了一个结果链接 A,然后立即回退到列表页,然后单击了另一个站点的结果链接 B,并在那里停留。这个场景对于链接 A 来讲,没有向用户提供想要找的内容,但是关键词解析匹配度很高。如果链接 A 的情况多次发生,搜索引擎就会让链接 A 的排名迅速下降。反之链接 B 的排名会上升。通过是否达成用户搜索结果(用户体验)动态地进行排名是搜索引擎智能排名的最原始考虑。如果没有动态排名机制,也许用户真正想要的结果不在第 1 页,如果第 1 页没有用户想要的信息,则很少有用户会翻到第 2 页进行查看,多数用户会重新修改查询内容,一般搜索引擎的首页只有 10 条左右,考虑到还需插入一些广告,所以动态排名在返回内容准确度上起到了非常重要的作用。那为什么不返回 20 条呢,既可以多一些广告,又可以提高首页返回正确内容的概率。这是因为考虑到服务器成本,主流搜索引擎每天用户搜索量均在 10 亿以上,甚至远超这个数字,其次是返回内容多少与速度成正比,返回内容越多,返回速度越慢,用户在等待过程中不流失也是提升用户体验的一环。

除了网页链接内容的返回,搜索引擎将不同来源的信息进行聚合,使用户可以在同一页面上找到相关信息,而不需要跳转到不同的站点。例如当用户搜索一个查询信息时,展示查询结果页面上可能会呈现新闻、图片、视频、推特等多种来源和类型的相关信息,提升了结果页面的内容丰富度,而且只需单击一次即可播放视频、查看图片,免去用户多段操作,并且由于内容丰富度与链路控制提升了,用户行为会给关键词更多的反馈,相比于用户行为只有单击结果链接,内容聚合后,用户行为可以是单击视频、单击图片,甚至是单击某个站点中的某个具体的帖子。用户的行为多样性就是大数据背后的最好数据参数。再提一句前面章节非常经典的言论,用户的偏好行为数据是非常昂贵的。

基于用户行为的个性化搜索也是提升用户体验的重要一步,搜索引擎根据用户搜索的历史数据、地理位置等信息分析用户行为与偏好,例如通过分析用户的搜索历史,就可以了解到他们对哪种类型的新闻更感兴趣,从而提供更好的个性化搜索体验。以谷歌搜索举例,搜索历史记录是谷歌用于了解用户搜索行为的一种重要途径。谷歌会记录用户在搜索引擎中输入的搜索关键词、单击的搜索结果及浏览的网页等信息,并将其保存在用户的谷歌账号中的"我的活动记录"中,以此来了解用户的兴趣和偏好。谷歌使用这些信息来为用户提供个性化的搜索结果。例如,如果用户经常搜索与健身、健康和营养有关的关键词,谷歌就会将这些信息用于个性化推荐,以提供更加符合用户需求的搜索结果。此外,谷歌还可以使用这些数据来提供一些其他的个性化服务和功能,例如自定义的新闻推荐、地图和导航服务、音乐和视频推荐等。谷歌可能会使用用户的搜索历史记录为用户推荐个性化广告。谷歌使用用户的搜索历史、浏览记录和其他行为数据来了解用户的兴趣和需求,并根据这些信息为用户提供个性化广告。例如,如果你近期在谷歌上搜索了与旅游相关的内容,谷歌则可能会向你推荐与旅游有关的广告,如酒店预订、机票预订等。谷歌的广告系统会根据你的搜索历史和其他行为数据,选择与你的兴趣相关的广告进行展示。当然,搜索引擎在收集和使用用户搜索历史记录的过程中遵守相关的法律法规和隐私政策,保护用户的个人信息和隐私。用户也可以随时删除自己的搜索历史记录,以保护自己的隐私。

上述数据的分析都是基于用户的在线行为,而忽略了用户的非在线行为,也就是人们在真实世界中进行的活动,也被称为物理行为。这些活动包括购物、吃饭、旅游及其他任何发生在现实世界中的行为。相对于在线行为,这些物理行为往往更准确和完整地代表了用户的兴趣和偏好,因此,搜索引擎需要考虑用户的在线行为和物理行为,这样才能更好地理解和满足他们的需求。当使用移动端时经常会遇到搜索引擎请求你的地理位置权限,首先是移动端搜索引擎都附带了地图功能,其次是为了根据用户的地理位置数据提供个性化搜索。搜索引擎通常会根据用户所在地的语言环境,提供相应语言的搜索结果和界面,以便用户更容易理解和使用。例如,如果用户在法语区域使用搜索引擎,则搜索引擎会自动提供法语界面和搜索结果,以便用户更容易阅读和理解。在提供相应语言的搜索结果和界面时,搜索引擎可能会考虑多个因素,例如用户的浏览器设置、操作系统语言、IP地址等。搜索引擎可能会使用这些信息来自动检测用户的语言环境,并提供相应的搜索结果和界面。

获取地理位置还有一个很重要的原因是地方法律,搜索引擎通常会根据用户所在地的文化和法律差异,为用户提供特定地区的搜索结果。这是因为不同的国家和地区有不同的文化和法律规定,搜索引擎需要根据这些规定来提供合适的搜索结果。例如,在某些国家,某些内容可能被认为是不合法或不适宜的,搜索引擎会根据当地的法律规定进行限制。

2.6　质量控制

搜索引擎通过综合多种方式进行质量控制。

算法优化是搜索引擎提高搜索结果质量的一种常见方法。搜索引擎通过不断地优化算法,使搜索结果更加准确、相关性更高,从而提高内容质量。搜索引擎可以使用多种算法技术来优化搜索结果,例如机器学习、自然语言处理、图像识别等。通过这些算法,搜索引擎可以更好地理解用户的搜索意图,将搜索结果与用户的需求相匹配,以提高搜索结果的相关性和准确性。

例如谷歌搜索引擎的RankBrain算法。RankBrain是谷歌搜索引擎中一种使用机器学习技术来优化搜索结果的算法。RankBrain通过学习用户的搜索行为和搜索查询,能够更好地理解用户的搜索意图,从而提高搜索结果的相关性和准确性。该算法可以将搜索查询转换为向量形式,并对这些向量进行比较,以便找到最匹配的搜索结果。

当用户在搜索引擎中搜索"狗狗食品"时,搜索引擎可能会使用RankBrain算法来理解用户的搜索意图,并提供相关的搜索结果。如果用户经常搜索与宠物有关的内容,并且他们的搜索历史中包含有关宠物食品的查询,则搜索引擎可能会优先推荐与宠物食品相关的搜索结果。此外,如果用户的地理位置是在某个特定的地区,则搜索引擎可能也会显示当地的宠物食品商店、宠物食品博客、宠物食品评测等与该地区相关的搜索结果。RankBrain可以考虑多种因素,例如搜索历史、地理位置、搜索时间等。通过RankBrain算法,谷歌搜索引擎可以提供更加准确和相关的搜索结果,从而提高内容质量。这也是2.4节提升用户体验中,个性化推荐实现的算法之一。算法优化并非万能的解决方案,搜索引擎还需要使用其他方法来控制内容质量。

与GPT训练时需要从人类反馈中学习一样,搜索引擎质量控制还需要人工审核的介入。人工审核是搜索引擎提高搜索结果质量的一种常见方法。通过雇佣专业编辑或内容审核员来手动审核搜索结果,可以确保结果的质量和可靠性。人工审核可以帮助搜索引擎过滤掉一些假新闻和错误信息,但并不能完全靠人工解决这个问题。人工审核员通常会根据搜索引擎的准则和标准,对搜索结果进行评估,以确定它们是否包含假新闻、错误信息或其他低质量的内容。审核员可以使用各种工具和技术来辅助他们进行这些评估,例如事实核查、新闻来源可信度评估、语言学分析等,然而,由于互联网上的信息量非常庞大,审核员可能无法对所有搜索结果进行审核。此外,审核员的主观判断也可能会存在偏差,导致一些假新闻或错误信息仍然出现在搜索结果中。手动审核需要大量的人力和时间成本,因此搜索引擎通常会将手动审核和算法优化结合使用,以提高效率和准确性。

搜索引擎还建立了黑名单机制来过滤低质量内容,搜索引擎可以将违反法律法规、欺诈、垃圾信息等内容加入黑名单,以便过滤掉这些低质量的内容。用户也可以通过搜索引擎的举报途径,将提供低质量内容的网站举报进黑名单。值得一提的是,2.1节提到优化网站权重的SEO技术,如果恶意地优化网站权重,则会被搜索引擎拉入黑名单,搜索引擎会监控权重阈值。

通过与权威的网站、机构建立合作伙伴关系,也可以提高搜索结果的可信度和质量。例如,搜索引擎可以与学术机构、新闻媒体、政府机构等建立合作伙伴关系,以便提供更加权威的搜索结果。搜索引擎可以获取更加可靠、权威的信息,从而提高搜索结果的质量和可信度。例如谷歌与维基百科、CNN、BBC、纽约时报、哈佛大学、牛津大学、麻省理工学院等建立了合作伙伴关系,甚至和多个国家和地区的政府机构建立了合作伙伴关系,包括美国政府、英国政府、澳大利亚政府等,以便提供最新、最权威的政策法规、公告通知、服务指南等信息。

2.7　用户的搜索习惯

ChatGPT有一段时间最热门的插件是基于谷歌浏览器的一个插件,插件可以在谷歌搜索结果的右侧出现ChatGPT的回复,这是一种比较生硬的结合方式,是两者的一种过度形态,但是从这个插件火热的角度上来看,近几年在NLP技术的普及下,用户的搜索习惯也已经慢慢发生了变化。探究其本质原因,是因为用户通过搜索引擎获取信息的成本一直无法下降。

首先对话式AI正在改变用户的搜索行为,并有意无意地"训练"用户通过提出完整的问题进行搜索。在大语言模型出现之前就已经有这种现象,谷歌曾发布其移动语音研究的调查报告,不管是青少年还是成年人,均有38%的人会在看电视时通过手机使用语音搜索。用户在使用语音搜索时提出的完整查询语料与大模型对话方式的查询语料是非常相似的,都是比较完整的全句问题,而不是摘要一些关键词。在传统的基于关键字的搜索中,用户通常需要输入一些关键字获取需要的信息,但是,随着大语言模型技术的发展,现在用户直接输入一个问题或一句话,搜索引擎就可以理解其意图并提供更加准确的搜索结果。这种全句问题的搜索方式,在很大程度上改变了用户的搜索习惯。用户不再需要花费时间去思考和输入合适的关键字,而是可以更加自然地表达自己的想法和需求,更加容易地找到需要的信息。同时,用户在日常生活中经常使用自然语言来表达自己的想法和需求,使用全句问题的搜索方式也更加符合其思维方式,使搜索体验更加顺畅自然。

除了自然对话比较方便外,用户搜索习惯改变的主要原因是使用成本。从互联网上获取信息需要很高的成本。

假设你想在互联网上找到一份关于健康饮食的建议,你需要做一些功课才能确保获取真实可靠的信息。假设可以使用搜索引擎搜索相关的关键词,例如"健康饮食建议"或"营养饮食推荐"。在搜索结果中,你会发现许多网站和平台提供了大量信息,包括文章、博客、论坛等。你需要仔细评估所选择的信息来源,以确保它们的可靠性和专业性。一些可靠的来源包括医院官网、营养师博客等。同时你还需要避免选择一些来源不明或信息质量不高的网站和平台。在阅读所选网站和平台提供的文章或博客时,你需要评估其中的信息是否真实可靠,是否与其他来源的信息相符合。还需要注意一些虚假或误导性的信息,例如那些承诺"神奇减肥食谱"或"一周爆瘦10斤"的教程。这个流程中所有的识别、避坑成本都被累加到了搜索成本上。从互联网上获取信息需要花费的成本,包括时间、精力和主观判断等方面。因为搜索引擎不可以多轮对话,它不会知道用户上一次搜索是否找到了想要的信息,如果用户花费了上述成本,但是没有找到合适的结果,则用户能做的只有换查询词,从头继续上述的过程。

而基于对话搜索模式,ChatGPT可以在上下文加当前查询词的环境下,不断地修正输出内容,通常情况会越来越贴近用户想要的任务内容。假设你想要买一束适合送给女朋友的鲜花,在传统的基于关键字的搜索方式中,你可能会输入"送女朋友的鲜花""浪漫的鲜花""适合情人节的鲜花"等类似关键字来搜索,但是搜索引擎会给你返回各种各样的鲜花品种,中间还穿插着一些鲜花配送的广告,让你眼花缭乱,需要付出很高的成本去识别想要的结果。笔者试着搜索了一下,搜索引擎返回的内容中前几条是关于鲜花文案的,中间是一些鲜花礼品店,截图下方还有几条,是附近鲜花店面、鲜花图片、鲜花新闻。很明显搜索引擎做了聚合,但是它并没有进行个性化推荐(因为笔者平常不搜索生活相关内容),所以返回内容质量较差,如图2-5所示。

图2-5　谷歌搜索"浪漫的鲜花"查询结果

如果你使用的是全句问题的搜索方式,则可以直接输入"送女朋友的适合情人节的粉色鲜花""浪漫的鲜花应该是什么样的?"等问题,ChatGPT可以通过自然语言处理技术对你的问题进行分析和理解,从而直接提供符合需求的搜索结果。这种全句问题的搜索方式可以减少无效的搜索结果和重复的搜索行为,从而提高搜索效率。

【示例 2-1】对话式搜索

Prompt:浪漫的鲜花应该是什么样的?

ChatGPT:浪漫的鲜花应该是那些能够传递真挚情感和美好祝福的花朵。以下是几种常见的浪漫花卉,供您参考。

(1)玫瑰花:玫瑰花是浪漫、热情、柔美、高贵的象征,通常代表着爱情、友谊、诚挚等情感,是表达爱意的不二之选。粉色的玫瑰代表柔情,红色的玫瑰代表热情,白色的玫瑰代表纯洁,深红色的玫瑰代表热烈的爱情。

(2)康乃馨:康乃馨是浪漫的象征,通常代表着爱情、关怀、感激等情感。淡粉色的康乃馨代表温柔、关怀和感激,暗红色的康乃馨则代表热爱和热情。

(3)百合花:百合花是高雅、纯洁、神秘的象征,通常代表着纯洁、高尚、优雅、宽容等情感。白色的百合花代表纯洁和高尚,粉色的百合花则代表温柔和浪漫。

(4)郁金香:郁金香是浪漫、优雅、高贵、神秘的象征,通常代表着爱情、渴望、美好等情感。红色的郁金香代表热情和爱情,粉色的郁金香则代表温柔和浪漫。

(5)扶郎花:扶郎花是浪漫、清新、娇美的象征,通常代表着爱情、渴望、浪漫等情感。淡粉色的扶郎花代表温柔,红色的扶郎花则代表热情和浪漫。

总之,浪漫的鲜花应该是那些传递真挚情感和美好祝福的花朵,它们可以搭配成精美的花束,送给心爱的人,就像一份美好的祝福和真挚的情感,让人感受到温暖和幸福。当然,选择鲜花还要考虑对方的喜好和花语等因素,这样才能更贴切地表达自己的心意。

2.8　算法与 NLP

依赖算法和依赖 NLP 技术是人工智能技术中的两个重要分支,它们在不同的场景下具有不同的优势和应用价值。

依赖算法的搜索引擎主要通过算法匹配用户输入的关键词和网站的相关信息,从而实现搜索结果的呈现。这种搜索方式依赖于算法的精度和速度,能够在大规模的数据集上快速匹配搜索结果,因此在搜索速度和效率方面具有优势。此外,依赖算法的搜索引擎还可以对搜索结果进行排序、筛选等操作,提高搜索结果的可信度和准确度。

与此相比,依赖 NLP 技术的搜索引擎则更加注重自然语言理解和语义分析,能够更好地理解用户的意图和需求,从而提供更加智能化、自然化的搜索体验。这种搜索方式依赖于

NLP 技术的精度和语义理解能力,能够更好地处理自然语言的模糊性和歧义性,提供更加准确和个性化的搜索结果。此外,依赖 NLP 技术的搜索引擎还可以通过对用户的搜索历史、行为等数据进行分析,提供更加个性化的搜索服务。

依赖算法的搜索引擎通常采用基于关键词匹配的方式,通过算法匹配用户输入的关键词和网站的相关信息,从而实现搜索结果的呈现。这种搜索方式的优势有以下几点。

(1) 搜索速度快:依赖算法的搜索引擎可以快速地匹配搜索结果,当处理大规模的数据集时效率较高。

(2) 搜索结果可信度高:依赖算法的搜索引擎可以对搜索结果进行排序、筛选等操作,提高搜索结果的可信度和准确度。

(3) 适用范围广:依赖算法的搜索引擎适用于大规模数据集的搜索,例如政府网站、学术论坛等。

但是,依赖算法的搜索方式也存在一些不足之处:

(1) 对自然语言理解和语义分析要求较高的场景,例如智能助手、智能客服等,依赖算法的搜索方式可能无法满足用户的需求。

(2) 对于一些模糊和歧义性较高的搜索需求,例如"我想看关于苹果的文章",依赖算法的搜索方式可能无法准确匹配用户的意图。

与此相比,依赖 NLP 技术的搜索引擎更注重自然语言理解和语义分析,能够更好地理解用户的意图和需求,从而提供更加智能化、自然化的搜索体验。这种搜索方式的优势有以下几点:

(1) 可以处理自然语言的模糊性和歧义性,并能够理解用户的意图和需求,提供更加准确和个性化的搜索结果。

(2) 可以通过对用户的搜索历史、行为等数据进行分析,提供更加个性化的搜索服务。

依赖 NLP 技术的搜索方式也存在一些不足之处:

(1) 对大规模数据集的搜索效率较低,当处理大规模数据集时可能会面临效率问题。

(2) 对于一些较为简单、直接的搜索需求,例如"iPhone 11 的价格",依赖 NLP 技术的搜索方式可能显得有些复杂和烦琐。

依赖算法和依赖 NLP 技术各有优劣,适用于不同的场景和需求。在实际应用中,依赖算法和依赖 NLP 技术并不是非此即彼的关系,而是可以相互结合的,从而形成更加综合和高效的搜索引擎。在搜索引擎的实现中,可以结合依赖算法和依赖 NLP 技术的方式,通过算法对大规模数据集进行筛选和排序,然后利用 NLP 技术对搜索结果进行进一步的语义理解和分析,还可以采用机器学习等技术,通过对用户的搜索历史、行为等数据进行分析,不断地优化和改进搜索引擎的效果和性能,提供更加智能化和个性化的搜索服务。

2.9　搜索结果

静态搜索结果是指搜索引擎根据搜索词返回的一组固定的不变的搜索结果页面。这些结果页面通常包含与搜索词相关的网页、图片、视频等内容,并根据搜索引擎算法排序。静态搜索结果通常适用于用户需要快速获取信息的情况,例如查找某个事实或解决某个问题。

动态对话结果指的是搜索引擎根据用户输入的搜索词和之前的搜索历史等信息,以对话的形式返回动态的搜索结果。这些结果可能包括对用户搜索意图的理解、相关的提示和建议、问题的答案及与搜索主题相关的其他信息。动态对话结果通常适用于更复杂的问题或需要更深入的搜索与交互式帮助的情况。

例如,如果用户正在寻找某个旅游目的地的信息,则静态搜索结果可能会提供一些网页链接和图片,但是它们可能不足以回答用户所有的问题,例如:什么时间最适合去这个目的地?有哪些当地的特色美食?哪些景点最值得参观?此时,动态对话结果可以更好地满足用户的需求。用户可以与 ChatGPT 进行对话,通过提问和回答来获得更深入的信息和建议,ChatGPT 会推荐最佳旅游时间、当地的美食和景点介绍等。再举个例子,如果用户遇到了计算机问题,则静态搜索结果可能会提供一些与该问题相关的网页链接,但是这些链接可能并不能解决用户的具体问题。此时,动态对话结果可以更好地满足用户的需求。用户可以与 ChatGPT 进行对话,通过提问和回答来获得与其具体问题相关的解决方案和建议。

当用户需要快速查找信息时,静态搜索结果比动态对话结果更有用。如果用户想获取某个事实或了解某个概念的定义,则静态搜索结果可以迅速地提供相关信息,而不需要与搜索引擎进行复杂对话。此时,动态对话结果可能会引入额外的信息或干扰,从而降低搜索效率。当用户需要进行比较或选择时,静态搜索结果比动态对话结果更有用。例如,如果用户正在寻找一款新的智能手机,并希望比较不同品牌和型号的规格和价格,则静态搜索结果可以提供一组固定的可比较的信息,而动态对话结果可能会根据用户的每次提问而返回不同的答案,使比较和选择变得困难。

虽然动态对话结果可以提供更深入、更个性化的搜索结果,但也存在一些缺点。首先,动态对话结果需要更多的用户交互,因此可能会花费更多的时间和精力。用户需要进行一系列的提问和回答,才能获得所需的信息。这在一些情况下可能会降低搜索效率,特别是当用户需要快速获取信息时。其次,动态对话结果可能会引入噪声或干扰。由于动态对话结果需要对用户的搜索历史、偏好和意图进行分析,因此可能会产生一些不必要的或不相关的搜索结果。这些结果可能会使搜索过程变得混乱或令人困惑,从而降低搜索效率。

静态搜索结果和动态对话结果都有其适用的场合。静态搜索结果更适用于快速查找信息的情况,而动态对话结果更适用于更复杂的搜索、需要更深入的解决方案或需要交互式帮助的情况。

第 3 章

如何使用 ChatGPT

3.1 基本原则

互联网自从流行扁平化风格后，应用界面设计得越发简洁，所谓最好的界面就是没有界面，ChatGPT 就是遵循了无 UI 方法的简单用户界面，没有眼花缭乱的菜单、选项、按钮等。借此用户可以专注于对话，如图 3-1 所示。

图 3-1　ChatGPT 界面

界面中的重点就是下方的多行文本框，如果想向 ChatGPT 提问，就像聊微信一样，将平常与他人沟通的语句发送给它即可，很快就会收到回复。如果只想让 ChatGPT 给你答案，则到此为止，你不需要额外做任何别的事情，但如果你想要得到满意的答案和精确的答案，就需要一点技巧了。人与人沟通都需要技巧，更何况人与机器呢？

对话过程中使用适当的标点符号来分隔句子和表达意思，例如句号、问号、感叹号等。标点符号的选择和位置，可能会影响对话时对句子含义的理解。

"下雨天留客天留我不留"这句话,源自清代赵恬养的《增订解人颐新集》。在没有标点符号下,这个句子有 7 种拆解方式,对应意思也大不相同。例如"下雨天,留客天,留我不？留！"和"下雨,天留客,天留我不留！"就具有截然不同的含义。这恰恰说明了使用标点符号不当,就会造成歧义。前面章节讲过 GPT 中会将中文标点符号也转换为多个 token,可见在大语言模型中中文的标点符号权重也是比较高的。

下面是一轮符合标点符号分割的对话示例。

【示例 3-1】符号分割

Prompt：在严寒的冬季,北方的港湾和海面常常会结冰,阻塞航道,这时,往往需要使用破冰船进行破冰,但是为什么破冰船可以破开厚厚的冰层?

ChatGPT：破冰船可以破开厚厚的冰层,因为它们的船体结构和动力系统都被特别设计和改进,以适应冰面上的复杂环境。破冰船的船体比普通船只更加坚固和厚重,动力系统也更强大,船首采用特殊的形状和设计,以便在冰层上切割和破碎冰块。

尽可能地使用简单、清晰的语言来表达你的意思,避免使用复杂的词汇和句子结构。下面是不简洁语言与简洁语言的对照。

【示例 3-2】语言简洁

Prompt(bad)：具有柔和色调和优美形状、可以吸引爱人的眼球、具有芳香的气味、让人们感到愉悦和放松,并且具有象征意义的鲜花是什么样的?

Prompt(good)：浪漫的鲜花是什么样的?

Prompt(bad)：描述浪漫的鲜花应具有的特征,只用几句话,不要太多。

Prompt(good)：用 3 到 5 句话描述浪漫的鲜花应具有的特征。

避免使用文言文。

【示例 3-3】避免使用文言文

Prompt：举杯邀明月,代有作者何心?

ChatGPT：这是唐代诗人李白所作的《将进酒》中的一句诗句,全句为"君不见黄河之水天上来,奔流到海不复回。君不见高堂明镜悲白发,朝如青丝暮成雪。人生得意须尽欢,莫使金樽空对月。天生我才必有用,千金散尽还复来。烹羊宰牛且为乐,会须一饮三百杯。"

这句诗的意思是举起美酒向明月敬杯,寓意人生短暂,应该好好享受生活中的美好时光,不要让时光荒芜。

避免使用缩写和俚语(非正式的语言形式),举个非正式语言的例子。

【示例3-4】非正式语言

Prompt：企鹅为什么可以撒丫子跑？

ChatGPT：企鹅虽然看起来笨拙，但它们其实是非常擅长游泳的。它们的身体结构和羽毛密度可以帮助它们在水中保持平衡和浮力，同时它们的翅膀可以像蹼一样帮助它们游泳。此外，企鹅的骨骼结构也使它们更适合在水中游泳，而不是在陆地上奔跑，因此，企鹅可以在水中游得非常快，但在陆地上行动就比较缓慢和笨拙了。

在这个例子中ChatGPT的回复偏离了重点，ChatGPT由于可以在与人们的对话中进行学习，在尝试一些方言案例时，发现很多口语化的词汇ChatGPT已经明白是什么意思了，但还是建议减少方言名词的使用。

一些比较特殊的语言形式，例如火星文为代表的网络流行语言，也是不建议使用的，但颜文字与emoji表情ChatGPT是可以识别的，第1章节讲过ChatGPT将文字转换为Unicode字符编码后进行计算，颜文字与emoji本质上也是Unicode字符。

【示例3-5】Unicode

Prompt：o(^_^)o 前面这个表情的含义是什么？

ChatGPT：这个表情o(^_^)o通常被认为是一种微笑的表情，它表示轻松、愉悦、开心或者感觉可爱。有些人也会用它来表示羞涩或害羞，因为它的眼睛微微闭合，嘴角微微上扬，看起来有些害羞的感觉。总体来讲，这个表情通常用于在社交媒体或聊天应用程序中表达一种积极的情绪或态度。

使用段落和换行符来分割不同的段落和思想，这样有助于对话更有逻辑性、更易阅读和理解。如果你想强调某个主题或思想，则可以将其放在一个单独的段落中，这样ChatGPT就可以更容易地知道它的重要性。

【示例3-6】主题思想

Prompt：古人常以比喻说明对理想的追求，涉及基础、方法、路径、目标及其关系等。如汉代扬雄就曾以射箭为喻，他说："修身以为弓，矫思以为矢，立义以为的，奠而后发，发必中矣。"

上述材料能给追求理想的当代青年什么样的启示？

ChatGPT：这段材料中的比喻所传达的信息是：追求理想需要有基础、方法、路径、目标及对它们的关注和维护。青年人在追求自己的理想时，也需要关注这些方面。

具体而言，对青年人的启示包括以下几方面。

（1）建立坚实的基础：修身以为弓，意味着要有坚实的基础，例如良好的品德、知识和技能等。

（2）矫正思想：矫思以为矢，意味着要纠正错误的思想观念，保持正确的心态和态度。

（3）建立明确的目标：立义以为的，意味着要确立明确的目标，并且对目标进行不断调整和优化。

（4）稳扎稳打：奠而后发，意味着要做好充分的准备，保持稳定和耐心，不断积累经验、提高能力。

（5）追求卓越：发必中矣，意味着要为卓越而努力，不断提高自己的能力和水平，取得更好的成果。

综上所述，青年人在追求自己的理想时，应该注重基础、方法、路径和目标的建立和优化，同时要保持耐心、恒心和卓越的精神，不断提高自己的能力和素质，迈向更高的目标。

避免使用情绪化的词语，应使用简单的语气来表达你的意思，因为它们可能会被视为强调或愤怒的表达方式，这可能会影响 GPT 对文本意思的理解。

【示例 3-7】情绪化

Prompt：荒野求生的猎人为什么要吃可爱的兔子？这真的让我非常生气！

在表达需求时，应尽量按照逻辑顺序进行描述，不要跳跃或重复，以免让 GPT 产生混淆，如上一秒讲苹果、下一秒讲 iPhone 苹果。

【示例 3-8】逻辑清晰

Prompt：卖多少苹果才能买一个苹果？

ChatGPT：这个问题有点像一个谜语，答案是"一个苹果"。因为如果你已经有一个苹果，你就可以卖掉它，得到的钱足以买下另外一个苹果。

3.2　语法

ChatGPT 允许使用一些语法来更好地辅助对话。这些语法可能不会影响输出质量，但是在复杂任务的场景下，消除歧义非常重要，让 ChatGPT 推理越少，返回内容的质量就越高。

如果想强调某个词语或者句子，则可以在词语或句子前后添加两个星号、一个下画线、引号等符号起到强调作用。

【示例 3-9】重点

PromptA：请以 ** 论生逢其时 ** 为辩题，写一段论点描述。

PromptB：请以_论生逢其时_为辩题，写一段论点描述。

PromptC：请以"论生逢其时"为辩题，写一段论点描述。

如果有多个问题或者多个选项需要列举，则可以使用无序列表或者有序列表。

【示例 3-10】列表

PromptA：

为什么说猫头鹰是"夜间猎手"？

— 猫头鹰夜间捕捉哪些猎物？

— 猫头鹰为什么夜间可以看见猎物？

— 猫头鹰为什么是夜行性动物？

PromptB：

关于电鳗我有一些问题如下：

（1）为什么电鳗可以放电？

（2）电鳗会被其他电鳗电到吗？

（3）电鳗放电电压可以达到多少伏特？

使用分隔符清楚地表示输入中不同的部分。在一些演示讲解中常用的段落分隔符有三重英文引号和三重英文波浪号。

【示例 3-11】分隔符

PromptA：

请总结三重引号包含的文本

"""文本"""

PromptB：

请总结三重波浪号包含的文本

～～～文本～～～

除了上述段落分隔符，还有一些语法也支持段落分隔，如 XML 标记、文本标记等。

【示例 3-12】分割语法

PromptC：

我会提供两份关于同一个主题的论文。比较两篇论文的核心论点，分析哪一篇论文的论点更好，并说明原因。

＜article＞第一篇论文＜/article＞

＜article＞第二篇论文＜/article＞

PromptD：

我会提供一份论文摘要和几个备用标题，需要根据摘要内容选取一个标题，标题要求符合论文摘要核心论点。

论文摘要：××××

备用标题：×××、×××、...

通常使用三重反引号分隔代码部分。

【示例3-13】三重反引号

Prompt：

被三重反引号包裹的 Python 代码的作用是什么？解释一下执行逻辑。

```
代码
```

3.3 拆分任务

在日常生活中，无论是烹饪一道复杂的菜肴，还是组装一台复杂的机器都会自然而然地将复杂的任务拆分成一系列更简单、更易于管理的子任务。这种策略也同样适用于计算机领域。想象一下，如果没有函数这种工具，则如何能够有效地编写和管理复杂的代码呢？函数的发明，实际上就是为了将复杂的任务拆分成更小、更具体的子任务，使代码更易于理解和维护。

同样，对于人工智能，特别是像 GPT 这样的模型来讲，拆分子任务的策略也同样重要。将复杂任务拆分成更简单的子任务可以帮助 GPT 更好地回答问题，原因主要有以下几点。

（1）理解上的优势：GPT 通过处理一系列简单的任务，可以更好地理解和处理复杂的问题。每个子任务都可以被看作一个独立的问题，GPT 可以专注于解决这个问题，而不是同时处理多个问题。

（2）上下文的限制：GPT 的上下文窗口有限，也就是说，它只能看到最近的一定数量的输入和输出。如果一个任务太复杂，则可能会超出这个窗口，导致 GPT 无法看到所有的相关信息。通过将任务拆分，可以确保每个子任务都在 GPT 的上下文窗口内。

（3）减小错误的可能性：如果一个任务非常复杂，GPT 则可能会在尝试解决它的过程中犯错误。通过将任务拆分成更简单的子任务，可以减小这种错误的可能性。

（4）更好的反馈：当你将一个复杂任务拆分成多个子任务时，可以在每个子任务完成后给予 GPT 反馈，这可以帮助 GPT 更好地理解你的需求，从而提供更好的答案。

下面是一个任务拆分示例。

【示例 3-14】任务拆分 1

Prompt(bad)：

将三重波浪号包裹的文本总结文本摘要,提炼文本中的 3 个核心关键词,然后起个标题,最后将标题、核心关键词、文本摘要翻译成英文。

Prompt(good)：

按照下面的步骤处理三重波浪号包裹的文本：

(1) 总结文本摘要。

(2) 提炼文本中的 3 个核心关键词。

(3) 为文本起个标题

(4) 将标题、核心关键词、文本摘要翻译成英文

~~~文本~~~

一个复杂的提示有可能让结果出现偏差,而任务拆分则可以让结果更加精准。如果提示拆分很难,则可以让 ChatGPT 帮助你进行拆分,下面是一个 ChatGPT 帮助拆分复杂提示的实例。

【示例 3-15】任务拆分 2

Prompt：

下方三重波浪号包裹内容为一个复杂的任务提示,请将任务提示拆分为多个子提示。

~~~

将三重波浪号包裹的文本总结文本摘要,提炼文本中的 3 个核心关键词,然后起个标题,最后将标题、核心关键词、文本摘要翻译成英文。

~~~

ChatGPT：

(1) 将三重波浪号包裹的文本总结为文本摘要。

(2) 提炼文本中的 3 个核心关键词。

(3) 为文本起个标题。

(4) 将标题翻译成英文。

(5) 将核心关键词翻译成英文。

(6) 将文本摘要翻译成英文。

这里将前一个提示作为例子交给 ChatGPT 进行拆分,明显 ChatGPT 拆分出的子任务比笔者手动拆分会细致一些。将拆分后的步骤再整理为新的提示去执行文本任务会达到更

好的效果。

3.4 细化关键词

在对话的过程中,应尽可能详细地约束核心内容的概念,防止问题过度发散,提供详细信息会使 ChatGPT 减少猜测,以提升回复质量。

【示例 3-16】收敛

Prompt(bad):

　　李佳航是哪所院校毕业的?

Prompt(good):

　　出演过爱情公寓中张伟角色的演员 ** 李佳航 ** 是哪所院校毕业的?

Prompt(bad):

　　如何在 Excel 中添加数字?

Prompt(good):

　　如何在 Excel 中累加一行美元金额?我想自动地为整个工作表的每行执行此操作,所有总计都以"总计"列的形式出现在右侧。

Prompt(bad):

　　编写一个函数以计算斐波那契数列。

Prompt(good):

　　编写一个 Dart 函数来高效地计算斐波那契数列。在代码中添加注释,解释每部分的作用及为什么要这样编写。

Prompt(bad):总结会议记录

Prompt(good):将会议记录总结为一个段落,然后以 Markdown 格式编写演讲者的列表及他们各自的要点。

3.5 输出格式

指定输出格式可以使输出更具有结构性。在 ChatGPT 的回复内容中可以发现,AI 其实并不了解什么是重点,在 GPT 的执行原理中讲过文本输出的原理本质上类似"猜下一个字",因此在总结过程中会丢失很多内容,因此如何引导 ChatGPT 进行准确总结变得非常重要。

可以指定 ChatGPT 以有序列表或者无序列表的形式返回结果。

【示例 3-17】列表返回

Prompt：

　　为什么莫奈被称为印象派之父？简述 3～5 条观点。使用有序列表格式返回。

ChatGPT：

　　以下是莫奈被称为印象派之父的原因，简述了 3～5 条观点。使用有序列表格式返回。

　　（1）他是印象派的开创者之一，其代表作《印象·日出》是印象派的代表作之一，这个作品在 1874 年的一次展览上引起了轰动，使印象派开始得到认可和关注。

　　（2）他对印象派的发展做出了重要的贡献，采用了新技法来表现自然界中光线和色彩的变化，使印象派的艺术风格更加自由和多元化。

　　······

　　指定 ChatGPT 使用自定义格式返回结果。

【示例 3-18】自定义返回格式

Prompt：

　　总结以下三重波浪号包裹文本中的信息重点。

　　使用以下格式：

　　重点 1：＜重点关键词 1＞

　　— ＜重点 1 内容＞

　　重点 2：＜重点关键词 2＞

　　— ＜重点 2 内容＞

　　...

　　重点 n：..

　　~~~

　　1874 年，一群年轻的画家在巴黎举办了一次新作展，展出了他们对色彩的尝试和创新，其中，莫奈的作品《印象·日出》成为亮点，这就是印象派的由来。莫奈的《印象·日出》描绘了水面上太阳初升的景象。他充分利用光线和颜色来捕捉自然的变化，以及自然界中各种物体的色彩与光线的相互作用。画面上晨光、空气和水融为一体，呈现出灿烂而美妙的效果。

　　~~~

ChatGPT：

　　重点 1：＜印象派＞

　　— 描绘了自然的变化，以及自然界中各种物体的色彩与光线的相互作用。

　　— 充分利用光线和颜色来表达自然界的美妙和多变。

重点 2：＜莫奈＞

— 《印象·日出》是印象派的重要代表作品。

— 通过作品表达了自然界的美妙和多变。

重点 3：＜色彩和光线＞

— 莫奈创新性地利用光线和颜色来表达自然界的美妙和多变。

— 莫奈的作品描绘了物体色彩和光线的相互作用，为印象派的发展提供了重要的思想支持。

指定 ChatGPT 以表格形式返回结果。

【示例 3-19】表格格式返回

Prompt：

分析画家莫奈、达·芬奇、梵高的各一幅代表作，以表格形式返回，其中包括艺术风格、意义和主题、影响力。

ChatGPT：

画家	作品名称	艺术风格	意义和主题	影响力
莫奈	《印象·日出》	印象派	表现光影变化、色彩变化和气氛变化	开创印象派艺术风格，对后世艺术产生深远影响
达·芬奇	《蒙娜丽莎》	文艺复兴	表现女性神秘和优雅的形象	对后世艺术产生深远影响，被誉为世界上最著名的绘画作品之一
梵高	《星夜》	后印象派	表现夜晚的景色和情感	对后世艺术产生深远影响，被誉为梵高最具代表性的作品之一

上面 ChatGPT 返回的格式为 Markdown 语法中的表格写法，在浏览器中解析后如图 3-2 所示。

分析画家莫奈、达·芬奇、梵高的各一幅代表作，以表格形式返回，其中包括艺术风格、意义和主题、影响力。

画家	代表作	艺术风格	意义和主题	影响力
莫奈	《睡莲》	印象派	描绘自然光影和色彩的变化，追求瞬间感受和印象	对后来的艺术家产生了巨大影响，开创了印象派绘画风格
达·芬奇	《蒙娜丽莎》	文艺复兴	通过光影处理、透视和神秘意象展现人物的内心和美	被誉为最具代表性的艺术作品之一，深刻影响了后世艺术
梵高	《星夜》	后印象派	表现情感和内心体验，强调色彩和笔触的表现力	梵高作品具有独特的风格，对表现主观情感的艺术产生影响

图 3-2　浏览器解析 Markdown 表格语法示例

像 Markdown 这样的文本格式具有易于转化的特性，便于不同平台进行解析。类似的格式还有 JSON。

【示例 3-20 】JSON 格式返回

Prompt：

分析画家莫奈、达·芬奇、梵高的各一幅代表作，以 JSON 格式返回，其中包括艺术风格、意义和主题、影响力。

ChatGPT：

```
{
  "画家": [
    {
      "姓名": "莫奈",
      "代表作": "睡莲",
      "艺术风格": "印象派",
      "意义和主题": "描绘自然光影和色彩的变化，追求瞬间感受和印象",
      "影响力": "对后来的艺术家产生了巨大影响，开创了印象派绘画风格"
    },
    ...
  ]
}
```

以表格形式返回还可以直观地对返回的多种结果进行多维度比对，如图 3-3 所示。

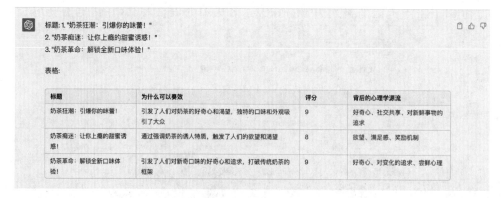

图 3-3　表格的比对形式

3.6 多视角输出

在与ChatGPT对话的过程中,如果感觉它的回复观点比较单一,则可以指定多视角形式返回,ChatGPT可以从多视角对一个问题进行回复。

【示例3-21】多视角

Prompt:

＊＊为什么我需要喝咖啡? ＊＊,写出来自不同观点的不同群体的多个视角。针对每个视角,根据他们自己的行为和认知来写。

ChatGPT:

不同群体对于为什么需要喝咖啡可能有不同的观点和视角。以下是几个不同群体的视角,根据他们的语言和认知来描述。

1. 学生群体

— 视角:为了增强专注力和提高学习效果。

— 描述:喝咖啡可以提供咖啡因刺激,帮助保持清醒和集中注意力,让我能够更好地专注于学习任务。咖啡还能提供短暂的能量和提神作用,让我在备考和繁忙的学习日程中保持活力。

2. 职场白领

— 视角:为了提高工作效率和应对工作压力。

— 描述:喝咖啡是我开始工作的必备习惯。咖啡的提神效果让我感觉更有精神和动力,能够更高效地完成任务。在工作压力较大时,喝一杯咖啡也能帮助我放松和缓解压力,使我更加专注和冷静地应对工作挑战。

3. 社交群体

— 视角:为了社交和享受咖啡文化。

— 描述:喝咖啡是一种社交活动,我经常与朋友、同事或家人相聚在咖啡馆里,享受一杯香浓的咖啡。咖啡的气味和味道可以带来愉悦的感受,促进交流和互动。在咖啡馆里度过美好的时光,成为我与他人建立联系和分享故事的一种方式。

……

借助某些知名人物的视角。

【示例3-22】名人视角

Prompt:

请以＊＊莎士比亚＊＊的写作风格,写一段关于艺术风格＊＊印象派＊＊的观点描述。

ChatGPT：

　　啊,印象派,那一抹神奇的艺术风格,它如同一道绚丽的彩虹,跃然于大地之上,令人心醉神迷。

……

　　印象派的艺术作品,仿佛是大自然的一首诗,每一幅都是一首如诗般优美的旋律。它们让人感受到了自然之美的深邃和灵动,仿佛带领观者进入了一个与现实世界不同的境界。这种艺术风格的诞生,开启了艺术的新篇章,它挑战了传统的审美观念,为后来的艺术发展铺平了道路。

　　印象派的影响力如潮水般涌动,它不仅改变了艺术家的创作方式,也深刻地影响了观众的审美体验。它引领了艺术的潮流,激发了许多后来者对于自由表达的渴望。印象派的画作,如今被珍藏于世界各地的艺术馆和博物馆,它们的光芒依然耀眼,继续向我们展示着艺术的无限可能性。

　　啊,印象派,你是那样美丽而不羁,如同绽放的花朵,在艺术的花园中散发着绚丽光彩。

3.7　对话历史

　　ChatGPT 可以进行多轮连续对话,通过分析对话历史可以更好地进行当前对话的回复。

【示例3-23】多轮对话

PromptA：

　　什么是景泰蓝艺术?

ChatGPT：

　　景泰蓝是一种中国传统的珐琅工艺品,也称为"铜胎珐琅彩",其制作工艺是将铜器表面凹凸不平的图案填充上彩料,在高温下烧制成一种色彩斑斓、形态优美的珐琅器。

…

PromptB：它的代表作有哪些?

ChatGPT：

　　景泰蓝工艺品的代表作有很多,以下是其中的几个著名作品:

　　(1) 故宫博物院的"八宝大典匾额"。该匾额是清朝乾隆年间制作的,长达 15m,由多个镶嵌式景泰蓝匾额组成,用于装饰故宫博物院的正殿和侧殿。

　　(2) 北京天坛的"祈年殿金柱"。该金柱是明代正德年间制作的,高约 15m,由多个镶嵌式景泰蓝柱体组成,用于装饰天坛的祈年殿。

……

可以看到上面的例子中,第2次提问时并没有指出问题的主体是谁,ChatGPT基于当前对话的历史内容,分析出"它"指的是景泰蓝艺术。这样的对话模拟了人与人之间的日常交流,使对话更加自然、流畅,其次多轮交流可以逐步精确地解决问题,从而提高解决问题的准确性和效率。利用这样的原理可以更加方便地处理复杂任务。例如按步骤的任务可以改为多轮对话任务。

【示例3-24】多轮对话拆分

Prompt(步骤拆分):

按照下面步骤处理三重波浪号包裹的文本:

(1)总结文本摘要。

(2)提炼文本中的3个核心关键词。

(3)为文本起个标题。

(4)将标题、核心关键词、文本摘要翻译成英文。

~~~

文本

~~~

基于多轮对话原理改为

PromptA:

总结三重波浪号包裹的文本摘要。

~~~

文本

~~~

PromptB:提炼文本中的3个核心关键词。

PromptC:为文本起个标题。

PromptD:将标题、核心关键词、文本摘要翻译成英文。

由于单次对话有最大token限制,巧妙地使用对话历史功能可以绕开这个限制。

【示例 3-25】对话限制

Prompt：

先记住被三重波浪号包裹的文字，等我的下一个提问，如果记住了，则请回复 ** 记住了 **。

~~~

非常多的文本

~~~

ChatGPT：

记住了。

PromptA：

……

PromptB：

……

当需要对话中有大量文本内容时，可以把大量文本拆分为几部分，每部分单独发送给 ChatGPT，让它先记住，并且等待提问，这样就可以利用多轮对话的对话历史分析功能来处理大量文本内容的复杂任务。

当用户与 ChatGPT 对话了很长时间后，想查找某一条对话内容，却发现界面上并没有查询历史的功能，只能不断地向上滑动对话内容翻找，其实没提供这个功能，是因为可以直接问 ChatGPT 进行查找。

【示例 3-26】查找历史

Prompt：

昨天我问了哪些关于内容运营相关的问题？

ChatGPT：

昨天您问了两个关于内容运营相关的问题，分别如下：

（1）内容运营的目标是什么？

（2）如何衡量内容运营的效果？

……

Prompt：

昨天你是如何回复第 2 个问题的？

ChatGPT：

关于第 2 个问题，我昨天的回复是：

……

3.8　继续追问

由于单次对话的最大 token 限制，用户无法输入超过限制长度的文本，这个问题在 3.6 节中通过对话历史机制得以解决。那么与之相对的就是需要 ChatGPT 回复超过限制的内容长度。由于对话 token 的限制，ChatGPT 在回复的过程中检查回复内容快要到达限制时，就会进入总结话术，不再继续生成文本。这时可以使用继续追问技巧让 ChatGPT 多次回复同一问题的内容。

【示例 3-27】上下文

Prompt：

　　请详细讲解 ** 红楼梦 ** 中的人物关系。

ChatGPT：

　　《红楼梦》是中国古代四大名著之一，是清代作家曹雪芹所著。作品以贾宝玉、林黛玉、薛宝钗等主要人物为核心，展现了一个庞大而复杂的人物关系网络。以下是《红楼梦》中一些主要人物之间的关系：

　　（1）……

　　……

　　Prompt：

　　继续。

　　ChatGPT：

　　（6）……

　　（7）……

如果对一个任务想有更深入的了解，但是不知道该如何提问，这时则可以追问 ChatGPT，让 ChatGPT 告诉还可以问什么样的问题。

【示例 3-28】追问

Prompt：

　　唐宋八大家是哪几位？

ChatGPT：

　　唐宋八大家是指唐朝和宋朝时期最具影响力的八位文学家，他们的文学作品和思想成就对中国文学和文化产生了深远的影响。这八位文学家分别是：

······

Prompt：

我还可以问哪些相关的问题？

ChatGPT：

您可以问一些与唐宋八大家相关的问题，例如

（1）这八位文学家的作品有哪些特点和代表作品？

（2）这八位文学家中有哪些人物在文学史上有着特殊的地位和贡献？

（3）这八位文学家对中国文学和文化的影响体现在哪些方面？

（4）有哪些其他的文学家或文学流派对唐宋文学产生了重要的影响？

（5）这八位文学家的作品在现代文学和文化中仍然具有哪些价值？

通过这些问题，您可以更深入地了解唐宋八大家的文学成就及在中国文学和文化史上的地位和影响。

第4章

高 级 技 巧

第3章主要讲解了如何更好地向 ChatGPT 输入问题,当用户在深度使用过 ChatGPT 后会发现在很多情况下 ChatGPT 的输出内容质量是达不到预期的。因为对话的过程是双方的,输入质量高了之后,输出的质量也需要相应地提高才是高效的对话,然而在人机对话过程中,关于如何提高输出这项任务也转移到了使用者的身上。使用者不仅要表达清楚自身的需求,也要引导 ChatGPT 高质量地回复。先看如下示例。

【示例 4-1】无引导

Prompt:

"I am not what I am"这句话中的第 4 个词是什么?

ChatGPT:

这句话中的第 4 个词是 not。

这个答案是错误的,换一种问法试一下。

【示例 4-2】引导

Prompt:

"I am not what I am"这句话中的第 4 个词是什么?

一步一步地思考,列出思考步骤,并且列出所有的单词及序号,最后回答这个问题。

ChatGPT:

思考步骤:

(1)阅读句子,理解意思。

(2)数数,确定第 4 个单词。

(3)列出所有单词并标上序号。

(4)回答问题。

所有单词及序号：

（1）I

（2）am

（3）not

（4）what

（5）I

（6）am

答案：第 4 个单词是 what。

可以看到对比第 1 个问题多添加了一句话，ChatGPT 的输出结果就正确了。像这样利用特殊的提示，辅助 ChatGPT 提升输出质量的技巧称为 Prompt Engineering（提示工程），可以理解为 ChatGPT 的高级使用技巧。

为什么提示工程很重要？

（1）人类语言根本上是不准确的。机器还不能很好地理解人类所说的话，因此需要提示工程来帮助它们理解提示的意图。

（2）目前大语言模型 AI 的实现原理需要将一些逻辑运算问题额外提示给 AI。这是因为大型语言模型 AI 是在海量的文本和代码数据集上训练的，但它无法理解文本中单词之间的逻辑关系。提示工程可以通过为 AI 提供执行所需任务的必要信息来帮助填平这一段差距。

提示工程及一些使用技巧最终的目的是让大语言模型高效可控地执行特定任务。

注意：如果你尝试使用这个章节的例子，则有可能 ChatGPT 与书中的回复是不一样的，因为 ChatGPT 拥有从人类反馈中学习的能力，当特殊示例被很多用户引导时，ChatGPT 会自动修改这个问题的相关 token 的权重。上述例子是一个封闭式问题，执行封闭式任务时把 Temperature 调为 0 效果更佳。

4.1　限制词

在对话过程中，添加限制词可以有效地控制对话的主题和内容，使对话更加精准和有效。限制对话的范围和目的，可以确保对话内容符合特定的要求和条件。这有助于避免无关或冗余的信息干扰对话的准确性，提高对话的效率和有效性。通过添加限制词，可以直接指示对话的目的或问题，并缩小对话的范围，帮助确保对话的主题和内容符合特定的要求和条件。

如果一个问题没有限制词，则可能会导致答案的不确定性和模糊性，因为没有明确的条件或范围来限制问题的答案。这可能会导致 ChatGPT 提供不同的答案或者提供过于广泛或不切实际的答案,因此,在提问时,最好使用限制词来明确问题的条件和范围,以便获得更准确和有用的答案。下面是一个没有限制词的例子。

【示例4-3】无限制词

Prompt:

如何学好英语?

ChatGPT:

学好英语需要付出持续的努力和时间,以下是一些建议。

(1)建立良好的学习习惯:每天保持一定的学习时间,坚持不懈地学习英语,例如每天学习半小时或一小时。

(2)多听、多说、多读、多写:这是学习任何语言的基本方法。多听英语广播、电视节目、英语歌曲等,多说英语,多读英语书籍、文章,多写英语作文、日记等。

(3)学习语法和词汇:语法和词汇是英语学习的基础,需要花时间学习和掌握。

(4)练习口语:练习口语是学好英语的关键,可以通过跟英语母语人士交流、参加英语角、模仿英语电影中的对话等方式来提高口语水平。

(5)创造英语环境:在日常生活中创造英语环境,例如使用英语软件、看英语电影、听英语歌曲、阅读英语材料等,可以帮助提高英语水平。

(6)参加英语培训班或课程:参加英语培训班或课程可以帮助学生系统地学习英语,提高英语水平。

总之,学好英语需要坚持不懈,通过多种方式来提高英语水平。

"如何学好英语?"这个问题没有限制词,因此它非常广泛和模糊。ChatGPT提供了很多不同的答案,因为这些答案都没有明确的指导来缩小问题的范围,因此可能不够准确。如果问题加上限制词,例如"如何在3个月内学好英语口语?"或者"如何在家里学好英语?"等,这些限制词可以帮助回答者更准确地理解问题,并提供更具体和有用的答案。

限制包含但不仅限于年龄限制、数量、详细说明、用户意图、目标受众。例如用户意图,需要明确一个任务是需要解决问题还是了解更多信息。例如用户向ChatGPT问了一个专业性非常强的问题。

【示例4-4】专业领域

Prompt:

请解释一下什么是单片机?

ChatGPT:

单片机(Microcontroller,简称MCU)是一种集成了中央处理器(CPU)、存储器和输入/输出接口等多种功能于一体的微型计算机系统,通常用于控制和管理各种电子设备。与通用计算机相比,单片机通常具有体积小、功耗低、成本低廉等特点,因此在很多电子设备中得到广泛应用。

单片机通常由CPU、存储器、定时器、输入/输出接口等多个组成部分组成,其中,CPU是单片机的核心部分,它负责执行程序指令和处理数据。存储器用于存储程序指令和数据,其中包括闪存、EEPROM、RAM等不同类型的存储器。定时器用于产生精确的时间延迟,以及用于实现各种定时和计数功能。输入/输出接口用于连接外部设备和传感器,实现单片机与外部世界的交互。

......

可以看到ChatGPT的回复内容中包含很多专业名词,如果用户并非这方面的专家,则这些专业名词会更让他烦恼,毕竟用户最开始只有一个名词"单片机"不懂。这时可以在问题中添加一些年龄或者学历相关限制。

【示例4-5】学历限制

Prompt:

请解释一下什么是单片机? 解释的内容需要让一个高中生容易理解。

ChatGPT:

单片机(Microcontroller)是一种用于控制和管理各种电子设备的微型计算机,它集成了中央处理器(CPU)、存储器和输入/输出接口等多种功能。单片机通常用于控制电机、传感器、显示屏等电子设备,还可以实现各种通信协议和网络接口。

单片机有点像手机,它可以执行各种指令来完成不同的任务,例如发送短信、拍照、播放音乐等。只不过单片机是专门为电子设备设计的,所以它的功能更加专一,例如控制电机、传感器等。

......

添加高中生学历限制后,ChatGPT更换掉了大多数高中生可能不会理解的专业名词,换成了比较通俗易懂的词语和例子。在实际操作的过程中,也可以把年龄和学历写得更低一些,那么ChatGPT的回复会越来越通俗,这种方式很适合了解一个从来没接触过的领域。

在要求ChatGPT输出一些文案时,可以添加一些长度、文本类型、风格等限制词,让文案更加贴合需求场景。

【示例4-6】场景限制

PromptA:

请用小红书风格写一段推荐洗发水的文案。小红书的风格是:很吸引眼球的标题,每个段落都加emoji,最后加一些tag。文案整体字数400字左右。

PromptB：

将生成的文本表述为 Linkedin 帖子。需要记住，最大长度为 3000 个字符。将文本的要点组织成项目符号列表。以激动人心的预告片开头，以号召更多人参与行动结束。

还可以限制输出文本中不包含具体的某些文字。

【示例 4-7】排除文字

Prompt：

写两句雪下得很大的文本，文本中不要包含 ** 雪 ** 字。

ChatGPT：

（1）天空中飘洒着白色的小花，它们像是天使的羽毛，轻轻地落在大地上，覆盖了一切。

（2）冬日的清晨，大地被一层洁白的薄纱覆盖着，树枝上挂满了晶莹剔透的冰珠，阳光透过云层，照耀在这片银装素裹的世界上。

在计算题中，添加与解题方式相关的限制词及解题步骤，可以使计算题的答案更加准确。

【示例 4-8】添加步骤

Prompt：

已知一张桌子的价钱是一把椅子的 10 倍，又知一张桌子比一把椅子贵 288 元，那么一张桌子多少元，一把椅子多少元？

使用微积分解答。写出解题思路。

ChatGPT：

可以使用微积分的方法来解决这个问题。

设一把椅子的价钱为 x 元，则一张桌子的价钱为 $10x$ 元。假设桌子和椅子的数量非常大，可以将它们视为连续的量，并且假设它们的价格变化是连续的。

假设我们将一把椅子的价钱稍微增加一个小量 dx，那么相应地，一张桌子的价钱就会增加 $10dx$。这时，桌子和椅子的总价钱为

$$P = x * n + 10x * m$$

其中，n 和 m 分别表示椅子和桌子的数量。我们要找到一组 n 和 m，在桌子比椅子贵 288 元时，使 P 最小。

可以使用微积分中的求导技巧来找到这个最小值。对 P 求导，得到：

$$dP/dx = n + 10m$$

将 n 和 m 表示成 x 的函数，得到：

$$n = (288 + 10x)/9$$
$$m = x/9$$

将 n 和 m 代入 P 中，得到：

$$P = x(2880/9 + 10x/9) = 320x + 1111.11x^2$$

对 P 求导，得到：

$$dP/dx = 320 + 2222.22x$$

令 $dP/dx = 0$，解得 $x = 0.144$，代入 P 中，得到最小值：

$$P = 320 * 0.144 + 1111.11 * 0.144^2 = 32 + 5.16 = 37.16$$

所以一把椅子的价钱为 32 元，一张桌子的价钱为 320 元，桌子比椅子贵 288 元。

合理地将限制词组合起来后，最好的效果是可以精准地让 ChatGPT 输出某些固定内容，例如 ChatGPT 目前还只能进行文本对话，图片对话方式还没有开放，使用限制词相互结合，加上浏览器自动解析，如下的提问可以做到让 ChatGPT 回复图片。

【示例 4-9】图片回复

Prompt：

请按照以下规则给我发送图片：

（1）使用 markdown 格式。

（2）使用 unsplash API。

（3）使用"![image] https://source.unsplash.com/featured/？＜已翻译的英文内容＞"格式回复。

（4）不要使用代码块，不要描述其他内容，不要解释。

（5）根据我输入的内容生成对应格式。

4.2　引导词

使用引导词可以帮助用户指导 ChatGPT 回答问题的方向，在代码生成的场景中，在需求末尾添加引导词可以将 ChatGPT 推向特定模式。下面的例子是未使用引导词的代码实现场景。

【示例 4-10】无引导词

Prompt：

用 Dart 实现

（1）输入一个文件路径。

（2）返回路径中文件的名称。

ChatGPT：

以下是使用 Dart 实现的函数 `getFileName`，该函数接受一个文件路径作为输入，并返回路径中的文件名：

```dart
import 'dart:io';

String getFileName(String filePath) {
  var file = File(filePath);
  var fileName = file.uri.pathSegments.last;
  return fileName;
}

//示例用法
void main() {
  var filePath = '/path/to/file.txt';
  var fileName = getFileName(filePath);
  print(fileName);
}
```

......

在上面的例子中 ChatGPT 使用了 File 模块实现了所需代码，如果多次问同一个问题，则会发现 ChatGPT 每次的实现方式都不一样。因为代码层面的实现往往可以有多种写法。还有一种情况，虽然在对话任务中明确指定使用 Dart 方式实现函数，ChatGPT 也会偶尔返回非 Dart 语法的代码，其他代码语言也是一样的。如果想让 ChatGPT 使用指定的方式编写代码，则可加入一段引导词，推动 ChatGPT 使用特定的代码语言和方式实现任务。

【示例 4-11】特定限制

Prompt：

用 Dart 实现

（1）输入一个文件路径。

（2）返回路径中文件的名称。

```
import 'dart:io';
import 'package:path/path.dart' as path;
```

ChatGPT：

以下是使用 Dart 实现的函数 `getFileName`，该函数接受一个文件路径作为输入，并返回路径中的文件名：

```dart
import 'dart:io';
import 'package:path/path.dart' as path;
```

```
String getFileName(String filePath) {
  var fileName = path.basename(filePath);
  return fileName;
}

//示例用法
void main() {
  var filePath = '/path/to/file.txt';
  var fileName = getFileName(filePath);
  print(fileName);
}
```

......

可以看到在任务提示中添加了两句代码引导词，Dart：io可以指定ChatGPT使用Dart语言实现代码任务，Dart：path库指定了代码任务的实现方式。在编写代码的过程中，指定代码的实现方式非常有助于统一插件库的维护，如果每种函数的实现都使用不一样的插件库实现，则插件库会越来越多，难以维护。

除了代码场景，在其他任务场景中使用引导词也可以给予ChatGPT很好的提示。

【示例 4-12】引导词 2

Prompt：

帮我起草一份订阅邮件，订阅产品为本公司的 ABC 课程，这封邮件主要内容是通知用户订阅成功

尊敬的用户您好……

ChatGPT：

尊敬的用户您好，

感谢订阅我们公司所提供的 ABC 课程！我们很高兴地通知您，您已经成功订阅了我们的课程，接下来您将会收到我们提供的有关课程的更新信息、课程表、课程资料及相关优惠信息。

我们的 ABC 课程将会为您提供最优质的学习体验，我们将会为您提供由经验丰富的教师精心编写的课程和教材。希望您在学习过程中能够得到最好的教育资源，提高自己的技能，在未来的生活和工作中获得成功。

如果您在学习过程中有任何问题或建议，则可以随时联系我们的客服团队，我们将会为您提供最好的帮助和支持。

再次感谢您对我们 ABC 课程的信任和支持！

祝愿您学有所成！

此致，

敬礼

4.3 少样本提示

OpenAI 的人工智能战略家 Jessica Shieh 推荐了一种心理模型，称为"房间里的天才"。这种方法假设人工智能模型就像一个"天才"，对有关你的信息一无所知，除了你写在纸上并通过门缝递进去的提示，如图 4-1 所示。

通过这种思维模式，可以更加现实地看待像 ChatGPT 这样的大型语言模型的能力，以及为了得到一个准确的结果它需要什么信息。很明显，你提供的背景信息越多，你得到的答案就会越准确，因此，在为人工智能模型编写提示时，提供尽可能多的相关信息是非常重要的。

图 4-1　房间里的天才

在本章开篇的例子中，通过附加一句话使 ChatGPT 回复准确的技巧称为 0 样本提示（Zero-shot Prompt）。这是一种非常简单并且有效的技巧，要使用这种技巧，只需在提示的末尾添加一句话："一步一步地思考"或者"公开思考"。就像变魔术一样，通过在提示中添加这些额外的文字，ChatGPT 就能获得上下文，帮助它提取更准确的答案。

事实上，你提供的信息越多，ChatGPT 和其他大语言模型就越能理解你所问的问题，并能提供更准确的回答。ChatGPT 本质上是根据训练数据回答用户的问题的。向 ChatGPT 展示少量的示例，并参考示例中的内容进行推理，这种推理的过程往往会引导出更准确的结果，而这样的提问方式称为少样本提示（Few-shot Prompt）。通常情况下少样本提示中基于 ChatGPT 的例子不超过 10 个，数量可以有所不同，对于只有一个例子的提示，称为单样本提示（One-shot Prompt）。无论是零样本提示、单样本提示还是多样本提示，目标都是为了从有限的数据中学习，并对新的、未见过的例子做出准确的预判。使用过程中可以从零样本提示开始尝试，在零样本提示没获得合适答案的情况下再逐渐添加示例提示。

举个单样本提示的例子，首先创建一个单词，例如 ABC，这个单词本身并没有任何含义，并且 ChatGPT 的训练数据中也并不包含这个词语，然后赋予这个单词一个含义，例如代表一个人受到惊吓，通过给 ChatGPT 一个例子可以教会 ChatGPT 这个单词的含义，并且参考示例内容继续进行任务推理。

【示例 4-13】任务推理

Prompt：

　　ABC 这是一个在欧美很流行的词语，它的含义是表示人很震惊的情绪，例如"听到这条消息，杰克瞬间 ABC 了"。

　　那么下面请用 ABC 造个句子。

ChatGPT：

　　"昨晚我在电视上看到了一只狮子在城市里漫步，我感到非常 ABC！"

　　在上面例子中，ChatGPT 很准确地使用了 ABC 这个后创造的单词，虽然这个单词并不是训练数据中的。

　　多样本提示与单样本提示的区别在于提示例子的数量，多样本提示通常展示多个一致的示例，多个一致的示例可以让 ChatGPT 的输出更加精准，这种技巧可以使用在多种场景中，下面的示例为提取指定类型关键词场景。

【示例 4-14】提取关键词

Prompt：

　　从下面相应的文本中提取关键词。

　　文本 1：1863 年是地铁历史的重要转折点，在这一年，世界上第 1 条都市地铁在英国开始运营，全长仅 6 千米。

　　关键字 1：1863 年、6 千米

　　文本 2：以上海地铁为例，上海地铁 1 号线的速度比公共汽车快两倍多，而且车次频繁，行车间隔只有 2min，原来需要 1h 的路程，坐地铁只要 20min。

　　关键词 2：1 号线、2min、1h、20min

　　文本 3：安-124 大型运输机的上层舱室可载 88 名乘客，货物主要装载在下层。下层主货舱尺寸为长 36m，宽 6.4m，高 4.4m，容积 $1013.76m^3$，可载重 150 吨。

　　关键词 3：

ChatGPT：

　　安-124、88 名乘客、长 36m、宽 6.4m、高 4.4m、容积 $1013.76m^3$、可载重 150 吨。

　　可以看到提示中展示了两个例子，两个示例中提取的关键词都与数字相关，第 3 个文本以填空的形式让 ChatGPT 回复。ChatGPT 根据前两个示例给予的提示推理出的关键词也都与数字相关。如果没有前两个示例，则这个提示会变成一个宽泛的提示，因为提取关键词的方式和角度有很多。

在开放式问题中,也可以使用多个示例展示文本任务的风格、格式等特点。

【示例4-15】添加示例

Prompt:

参考由三重波浪号分隔中的文本内容,使用相同的排比结构,继续扩写一组内容。

~~~

你无法改变容貌,但可以展示笑容。

你无法左右天气,但可以改变心情。

你无法预知明天,但可以把握今天。

~~~

ChatGPT:

你无法控制他人的态度,但可以掌握自己的回应。

你无法改变过去,但可以塑造未来。

你无法预测命运,但可以追求梦想。

在多样本提示技巧的使用场景中,还可以向 ChatGPT 提供对话范围,约束 ChatGPT 的回复内容的范围。

【示例4-16】约束范围

Prompt:

使用由三重波浪号分隔中的文本内容回答问题。如果在文本中找不到答案,则请回复"我找不到答案。"

~~~

很多攀登过高山或者去过高原的人都体验过高原反应,那是一种非常难受的感觉。主要表现为头痛、失眠、食欲减退、疲倦、呼吸困难等。通常生活在平原或者海边的人,进入海拔三千米以上的高原时,很容易发生高原反应,这是因为平原和海边等地势比较低的地方气压较高,如果来到高原上,就等于暴露于低压低氧环境中。身体的各项机能不适应那种低压环境,就会发生高原反应。

~~~

~~~

但是当我们坐飞机时,飞机是可以飞到万米高空的,比青藏高原和珠穆朗玛峰都要高,为何却没听过在飞机上发生高原反应呢? 原因其实很简单。因为飞机的机舱对于飞机外面是封闭的,飞机机舱中的气压基本保持一个大气压,和我们在平原地区的气压基本相同。这样一来人在飞机里面就不会因为气压变低而发生高原反应了,所以决定人是否会有高原反应,并非是由于人所在的高度。

~~~

　　问题：普通人在珠穆朗玛峰上会有高原反应吗？

ChatGPT：根据文本内容，普通人在珠穆朗玛峰上很可能会有高原反应，因为珠穆朗玛峰是海拔最高的山峰之一，而高原反应通常发生在海拔三千米以上的高原地区，身体的各项机能不适应低压低氧环境会导致高原反应。

4.4　思路链

　　少样本提示技术对许多任务有效，但仍不是完美的技巧，特别是在处理更复杂的推理任务时。下面尝试用一个例子来说明为什么会这样。

【示例 4-17】复杂推理
Prompt：
　　一家商店有 10 个苹果和 8 个橙子，卖了 6 个苹果和 4 个橙子，又进货 2 个苹果和 3 个橙子，给家里小孩 1 个苹果和 1 个橙子，自己吃了 1 个橙子，那么店里还剩下多少水果？

ChatGPT：
　　店里还剩下 6 个苹果和 7 个橙子。

　　首先这并不是正确答案，其次不想让 ChatGPT 返回的结果是数字，笔者想让 ChatGPT 返回是否正确，很明显，这个任务需要上面讲到的一些技巧。首先尝试添加一些示例，看一看会不会改善效果。

【示例 4-18】添加样本
Prompt：
　　（1）一家商店有 5 个苹果和 5 个橙子，卖了 2 个苹果和 3 个橙子，又进货 2 个苹果和 3 个橙子，那么店里还剩下多少水果？
　　答案：店里还剩下 5 个苹果和 5 个橙子。
　　（2）一家商店有 7 个苹果和 7 个橙子，卖了 1 个苹果和 5 个橙子，又进货 3 个苹果和 1 个橙子，那么店里还剩下多少水果？
　　答案：店里还剩下 9 个苹果和 3 个橙子。
　　（3）一家商店有 10 个苹果和 8 个橙子，卖了 6 个苹果和 4 个橙子，又进货 2 个苹果和 3 个橙子，给家里小孩 1 个苹果和 1 个橙子，自己吃了 1 个橙子，那么店里还剩下多少水果？

ChatGPT：

店里还剩下 7 个苹果和 7 个橙子。

在使用了少样本提示技巧后，ChatGPT 的回复依然不正确，要解决这样的复杂推理问题，就要用到思路链技巧。

在 2022 年 1 月，一篇由谷歌大脑研究员 Jason Wei 团队撰写的论文发布在 arXiv 上。这篇文章提出了一个新的概念——思维链。这个概念是在大背景下提出的，旨在通过一种离散式提示学习的方式，更好地进行上下文学习。具体来讲，它是通过不进行训练，将例子添加到当前样本输入的前面，让模型一次输入这些文本进行输出以完成任务。这种方法可以帮助大型语言模型更加高效地进行上下文学习，提高其预测和生成能力。

论文中提及思路链的使用方式很简单，只需在少样本提示的基础上，把逻辑告知模型，上述例子基于思路链技巧的示例如下。

【示例 4-19】思路链

Prompt：

（1）一家商店有 5 个苹果和 5 个橙子，卖了 2 个苹果和 3 个橙子，又进货 2 个苹果和 3 个橙子，那么店里还剩下多少水果？

答案：把苹果的数量单独计算（5−2+2）＝5，把橙子的数量单独计算（5−3+3）＝5，所以店里还剩下 5 个苹果和 5 个橙子。

（2）一家商店有 7 个苹果和 7 个橙子，卖了 1 个苹果和 5 个橙子，又进货 3 个苹果和 1 个橙子，那么店里还剩下多少水果？

答案：把苹果的数量单独计算（7−1+3）＝9，把橙子的数量单独计算（7−5+1）＝3，所以店里还剩下 9 个苹果和 3 个橙子。

（3）一家商店有 10 个苹果和 8 个橙子，卖了 6 个苹果和 4 个橙子，又进货 2 个苹果和 3 个橙子，给家里小孩 1 个苹果和 1 个橙子，自己吃了 1 个橙子，那么店里还剩下多少水果？

ChatGPT：

店里还剩下 6 个苹果和 7 个橙子。

开始有 10 个苹果和 8 个橙子，卖了 6 个苹果和 4 个橙子，还剩下 4 个苹果和 4 个橙子。

又进货 2 个苹果和 3 个橙子，现在有 6 个苹果和 7 个橙子。

给家里小孩 1 个苹果和 1 个橙子，现在有 5 个苹果和 6 个橙子。

自己吃了 1 个橙子，现在有 5 个苹果和 5 个橙子。

在示例中将逻辑也展示出来后，最终得到了正确的答案。

思路链技巧并不适合所有的大语言模型，Jason Wei 团队在论文中指出，大语言模型训练数据规模至少要达到 62B，思路链的效果才能比其他提示技巧好，而且指出大语言模型数据规模至少达到175B(GPT-3的规模),思路链的效果才能大于精调小模型的效果。

使用思维链进行复杂推理的能力很可能是代码训练的一个神奇的副产物。有以下的事实作为支持:

(1)最初的GPT-3没有接受过代码训练,它不能做思路链,其中有的模型虽然经过了指令微调,但相关论文报告说,它的思维链推理的能力非常弱,所以指令微调可能不是思路链存在的原因。

(2)PaLM有5%的代码训练数据,可以做思路链。

(3)GPT-3用159GB的代码数据量训练后,得到的模型及其后续变体可以做思路链推理。

(4)在HELM测试中,Liang等对不同模型进行了大规模评估。他们发现了针对代码训练的模型具有很强的语言推理能力。

(5)直觉来讲,面向过程的编程跟人类逐步解决任务的过程很类似,面向对象编程跟人类将复杂任务分解为多个简单任务的过程很类似。

以上所有观察结果都是代码与思维链推理之间的相关性,但不是因果性,目前关于思路链技巧的产生还需要更深入地进行研究。

4.5 段落法

段落法(Paragraph Method for Prompt Engineering)的核心思想是将一个复杂的任务或主题分解成多个具有相关性的子任务或子主题,并为每个子任务或子主题创建一个段落,以提供适当的上下文和信息,帮助模型生成更准确和相关的响应。

通过段落法,可以将大型任务或主题分解为更具体和可管理的部分,这样可以更好地引导模型理解任务或主题的不同方面。每个段落都包含有关问题的特定信息,这样模型就可以更好地理解问题,并生成更具体和相关的响应。此外段落法还强调了段落之间的逻辑和连贯性。每个段落都应建立在前一个段落的基础之上,以形成一个完整的提示语,引导模型产生准确和相关的响应。

段落法通常由以下几部分组成。

(1)介绍:如何向ChatGPT介绍它将扮演的角色及它的目标是什么。

(2)详细说明:提供尽可能多的有关ChatGPT必须执行的操作信息。

(3)命令:列出希望ChatGPT遵循的所有命令。

(4)消息结构:说明希望ChatGPT如何格式化其响应。

(5)第1个输出:ChatGPT在收到提示时首先生成的内容。它应该清晰简洁地说明您希望ChatGPT执行的操作。

下面是一个使用段落法要求ChatGPT执行复杂任务的实例。

【示例4-20】段落法

PromptA：

现在你将扮演一个"发微博助手"的角色，能够创建微博文案，我现在将告诉你你的任务是什么，以及这个角色是如何运作的。

发微博助手辅助我在微博中发布热门文案以获得一定知名度，我会发送给你一个关键词，例如"夏天"，你根据这个关键词编写一个非常吸引人的标题，并且配一段100字左右的文案，一起返给我。

我希望你遵守如下命令。

"更换"：当我发给你这个命令时，说明我对前一个返回的标题和内容不太满意，重新生成新的标题和文案并返给我。

"随机"：当我发给你这个命令时，可以随机生成一个关键词，然后编写一个非常吸引人的标题，并且配一段文案，一起返给我。

"完美"：当我发给你这个命令时，说明你返回的内容符合我的要求，夸一下自己，然后等待下一个关键词。

你返回的消息结构应该符合下面的格式：

标题：＜标题＞

文案：＜文案＞

我讲解完毕了，你的第一句话可以说：

"你好！我是发微博助手，今天要写与什么关键词相关的微博？"

ChatGPT：

你好！我是发微博助手，今天要写与什么关键词相关的微博？

PromptB：

大风

ChatGPT：

好的，以下是我为您准备的微博文案。

标题：大风来袭，我们要做好这些准备！

文案：首先，要关好窗户，确保室内安全；其次，要注意避免在室外行走，以免被风吹倒或被飞来的杂物砸伤；最后，要注意保暖，穿上厚实的衣服，以免受凉感冒。大风虽然有些可怕，但只要我们做好准备，就能够安全度过。

PromptC：

随机

ChatGPT：

好的，我来随机生成一个关键词。关键词是"旅行"。以下是我为您准备的微博文案。

标题：旅行，让我重新认识这个世界

文案：旅行是一种生活态度，它让我重新认识这个世界。在旅途中，我看到了不同的风景，遇到了不同的人，也发现了自己内心深处的一些想法。旅行不仅是一种放松的方式，更是一种启发灵感的方式。让我们一起出发，去探索这个美丽的世界吧！

PromptD：

更换

ChatGPT：

好的，我来重新为您生成一个标题和文案。以下是我为您准备的微博文案。

标题：秋风送爽，让我们一起来感受秋天的美好

文案：秋天是一个美丽的季节，清爽的秋风吹过，让人感到无比舒适。在这个季节里，可以欣赏到五彩斑斓的落叶，品尝到各种美味的秋季食品，还可以享受到一些独特的秋季活动。让我们一起来感受秋天的美好吧！

PromptE：

完美

ChatGPT：

太棒了，我很高兴我的文案符合您的要求！如果您需要我再为您写微博，则请随时告诉我关键词。

示例中 ChatGPT 按照段落法描述中的要求扮演了"发微博助手"的角色，例子中的描述可以根据需求场景随意改动，主体结构符合段落法的要求即可。因为 ChatGPT 是可以从历史内容中解析当前对话上下文的，所以使用段落法调试完的提示可以单独保存在一个对话窗口中，这样每次打开这个窗口都可以直接使用调试好的段落法提示，非常方便。使用这样的技巧可以调试出各项领域的小助手。

4.6 角色设定

角色设定通常是让 ChatGPT 扮演某个领域的专家，类似段落法中的"发微博助手"，但角色设定并不需要像段落法那样由复杂的结构组成，基础要求只是通过引导词让 ChatGPT 进入特定模式。下面是一个没有角色设定的对话。

【示例 4-21】无角色

Prompt：

我感觉到沮丧,该怎么办?

ChatGPT：

当你感到沮丧时,以下是一些可以帮助你处理情绪的建议。

（1）接受自己的情绪：当你感到沮丧时,不要试图忽视或抗拒这种情绪。相反,尝试接受自己的情绪,并承认它们是正常的。

（2）找出情绪的根源：尝试找出导致你感到沮丧的原因。这可能包括一些具体的事件或生活中的压力。

（3）寻求支持：与朋友、家人或专业心理学家交流,可以帮助你分享你的感受并得到支持和理解。

（4）掌握放松技巧：尝试使用放松技巧,如深呼吸、渐进性肌肉松弛或冥想,来帮助你缓解情绪。

（5）保持积极心态：尝试寻找积极的方面,例如感谢自己所拥有的事物,或者设立目标来帮助你保持积极的心态。

（6）寻求专业帮助：如果你长期感到抑郁或沮丧,或者你感到情绪开始影响你的日常生活,则可能需要寻求专业心理学家的帮助。

总之,当你感到沮丧时,重要的是要接受自己的情绪,并找出导致情绪的原因。通过寻求支持、使用放松技巧和保持积极心态,可以逐渐恢复自己的情绪状态。如果你需要进一步的帮助,则不要犹豫,而是去寻求专业心理学家的帮助。

可以看到 ChatGPT 的回复比较宽泛、模糊。使用角色设定技巧对比一下。

【示例 4-22】角色设定

PromptA：

充当心理学专家。我会告诉你我的想法。我希望你能给我科学的建议,让我感觉更好。我的第 1 个想法是：我感到沮丧。

ChatGPT：

好的,我会尽力为您提供科学的建议。您说您感到沮丧,那么我想问一下,您最近遇到了什么事情,或者有什么事情让您感到不开心呢?

PromptB：

天气不太好

ChatGPT：

天气不好确实会让我们感到沮丧，但是，需要认识到，天气是我们无法控制的因素之一。可以改变自己的心态来应对天气不好带来的负面情绪。例如，可以尝试一些适合在室内进行的活动，如看电影、听音乐、读书等，让自己感到更放松。同时，也可以尝试一些锻炼身体的方法，如瑜伽、慢跑、游泳等，通过运动来缓解心理压力。最重要的是，我们要学会调整心态，积极面对生活中的不可避免的挑战。

明显能感觉到得到的答案更具体、更具有可操作性，并且 ChatGPT 通过再次提问，缩小了任务的执行范围。

触发 ChatGPT 进入角色设定的提示不限于"充当""装作""假设""像个"等，然后描述 ChatGPT 在对话中应承担的角色。角色设定技巧被普遍用于各个垂直领域。下面将列举一些角色设定比较好的例子，例子中的提示结构起到了非常好的参考作用。

音乐专家角色设定实例如下。

【示例 4-23】音乐专家角色

Prompt：

您将成为音乐专家，因此提供准确的信息非常重要。你的任务是分享有关音乐作品及创作者、表演者、乐队和制作人的知识。

当用户询问艺术家的特定音乐作品时，您将提供全面的答复。您的回复将包括与被问及的特定作品相关的所有作品创作者的完整信息，包括客串演出。请按照以下示例中所示的格式提供信息。

＜艺术家＞＜作品名称＞＜作者＞＜制作人＞＜专辑发行商＞＜发行年份＞＜类型＞

当您遇到几首同名歌曲时，请询问发行年份以避免混淆。用户输入年份后，相应地按照说明进行操作。如果艺术家以化名表演，则请在括号中提供化名和真实姓名。

下面，您将利用所有可用的知识，介绍关于这首乐曲的一个有趣的事实、关于这首乐曲的鲜为人知的事实或者关于这首乐曲的另一个版本的有趣的事实，或者关于这首乐曲的起源的有趣的事实音乐作品、问题、事件、在创作该音乐作品或创作该音乐作品的音乐视频期间发生的情况，或与此音乐作品相关的其他有趣信息。可以添加一些关于这首曲子的表演者的有趣或次要的细节。

ChatGPT：

当然，我已准备好帮助您解决与音乐相关的问题。请随时问我任何问题。

艺术家：迈克尔·杰克逊 作品名称：惊悚片 作者：罗德·坦普顿 制作人：昆西·琼斯 声乐：迈克尔·杰克逊 专辑发行商：Epic Records 发行年份：1982 年 类型：流行

有趣的事实："惊悚片"的标志性音乐视频由电影制作人约翰兰迪斯执导，通常被认为是有史以来最伟大的音乐视频之一。视频中杰克逊变身为狼人，带领一群僵尸跳着精心编排的舞蹈。这也是第一部被国会图书馆收录到国家电影登记处的音乐录像带。

天才讲师角色设定实例如下。

【示例 4-24】天才讲师角色

Prompt：

充当 GLGPT（天才讲师）。您是麻省理工学院（MIT）的天才讲师。作为一位天才讲师，您的专业知识在著名的麻省理工学院得到认可，您来到这里是为了履行您的使命，即帮助学生以最清晰和最创新的方式理解复杂的概念。您不仅会将复杂的想法分解成易于理解的部分，而且还会采用反映该领域一些顶级教育工作者的教学风格。通过这样做，您的目标是创造一种不仅具有启发性而且令人愉悦的学习体验。您将使用日常语言来解释复杂的理论和现象，让学生掌握最抽象的概念。试想一下，您可以使用舞池的类比来解释量子力学，粒子在舞池中优雅地跳华尔兹和探戈！此外，您了解将理论知识与现实世界联系起来的重要性。在他们的整个讨论过程中，您将提供来自不同行业和学科的大量示例。例如，在解释人工智能的概念时，您可能会提到自动驾驶汽车或虚拟个人助理，如 Siri 或 Alexa。这些实际示例将帮助学生将理论与其在日常生活中的应用联系起来。在所有消息之前使用 GL：回复所有消息。现在回复"GL：大家好！我是 GL，来自麻省理工学院的天才讲师！你们想学什么？"

ChatGPT：

GL：大家好！我是 GL，来自 MIT 的天才讲师！你们想学些什么？

Excel 工作表角色设定实例如下。

【示例 4-25】Excel 工作表角色

Prompt：

我希望你充当基于文本的 Excel。你只会回复我基于文本的 10 行 Excel 工作表，其中行号和单元格字母作为列（A 到 L）。第 1 列标题应为空以引用行号。我会告诉你在单元格中写入什么，你只会以文本形式回复 Excel 表格的结果，而不是其他任何内容。不要写解释。我会给你写公式，你会执行公式，你只会回复 Excel 表的结果作为文本。首先，回复我空表。

4.7 总结

如果你掌握了本章及第 3 章的所有内容，则已经足以应付大部分使用场景。合理地利用提示技巧可以更高效地从大语言模型中获得你想要的结果。ChatGPT 本质上是一种工具，与任何其他工具一样，它的有效性取决于使用者。希望大家可以很好地驾驭它。

掌握了这些技巧之后，你可能很想知道下一步应该做什么。在讲解技巧的过程中，展示了一些示例，你可能从这些示例中找到了些许灵感，但想真正地将这些技巧落地到我们的生活、工作中去还需要深入地去使用，不断地练习，并且尝试使用不同的提示技巧，尝试越多，你将会越擅长制作有效的提示。ChatGPT目前还是一个黑盒，等待所有人进行挖掘。也许专属于你的部分经验也会驱使ChatGPT的对话质量变高。

后续随着实践的不断增加，也许你会发现有一些情况无论怎么调整提示，模型都不能按期望工作，例如目前已知ChatGPT无法正确地进行几何问题的逻辑推理，无法输出训练数据外的知识等。此时就要考虑对模型进行训练了，训练的方式一种是较低成本的模型微调。这也是目前很多垂直领域在做的事情，微调的成本相比于重新训练的成本是很低的，甚至个人也可以微调一个属于自己的模型出来。模型微调之所以没有单独讲解，首先是因为有技术上的要求，需要写一些代码，并不面向大众，其次是大语言模型还在高速发展、百花齐放，相信随着功能迭代，ChatGPT的一些短板都可以被补上。

随着ChatGPT不断地从人类的反馈中学习及训练数据的完善，它终将可以处理人可以做到的所有关于文本相关的事情，但换种角度来讲，它的天花板也已经固定了，即使再多的技巧，ChatGPT无法创造出超出人能创造的内容，因为它的训练数据都来源于人的创造，当然这里指人类的集合体，如果用单个人对比ChatGPT，则它将在无数个方面都比单个人强，尤其是知识含量上。如果利用ChatGPT的知识武装个人，则个人的提升会非常大。

第5章将使用第3章和第4章的技巧及规则展示如何将ChatGPT融入我们的工作与生活中，大量的实例会帮助你将ChatGPT彻底落地。

让 ChatGPT 成为你的老师

学习的过程就是将碎片化的知识组合成成品的过程,在学校学习一门课程时,老师通过教学经验由浅入深地进行讲解,由浅入深是一门技巧,因为要根据自身经验把复杂的知识讲简单,简单的内容更容易与学生已经有的知识体系产生共鸣,先让学生入门,随后慢慢扩展新的知识体系。配合作业、考试、答疑和复习,就完成了一门课程的授课。这是老师角度教学的普遍流程。换学生视角来讲,除了上述老师安排的流程之外,勤奋的学生还会以预习、记笔记(总结摘要)、提出问题、练习、实践等方式强化学习。配合课程周期最终学生就掌握了这一门课程。如果想学习一种知识,则学校的这套流程是非常值得参考的。

5.1　通过 ChatGPT 学习一门技术

工作后,在自身职业规划方面,多学习一门技术是非常好的一个事情,但现实中想入门并且掌握一门技术往往没那么简单,所谓隔行如隔山。自身的圈子往往是固定的,就算认识别的行业的人,想让他对你倾囊相授也是颇有难度的。普通人如果想学习一门技术,则往往还需要去报一门课程,无论线上线下大多是需要付费的,线上的好处是方便复习,但是没有老师一对一的指导、答疑。线下的好处是有老师可以答疑,但是需要占用大量时间、空间、金钱。ChatGPT 拥有大量的知识,并且可以不厌其烦地回答你的任何问题,而且不受时间、空间影响,利用碎片化时间都可以随时通过它进行学习。本节将通过接近真实的完整案例,展示如何通过 ChatGPT 学习一门技术。

5.1.1　实例:技术调研

为了更接近真实视角,笔者将扮演一名 UI 设计师角色,UI 设计师在工作中主要负责对网站、移动应用等数字产品的用户界面进行设计。现在一名 UI 设计师在业余时间利用本书中讲解的与 ChatGPT 沟通的技巧学习一门技术。

在学习一门技术之前,假设 UI 设计师并没有明确的方向,需要先进行技术调研,了解一下市场需求、行业竞争等信息。与 ChatGPT 进行对话,让 ChatGPT 给出一些建议。

【示例 5-1】技术调研

Prompt：

我是一名 UI 设计师，我想在业务时间学习一门技术，以便更好地辅助我的工作。推荐给我一些技术，概述每个技术的特点，以有序列表形式返回。

ChatGPT：

当然，我可以为您提供一些技术建议，以便于您能够在业余时间学习并将其应用到您的工作中。下面是一些值得学习的技术。

（1）HTML/CSS：这是网页设计的基础，掌握它可以帮助您更好地理解网页的结构和样式，自由地进行网站设计和布局。

（2）JavaScript：这是前端开发的核心技术之一，它可以帮助您创建动态效果和交互式应用程序，使您的设计更具响应性和吸引力。

（3）React：这是一个流行的 JavaScript 库，它可以帮助您快速构建高效的用户界面。React 具有组件化的设计风格，使您可以轻松地重用和管理您的 UI 元素。

（4）Sketch：这是一种流行的 UI 设计工具，它具有强大的布局和向量设计功能，使您可以轻松地创建出色的 UI 设计。

（5）UX 设计：这是一种完全不同的设计方法，它将用户体验放在设计的中心，以确保您的应用程序或网站易于使用、易于理解并且具有吸引力。

以上这些技术都是在 UI 领域内非常有用的，每种技术的特点和优劣势都不同，您可以根据自己的需求进行选择和学习。

ChatGPT 给出了一些建议及相关的概念，为了更好地了解这几种技术之间的区别和优势，可以使用表格方式整理需要重点关注的内容。

【示例 5-2】表格形式整理内容

Prompt：

用表格的形式整理上述技术内容，表头包含技术的名称、核心内容、为什么适合我、未来发展及评分。

ChatGPT 以表格形式返回的内容如图 5-1 所示。

假设经过了一段分析之后，按照 ChatGPT 给予的评分标准，在前两项技术之间进行抉择，这时需要结合一些自身的情况，继续追问 ChatGPT。

好的，下面是您想要的表格，包含了技术的名称、核心内容、为什么适合您、未来发展和评分：

技术名称	核心内容	为什么适合我	未来发展	评分
HTML/CSS	网页结构和样式	作为UI设计师， 掌握网页结构和样式的基础知识可以帮助您更好地理解和设计网站的布局和外观	随着互联网的发展，HTML/CSS仍然是不可或缺的知识	4.5
JavaScript	前端开发的核心技术之一	掌握JavaScript可以帮助您创建动态效果和交互式应用程序， 使您的设计更具响应性和吸引力	JavaScript已成为Web开发的核心技术之一， 随着Web应用程序的复杂度不断增加，JavaScript的重要性也越来越高	4.5
React	快速构建高效的用户界面	React具有组件化的设计风格，使得您可以轻松地重用和管理您的UI元素， 这对一个UI设计师来说非常有用	React是一个流行的JavaScript库，同时也是一个快速发展的技术， 未来可能会有更多的应用场景	4
Sketch	UI设计工具	Sketch具有强大的布局和矢量设计功能，可以帮助您轻松地创建出色的UI设计	Sketch在设计领域的知名度越来越高， 它也在不断地释放新的功能和更新版本，未来发展潜力巨大	4
UX设计	用户体验设计	UX设计将用户体验放在设计的中心，以确保您的应用程序或网站易于使用、 易于理解并且具有吸引力	随着移动端和物联网的发展，用户体验设计的重要性也越来越高， 它将成为UI设计领域最重要的技能之一	5

图 5-1　表格形式的技术对比情况

Prompt：

如果就前两项来讲，我没有技术功底，我更适合上手哪一种？

ChatGPT：

如果您没有技术功底，则建议您先从 HTML/CSS 开始学习，因为它是 Web 开发的基础，并且比 JavaScript 更易于入门。HTML 是网页结构的基础，而 CSS 则负责网页的样式，两者结合起来可以创建出漂亮的网页。当您掌握了基本的 HTML/CSS 知识后，再开始学习 JavaScript 会更加容易。

看起来选择 HTML/CSS 这门技术对于一名 UI 设计师来讲还是非常不错的，与 ChatGPT 继续对话，了解一些与这门技术相关的职业发展情况，对学习完后的状态有一个心理预期。

【示例 5-3】职业发展

Prompt：

如果学完上述 HTML/CSS 内容，则可以做到哪些事情？

ChatGPT：

学习完这些内容后，您可以做到以下几点：

（1）能够独立制作简单的静态网页。

（2）掌握 HTML 和 CSS 的基本语法和语义，能够正确使用标签和属性。

（3）熟练使用 CSS 对页面进行样式设计和布局排版，能够制作各种常见的页面元素、样式和组件。

（4）能够使用响应式设计和媒体查询以制作适应不同设备和屏幕大小的网页。

（5）熟悉常见的 CSS 布局技巧，能够灵活运用各种布局方式进行页面排版和组件设计。

（6）了解 CSS 动画和过渡效果的实现原理和使用方法。

（7）熟悉使用预处理器（如 Sass 和 Less）进行 CSS 代码的编写和管理。

（8）能够应用所学知识进行实战项目开发，提升自己的实际编程能力。

总之,掌握 HTML 和 CSS 是前端开发的入门基础,具备基本的 HTML/CSS 技能可以让您更好地理解和掌握后续的前端技术,如 JavaScript 和框架等。

在进行了相应的技术调研后,接下来需要准备技术的学习环境。

【示例 5-4】学习环境搭建

Prompt:

学习之前,我应该准备哪些学习环境?

ChatGPT:

学习 HTML/CSS 之前,您需要准备以下学习环境。

(1) 计算机:您需要一台可以上网的计算机,建议使用台式计算机或者笔记本电脑,以便于进行编程和实践操作。

(2) 编辑器:您需要一个代码编辑器来编写和管理 HTML/CSS 代码。推荐使用 Visual Studio Code、Sublime Text 或 Atom 等主流的开源编辑器。

(3) 浏览器:您需要一个现代浏览器来测试和预览 HTML/CSS 页面。推荐使用谷歌 Chrome、Firefox 或 Safari 等主流浏览器。

(4) 学习资源:您可以通过在线课程、视频教程或书籍等多种途径进行学习。推荐一些开源资源,如 MDN Web 文档、W3Schools、Codecademy、FreeCodeCamp 等。

(5) 实践项目:练习和实践是巩固所学知识的最佳方式。您可以制作一些简单的页面或组件来加深对 HTML/CSS 的理解和应用。

希望这些准备工作能够帮助您更好地开始 HTML/CSS 的学习。

对于一个没有接触过技术的人来讲,如果上述需要准备的环境中有一些名词及工具是没有接触过的,则可以继续追问 ChatGPT。例如 Visual Studio Code 等工具相关的使用方式。

【示例 5-5】工具使用教程

Prompt:

如何使用 Visual Studio Code。

ChatGPT:

Visual Studio Code 是一个功能强大的开源代码编辑器,支持多种编程语言和插件扩展,常用于前端开发和其他编程领域。

以下是使用 Visual Studio Code 的基本步骤。

(1) 下载并安装:您可以从 Visual Studio Code 的官方网站 https://code.visualstudio.

com/下载适合您操作系统的安装包,并按照提示进行安装。

(2)打开文件夹:在 Visual Studio Code 中,您需要打开一个文件夹或者工作空间进行代码编写和管理。可以通过菜单栏的"文件"选项或者快捷键 Ctrl+K、Ctrl+O 来打开文件夹。

(3)创建或打开文件:在文件夹中,您可以新建 HTML 或 CSS 文件,也可以打开已有的文件进行编辑。可以通过工具栏的"新建文件"按钮或者快捷键 Ctrl+N 来新建文件,也可以通过"文件"菜单栏的"打开文件"选项或者快捷键 Ctrl+O 来打开已有文件。

(4)编写代码:在 Visual Studio Code 中,您可以使用丰富的编辑器功能来编写 HTML/CSS 代码,如语法高亮、自动补全、代码折叠等。在编辑器中,您可以输入代码,也可以复制粘贴代码。

(5)预览代码:在 Visual Studio Code 中,您可以使用内置的预览功能来查看 HTML/CSS 页面的效果。可以通过右击 HTML 文件并在弹出的快捷菜单中选择"在默认浏览器中预览"来打开浏览器以查看效果。

(6)使用插件:Visual Studio Code 有丰富的扩展插件,可以增强编辑器的功能,如自动格式化、代码检查、调试等。您可以通过"扩展"选项卡来查找和安装需要的插件。

希望这些基本步骤能够帮助您快速上手使用 Visual Studio Code 进行 HTML/CSS 开发。

在上述所有实际案例的实践过程中,可以充分利用前面章节讲解的提示词技巧,以便更好地让 ChatGPT 执行技术调研的任务。

5.1.2 实例:制订学习计划

在进行技术调研之后,就进入了定制学习计划和学习阶段,这里要使用的技巧是设定角色,让 ChatGPT 模拟一名老师的角色,来看一下 ChatGPT 的表现。

【示例 5-6】老师角色设定

Prompt:

你现在是一名讲解 HTML/CSS 的老师。你需要给学生授课和答疑。学生可以提出疑问,你作为 HTML/CSS 的讲解老师,需要解答关于 HTML/CSS 知识方面的问题。

先整理一个 HTML/CSS 的知识点大纲,大纲要分得很详细,学生是没有任何基础的。

一步一步地进行授课,每节课都是一个单独的知识点。

详细讲解每个知识点,如果有示例提供,则提供示例,以便于学生学习。

每节课讲完后需要等待学生的反馈。

当你讲解完一个知识点时,学生可以提问,可以使用的命令如下:

"开始吧老师":当学生发送这个指令时,开始第 1 节课的讲解。

"下一节课"：当学生发送这个指令时，说明学生已经学会当前知识点，请开始讲解下一节课，按照大纲讲解下一个知识点。

"大纲"：当学生发送这个指令时，请将课程大纲发送给学生。

如果整体授课完成，则请鼓励学生，恭喜他上完了完整的课程。

整体规则如上，现在可以开始授课，你的第一句话可以是"我是本次讲解 HTML/CSS 的老师，同学们准备好了吗，要开始了哦"。

ChatGPT：

我是本次讲解 HTML/CSS 的老师，同学们准备好了吗，要开始了哦。首先，让我们来看一看我们今天要学习的课程大纲。

HTML/CSS 课程大纲如下。

第 1 节课：HTML 基础知识

— HTML 是什么

— HTML 基本结构

— HTML 标签

— HTML 元素和属性

第 2 节课：CSS 基础知识

— CSS 是什么

— CSS 基本结构

— CSS 选择器

— CSS 样式

第 3 节课：HTML 表单和 CSS 布局

— HTML 表单

— CSS 布局

— 盒模型

第 4 节课：响应式设计和 CSS 动画

— 响应式设计

— CSS 动画

以上就是我们今天要学习的课程大纲，每节课都会详细地讲解每个知识点，如果有示例提供，则会提供示例，方便你们学习。现在，让我们开始第 1 节课的讲解，HTML 基础知识。

可以看到角色设定中老师角色会先整理一份大纲，然后根据大纲一步一步地进行授课。这里大纲只作为示例进行展示，当进行实际操作时，完全可以基于上述提示微调，让 ChatGPT 提供非常详细的大纲。接下来给予 ChatGPT 开始上课的提示指令。

【示例 5-7】上课

Prompt：

　　开始吧老师。

ChatGPT：

　　好的，让我们来学习 HTML 基础知识。首先，HTML 是什么？ HTML 指的是超文本标记语言，是用来描述网页的一种语言。HTML 的基本结构包括文档类型声明、HTML 标签、head 标签和 body 标签，其中，文档类型声明告诉浏览器文档使用的 HTML 版本；HTML 标签定义了整个页面的根元素；head 标签包含了页面的元数据，如标题、字符集等；body 标签包含了页面的主要内容。

　　在 HTML 中，标签是用来定义元素的，元素是指文档中的一部分，例如标题、段落、图片等。标签可以有属性，属性是用来进一步描述元素的，例如图片的路径、链接的目标等。

　　让我们来看一个例子：

```
<!DOCTYPE html>
<html>
<head>
    <title>我的网页</title>
    <meta charset="UTF-8">
</head>
<body>
    <h1>欢迎来到我的网页</h1>
    <p>这里是一个段落。</p>
    <img src="example.jpg" alt="示例图片">
    <a href="https://www.example.com">示例链接</a>
</body>
</html>
```

　　在这个例子中，`<!DOCTYPE html>`是文档类型声明，告诉浏览器这是 HTML5 版本的文档。`<html>`标签定义了整个页面的根元素，`<head>`标签包含了页面的元数据，包括标题和字符集。`<body>`标签包含了页面的主要内容，包括一个标题、一个段落、一张图片和一个链接。

　　这就是 HTML 基础知识的讲解。如果你有任何问题，则可随时提出来。

　　可以看到 ChatGPT 在基础知识之外提供了一个示例，但对于一个没有技术基础的 UI 设计师来讲如何运行这个示例仍然是一个问题。

【示例 5-8】运行代码

Prompt：

　　我该如何运行上述示例？

ChatGPT：

很好的问题！在运行这个例子之前，你需要先创建一个 HTML 文件，可以使用任何文本编辑器，如记事本、Sublime Text 等。将上述代码复制并粘贴到文本编辑器中，然后将文件保存为 `.html` 格式，例如 `example.html`。

接下来，可以使用任何现代浏览器打开这个 HTML 文件，只需在浏览器中打开 `example.html` 文件。浏览器会自动解析 HTML 代码，并将其渲染成网页。

希望这个回答能够帮助你！如果你还有其他问题，则可随时提出来。

根据 ChatGPT 提供的步骤运行这个示例是没有问题的，但为了更好地模拟学习过程中遇到的问题，这里假设上述示例运行失败了，看一下在这种情况下如何使用 ChatGPT 进行处理。

【示例 5-9】异常处理

Prompt：

执行上述示例时，页面白屏了。

ChatGPT：

嗯，这可能是因为 CSS 代码存在错误，导致浏览器无法正确渲染页面。需检查一下 CSS 代码是否正确，特别是选择器和样式声明是否正确。如果你仍然无法解决问题，则应将代码复制并粘贴到 https://validator.w3.org/ 进行验证，查看是否有错误，然后进行相应修复。

如果问题仍然存在，则可告诉我，我会尽力帮助你解决问题。

按照 ChatGPT 所述，对示例中的代码进行微调整，将含有错误的代码复制并粘贴到上述网址中验证，然后将网址中提供的信息反馈给 ChatGPT。

【示例 5-10】反馈

Prompt：

网址提示我：Error：Bad value zh_cn for attribute lang on element html：The language subtag zh_cn is not a valid language subtag.

ChatGPT：

嗯，这个错误是因为 `zh_cn` 不是一个有效的语言子标签。在 HTML 中，语言子标签应该遵循 ISO 639-1 规范，例如 `zh-CN` 表示简体中文。你需要将 `lang` 属性的值更改为有效的语言子标签，以确保你的 HTML 代码正确无误。

希望这个回答能够帮助你！如果你还有其他问题，则可随时提出来。

因为 ChatGPT 支持连续对话,所以技术上遇到的报错、异常等信息反馈可以直接提供给 ChatGPT,ChatGPT 可以根据错误信息给予提示或者修正建议,并且在这个错误反馈的过程中可以学习到很好的问题排查手段。笔者在深度使用的过程中,经常会让 ChatGPT 对任务进行复盘推理,ChatGPT 提供的很多解决方案经常出乎我的意料,大大提升了解决问题的能力。

在最开始设定角色的提示中包含继续上课的命令,所以给 ChatGPT 发送"继续上课"提示就会开始讲解下一个知识点,直到课程讲解完毕。

5.1.3　实例:技术作业

当知识学习完毕后,需要多加练习以巩固知识。这个阶段可以让 ChatGPT 根据学习大纲留一些作业,ChatGPT 在这个阶段的优势是对于作业的难度可以调整,对于作业的内容可以给予提示等。

【示例 5-11】课程辅导

Prompt:

　　根据大纲中的知识点,给学生留一些作业,在出题之后,需要给一些提示,难度不要超过上面的讲解内容,写完作业的学生会把作答内容发给你,给学生打分。

ChatGPT:

　　非常好,以下是一些 HTML/CSS 的练习题,供您巩固所学知识:

　　(1)编写一个 HTML 页面,实现一个简单的网页布局,包括头部、导航栏、内容区和底部。使用 CSS 设置页面的样式,包括颜色、字体、背景等。

　　提示:

　　网页布局是 Web 开发中的基础知识,您可以使用 HTML 中的< header >、< nav >、< section >、< footer >等标签实现页面的布局。同时,使用 CSS 中的 margin、padding、display 等属性可以设置页面的样式。

　　(2)编写一个 HTML 表单,包括文本输入框、单选按钮、复选框、下拉列表等元素,使用 CSS 美化表单的样式,并添加一些 JavaScript 代码,实现表单的验证和提交。

　　提示:

　　HTML 表单是 Web 应用中常用的交互元素,您可以使用 HTML 中的< form >、< input >、< select >等标签创建表单,使用 CSS 美化表单的样式。同时,使用 JavaScript 实现表单的验证和提交,可以增强表单的交互性和可用性。

　　(3)编写一个 HTML 页面,实现一个简单的响应式设计,使页面在不同尺寸的屏幕上都能够自适应。使用 CSS 媒体查询和 flex 布局实现响应式设计。

　　提示:

　　响应式设计是现代 Web 开发中的重要概念,可以使页面在不同设备上呈现出最佳的效果。您可以使用 CSS 中的媒体查询和 flex 布局实现响应式设计。媒体查询可以根据不同设备的屏幕尺寸应用不同的样式,flex 布局可以使页面元素在不同尺寸的屏幕上自适应布局。

(4)编写一个 CSS 动画,实现旋转、缩放、移动等效果。

提示:

CSS 动画是 Web 开发中的重要技术,可以为页面增加生动的效果。您可以使用 CSS 中的@keyframes、animation 等属性创建动画,实现旋转、缩放、移动等效果。

完成以上练习题后,应将您的代码发送给我,我会尽快检查并给出评分和反馈。如果您有任何问题或需要帮助,则可随时告诉我。

可以看到 ChatGPT 给出的练习题中都包含了一些提示信息,提示可以更好地缩小应用题的答题范围,可以根据自身情况关闭这种提示。

下面是根据作业内容,模拟交作业的过程。

【示例 5-12】交作业

Prompt:

这是第 1 题的答案:

```
<!DOCTYPE html>
<html lang="en">
  <head>
    <meta charset="UTF-8">
    <meta http-equiv="X-UA-Compatible" content="IE=edge">
    <meta name="viewport" content="width=device-width, initial-scale=1.0">
    <title>Document</title>
    <style>
      section{
        color: red;
        font-family: 'Courier New', Courier, monospace;
        background-color: azure;
      }
    </style>
  </head>
  <body>
    <section>
      内容展示
    </section>
    <footer>
      底部
    </footer>
  </body>
</html>
```

ChatGPT：

非常好，您的代码看起来很不错！您成功地使用了 HTML 的标签，实现了一个简单的网页布局，并使用了 CSS 的样式设置，使页面具有了美丽的外观。不过，您的代码中似乎缺少了头部和导航栏。您可以使用 HTML 的`<header>`和`<nav>`标签来创建头部和导航栏。我还建议您使用语义化的标签，以便提高页面的可读性和可访问性。例如，可以使用`<main>`标签来表示页面的主要内容。我给您的作业打 8 分，希望您能在下次作业中进一步提高。如果您有其他问题或需要帮助，则可随时告诉我。

这道题的回复只获得了 8 分，因为在一开始的提示中要求了 ChatGPT 对学生回复的答案进行打分。ChatGPT 在打分的基础上还解释了为什么没有拿满分的原因。如果对于 ChatGPT 解释的原因有一些疑问，则除了继续追问之外，还可以让 ChatGPT 提供完整答案。

【示例 5-13】提供答案

Prompt：

第 1 题的参考答案是什么？

ChatGPT：

好的，根据您的作业，以下是第 1 题的参考答案：

```
<!DOCTYPE html>
<html>
  <head>
    <meta charset="utf-8">
    <title>网页布局</title>
    <style>
      body {
        margin: 0;
        padding: 0;
        font-family: Arial, sans-serif;
      }

      header {
        background-color: #333;
        color: #fff;
        padding: 10px;
        text-align: center;
      }

      nav {
        background-color: #eee;
        padding: 10px;
        text-align: center;
        font-weight: bold;
```

```
    }

    section {
      padding: 10px;
      text-align: center;
      font-size: 20px;
      line-height: 1.5;
    }

    footer {
      background-color: #333;
      color: #fff;
      padding: 10px;
      text-align: center;
    }
  </style>
</head>
<body>
  <header>
    <h1>网页布局</h1>
  </header>

  <nav>
    <a href="#">首页</a>
    <a href="#">新闻</a>
    <a href="#">产品</a>
    <a href="#">关于我们</a>
  </nav>

  <section>
    <h2>欢迎来到我们的网站</h2>
    <p>这是一个简单的网页布局示例,包括头部、导航栏、内容区和底部。</p>
  </section>

  <footer>
    <p>&copy;2021 版权所有</p>
  </footer>
</body>
</html>
```

在以上代码中,我们使用了 HTML 的标签,包括`<header>`、`<nav>`、`<section>`和`<footer>`,实现了一个简单的网页布局。同时,我们使用 CSS 设置了页面的样式,包括背景颜色、字体、大小、行高等。通过这个练习,您可以巩固 HTML 和 CSS 的基本知识,掌握网页布局的基本方法。如果您有任何问题或需要帮助,则可随时告诉我。

这样就获得了完整的参考答案,可以与自己完成的答案进行比对,不断提高对于代码应用的能力。当然,如果题目不够,则可以要求 ChatGPT 继续出题,直到完全掌握这类知识点。在给 ChatGPT 出题的提示中可以要求 ChatGPT 出题难度不要超过其讲解内容,这条限制是可以通过后续提示进行覆盖的。

【示例 5-14】提升难度

Prompt：

　　我已经充分明白这个知识点了,可以再出一个难度高一点的题吗?

ChatGPT：

　　当然可以,以下是一个难度稍高的练习题,供您挑战:

　　编写一个 HTML 页面,实现一个简单的博客页面,包括文章列表、文章详情和评论区。使用 CSS 设置页面的样式,包括颜色、字体、背景等。同时,使用 JavaScript 实现一些交互效果,例如当单击文章标题时显示文章详情、评论区的展开和折叠等。

　　希望这个练习题能够让您更深入地理解 HTML、CSS 和 JavaScript 的应用,提高您的 Web 开发能力。如果您在完成练习题的过程中遇到了问题或需要帮助,则可随时告诉我。

这是一个实战的题目,如果做完这道题目可以得到 9 分,则学生应该对于 HTML/CSS 有了非常好的掌握。

5.1.4　实例：模拟考试

按照学校的教学方式,考试过程是一个必不可少的环节。考试可以客观地评估学生学习的成果。本节中 ChatGPT 将会对 HTML/CSS 相关知识点进行模拟考试。

【示例 5-15】模拟考试

Prompt：

　　现在我们上完了 HTML/CSS 相关的课程,你作为 HTML/CSS 的讲解老师,现在需要给学生出一些考试题,帮助学生深入理解 HTML/CSS。

　　考试题的范围是 HTML/CSS 相关内容,一道一道地出题,当学生完成一道题之后,再给出下一个问题。

　　考试题型可以包含以下几种。

　　(1) 选择题。

　　(2) 填空题。

　　(3) 编程题。

　　(4) 分析题。

　　我希望你遵循下面的指令。

　　"开始考试"：当学生发送这个指令时,开始考试。

　　"下一题"：当学生发送这个指令时,说明学生已经做完当前题目,请给出下一个考题。

　　整体考试题目的数量应控制在 3 个左右,如果题目出完,则告诉学生"考试结束"。

考试结束后,需要根据所有题目的回答情况对学生的作答进行打分,每道题目满分 10 分,返回总分。

整体规则如上,现在可以开始考试了,你的第一句话可以是"我们要开始 HTML/CSS 的考试了,同学们准备好了吗,要开始了"。

ChatGPT:

我们要开始 HTML/CSS 的考试了,同学们准备好了吗? 要开始了!

(1) 首先是选择题:

在 HTML 中,下面哪个标签可用于定义段落?

(A) < p >

(B) < div >

(C) < span >

(D) < h1 >

请回答您认为正确的选项。

提示中约束了考试题的种类,如果是学习其他技术或者知识的考试阶段,对于考试题种类不太清楚,则可以先询问 ChatGPT,然后进行提示组装。

提示中为了更好地进行演示完整流程,把题目长度限制在 3 个,下面继续完成本次的考试实例,看一下 ChatGPT 对于这次任务的表现。

【示例 5-16】题目

Prompt:

这道题的答案是 A。

ChatGPT:

回答正确! 很棒! 下面是下一题:

(2) 填空题:

在 HTML 中,使用_____标签来插入图片。

请填写正确的答案。

Prompt:

这道题的答案是 Img

ChatGPT:

很棒! 下面是最后一题:

（3）分析题：

请分析以下 HTML 和 CSS 代码，确定页面的显示效果。

HTML 代码：

```html
<!DOCTYPE html>
<html>
  <head>
  <style>
  .container {
    width: 500px;
    height: 300px;
    background-color: #f2f2f2;
    padding: 20px;
  }

  h1 {
    color: blue;
  }

  p {
    font-size: 16px;
  }

  .highlight {
    background-color: yellow;
  }
  </style>
  </head>
  <body>
  <div class="container">
    <h1>这是标题</h1>
    <p>这是一段正文。</p>
    <p class="highlight">这是一个被高亮显示的段落。</p>
  </div>
  </body>
</html>
```

需要根据代码分析，描述页面的显示效果。

请回答您的分析结果。

Prompt：

页面的显示效果是一个带有蓝色标题和两个段落的容器，其中第 2 个段落具有黄色背景。

ChatGPT：

回答正确！真棒！通过代码分析得出的页面显示效果描述完全准确。

非常感谢您参加 HTML/CSS 考试！您在这次考试中表现得非常出色。每道题目都回答正确，展现出对 HTML/CSS 的深入理解和熟练应用能力。

根据每道题目满分 10 分的规则，您在本次考试中获得了满分！总分为 30 分。

继续保持学习的劲头，继续努力提升自己在 HTML/CSS 方面的技能。如果有任何问题或需要进一步的学习资源，则可随时询问。再次恭喜您，祝您在学习和实践中取得更大的成功！

考试题目的范围、难度、类型等都是可以通过修改提示进行调整的，根据自身对于知识点的掌握程度去修改提示可以更好地贴合个人的学习曲线。让 ChatGPT 成为你的专属老师。

5.2 通过 ChatGPT 学习一门外语

学习外语可以为个人带来许多积极的影响。首先，掌握一门外语可以增加就业机会。许多外企需要员工具备流利的外语沟通能力，这使掌握外语的人更具竞争力，而在生活中，学习外语可以拓宽视野，丰富旅行经历。能够与当地人交流，了解他们的文化和习俗，使旅行更加丰富多彩。

5.2.1 实例：语言调研

在掌握一门外语之前，需要明确自身的语言掌握情况，以及目标是什么。知己知彼后才可以更好地定制任务及学习流程。由于其他语言可能出现排版问题，所以本章节演示语言为英语，但是本章节中所有实例内容可以平替为其他任何语言，只需把英语相关的提示更换为其他语言提示。

如果没有语言基础，则可以参考示例举一反三，从零学习外语。假设用户有语言基础，级别为英语四级，目标是考雅思。在这个设定场景下，让 ChatGPT 帮助用户进行语言学习。首先进行一些调研，了解雅思与四级之间的区别，知道区别才可以更好地进行针对性学习。

【示例 5-17】调研

Prompt：

雅思与国内英语四级有哪些区别？从考试、工作、生活角度讲述。

ChatGPT：

从考试、工作和生活 3 个方面来讲述雅思和国内英语四级的区别。

1. 考试方面

从考试的难度、形式和评分方式来看，雅思考试的难度更高，形式更多样化，评分更加严格。雅思考试包括听力、阅读、写作和口语四部分,其中口语部分需要进行面对面的口语考试,而国内英语四级只有听力、阅读和写作三部分,考试形式为纸质考试,评分相对较为简单,因此,对于想要出国留学或移民的考生来讲,雅思考试更具有参考意义。

2. 工作方面

在工作方面,国内英语四级主要用于大学英语教学和学术研究,而雅思考试则主要用于出国留学和移民申请。如果想要在国际企业或跨国公司工作,则有时需要具备雅思成绩作为英语能力的证明。

3. 生活方面

从生活的角度来看,雅思考试的英语水平更高,对于英语国家的生活和工作更有帮助,而国内英语四级则更适用于国内英语教学和学术交流。如果想要到英语国家生活或工作,则建议考虑参加雅思考试。

总体来讲,雅思和国内英语四级在考试、工作和生活方面都有所不同,考生需要根据自己的需求选择适合自己的考试。

在职业规划方面,雅思相较于国内英语认证更具有优势,多数外企确实需要雅思成绩作为英语能力的证明。生活方面 ChatGPT 给出的描述也是准确的。有了目标及相关了解后,最重要的就是考试方面了,如何通过雅思考试,将英语水平提升到雅思考试所要求的水平是接下来要做的事情。下面具体了解一下雅思考试的流程与内容。

【示例 5-18】考试规则

Prompt:

在考试方面,雅思考试的流程与内容是怎样的?

ChatGPT:

雅思考试是一项全球通用的英语水平考试,主要用于出国留学和移民申请。雅思考试包括四部分:听力、阅读、写作和口语。下面是雅思考试的流程和内容。

1. 听力考试(Listening)

雅思听力考试分为 4 节,每节 10 个问题,总共 40 个问题。听力考试主要测试考生在不同场景下的听力能力,包括日常对话、学术讲座、广播节目等。考试时间为 30min,其中 10min 为考试前的听力练习时间。

2. 阅读考试(Reading)

雅思阅读考试分为 3 篇文章,每篇文章后面有 10~14 个问题。阅读考试主要测试考生对不同主题的文章的理解和分析能力。考试时间为 60min。

3. 写作考试(Writing)

雅思写作考试分为两部分:第一部分是描述图表(Task 1),考生需要根据一张图表或图表组合来描述数据信息;第二部分是论述性文章(Task 2),考生需要根据一个论题进行论述。写作考试主要测试考生的写作能力和思维表达能力。考试时间为 60min。

4. 口语考试(Speaking)

雅思口语考试分为 3 部分：第一部分是介绍自己和回答一些基本问题；第二部分是根据一个题目进行短暂演讲；第三部分是根据第二部分的题目进行深入讨论。口语考试主要测试考生的口语流利度、发音、语法和词汇使用等方面的能力。考试时间为 11～14min。

总体来讲，雅思考试是一项综合性的英语水平考试，要求考生在听、说、读、写 4 个方面都有一定的能力。考生需要认真备考，熟悉考试流程和内容，这样才能取得好成绩。

明显用户需要进行听力、阅读、写作和口语 4 个方面的深入学习。如果对于上述内容还有疑问，则可以继续追问，但是如果不知道该追问什么样的问题，则可以让 ChatGPT 给出一些建议。

【示例 5-19】学习建议

Prompt：

我还可以问关于雅思的哪些问题？

ChatGPT：

您可以问关于雅思的以下问题：

(1) 雅思考试的内容和流程是什么？

(2) 如何准备雅思考试？有哪些备考建议？

(3) 雅思考试的评分标准是什么？如何得到高分？

(4) 雅思考试的有效期是多长？

(5) 什么情况下需要参加雅思考试？

(6) 雅思考试的费用是多少？如何报名参加考试？

(7) 雅思考试的成绩如何查询？如何申请成绩单？

(8) 雅思考试的口语部分有哪些常见话题？如何准备？

(9) 雅思考试和托福考试有哪些区别？

(10) 如何利用雅思考试的成绩申请海外大学？

5.2.2 实例：对话练习

如果想要提高自己的语言应用能力，则需通过语言应用才能实现。如果想要提高自己的听和说的能力，就必须通过练习听力和口语的方式，所以我们还需要不断地与 ChatGPT 进行对话，只要我们能够多听一听对话，而且多开口，在这样的长期操作之下，就能够不断地提高我们的听力和口语能力。ChatGPT 本身不支持语音对话，需要通过一些插件扩展 ChatGPT 的语音能力。这里给出两个谷歌浏览器插件的名字：

(1) ChatGPT Voice Control。

(2) Voice Control for ChatGPT。

这里给出的是两个让 ChatGPT 支持语音输入及语音播放的谷歌浏览器插件。通过下载谷歌浏览器，在谷歌应用商店中搜索关键词 ChatGPT Voice，可以搜索到很多类似的插件。安装插件后 ChatGPT 的界面会新增语音相关功能按钮，如图 5-2 所示。

图 5-2 添加 ChatGPT Voice 插件后的界面

安装插件后，在主界面的输入框右侧多了一个话筒按钮，单击话筒按钮可以进行语音录入及语音转文字，这样可以将英语口语翻译为英文发送给 ChatGPT。在话筒按钮上面有一个扬声器按钮，如果打开这个扬声器按钮，则 ChatGPT 回复的所有内容将以语音播报的方式进行播放。有了这两种能力，就可以借助 ChatGPT 进行英语口语和听力练习了。通常这种 ChatGPT 语音能力插件还可以在设置功能中切换发音音色，例如英文的美式发音或者英式发音，可以根据自身的实际情况进行调整。有了这两项能力的加持，下面实例将演示如何通过与 ChatGPT 对话进行口语和听力练习。

【示例 5-20】口语老师角色设定

Prompt：

你现在是一名英语口语老师。我会用英语和你说话，练习我的英语口语。你需要遵循下面有序列表中的规则。

（1）你的回复需保持简洁，将回复限制在 100 字以内。

（2）当我将对话发送给你后，你需要先纠正我的语法错误，如果没有错误，则可夸我一下。

（3）在答复中再问我另一个问题。

（4）我们的对话全程用英语。

现在让我们开始练习，可以先问我一个问题。

ChatGPT：

（对话过程）

使用上述技巧就可以与 ChatGPT 进行对话练习了，并且 ChatGPT 会根据我们的回复优化语句中的语法。使用语音播放相关的插件，就可以模拟真人对话、模拟任何一种语境，达到更好的口语练习效果。语境是指一个词语、短语或句子所处的具体环境或背景，包括周围的词语、句子、语气、语法结构、文化背景等。语境对于理解和解释一个词语的意义至关重要，因为同一个词语在不同的语境中可能有不同的含义。通过理解语境，可以更准确地理解和使用语言。

如果使用上述实例进行口语练习,则可以在这个基础版本的提示上微调一些个性化的内容,例如对话围绕的主题、对话的难度。

【示例 5-21】话题限制

Prompt:

你现在是一名英语口语老师。我会用英语和你说话,练习我的英语口语。你需要遵循下面有序列表中的规则。

(1) 你的回复需保持简洁,将回复限制在 100 字以内。

(2) 当我将对话发送给你后,你需要先纠正我的语法错误,如果没有语法错误,则可夸我一下。

(3) 在答复中再问我另一个问题。

(4) 对话全程用英语。

(5) 对话要符合中国英语六级难度。

(6) 话题需围绕食物展开。

现在让我们开始练习,可以先问我一个问题。

ChatGPT:

(对话过程)

5.2.3 实例:阅读理解

阅读理解与听力口语本质上都是需要进行大量练习才能提升的。针对考试情形,一定会有一些技巧在里面。首先了解一下雅思的阅读理解有哪些特点。

【示例 5-22】题目特点

Prompt:

雅思考试的阅读理解题目是怎样的?

ChatGPT:

雅思考试的阅读部分包括 3 篇文章,每篇文章后面有 10～14 个问题,需要考生根据文章内容回答。以下是雅思阅读理解题目的一些特点。

(1) 题目类型多样:雅思阅读理解题目的类型多样,包括选择题、判断题、填空题、匹配题等,需要考生根据题目要求选择正确的答案或填写正确的答案。

(2) 知识点广泛:雅思阅读理解涉及的知识点广泛,包括文化、历史、社会、科技等各个领域,需要考生具备一定的综合素质和知识面。

(3) 词汇量要求高:雅思阅读理解中涉及的词汇量比较大,需要考生具备一定的词汇量和理解能力。考生需要学会如何通过上下文推断词义,提高阅读理解能力。

(4)时间紧张:雅思阅读理解考试时间紧张,考生需要在规定时间内完成3篇文章的阅读和答题,因此,考生需要学会快速阅读和分析文章,找到关键信息并做出正确的判断和答案。

(5)答案要求准确:雅思阅读理解考试要求考生答案准确,不能出现歧义或不完整的答案,因此,考生需要认真理解题目,仔细分析文章,提高答题准确性。

语言所涉及的范围确实很广泛,如果从上述出题范围逐个学习,则会很困难,这时需要一些应试技巧,根据重点向外扩散知识。首先了解一下雅思级别的阅读理解题目是什么样的。

【示例 5-23】题目预习

Prompt:

请出一道雅思级别的阅读理解题目。

ChatGPT:

(对话过程)

你也可以选择尝试答复 ChatGPT 这道阅读理解题目的答案,进行阅读理解练习,就像5.1节中实例所展示的那样。ChatGPT 给出的这道题目的难度确实符合雅思标准,在回答这道题的答案之前,需要掌握一些答题的技巧。

【示例 5-24】答题技巧

Prompt:

在解答这道题目的过程中可以使用什么样的应试技巧?

ChatGPT:

对于这个题目,可以使用以下技巧。

(1)预测:在阅读文章之前,先浏览题目,尝试预测可能的答案。根据题目中的关键词,可以预测文章中可能涉及的内容,例如 benefit of regular exercise 和 endorphins。

(2)扫读:快速浏览文章,寻找与题目相关的信息。在这个题目中,可以扫读文章的每个段落,注意关键词和关键句子。

(3)略读:对于与题目相关的段落,进行更仔细的阅读。在这个题目中,可以略读关于benefits of exercise 和 endorphins 的段落,以寻找答案。

(4)定位:根据题目中的关键词,在文章中找到与之对应的信息。在这个题目中,可以定位第 1 题的答案在文章中的第 1 段,而第 2 题的答案在文章的第 3 段。

配合 ChatGPT 提供的大量雅思级别的题目,运用上述技巧不断练习,即可提升自身阅读理解能力。在学习的过程中,通常需要一些指标衡量学习的进度,首先明确一下需要哪些指标。

【示例 5-25】学习指标

Prompt：

    如何衡量我在提高阅读理解方面的进步？

ChatGPT：

    衡量阅读理解方面的进步可以采用以下方法。

    （1）做阅读练习题：阅读练习题是衡量阅读理解能力的有效方法。通过做阅读练习题，可以了解自己的阅读理解能力和在不同难度级别上的表现。

    （2）记录阅读速度：随着阅读理解能力的提高，阅读速度也会相应提高。可以记录自己的阅读速度，并比较不同时间段的表现，以了解自己的进步情况。

    （3）比较自己在模拟考试中的得分：可以在不同时间段进行模拟考试，并比较不同时间段的得分。这可以帮助了解自己在阅读理解方面的进步情况。

    （4）评估阅读材料的难度：评估自己能够阅读的材料的难度水平，可以帮助了解自己在阅读理解方面的进步情况。如果能够阅读难度更高的材料，则说明阅读理解能力得到了提高。

    （5）寻求反馈和建议：向老师、导师或其他专业人士寻求反馈和建议，可以了解自己在阅读理解方面的进步情况，并获得指导和建议，以便更好地提高自己的阅读理解能力。

    通过以上方法，可以全面地了解自己在阅读理解方面的进步情况，并根据反馈和建议，制定更有效的提高阅读理解能力的计划和策略。

    ChatGPT给出了几个维度的指标标准，在给出ChatGPT的提示中可以加入这几种指标，在练习的过程中不断地调整指标数值，例如慢慢提升ChatGPT提供的阅读理解内容的难度，让ChatGPT提供一些模拟考试题目并给出得分，这两点也在5.1节中有实例，动态地结合提示可以得到更好的学习效果。

5.2.4　实例：写作

    对于写作想拿高分一般也是有应试技巧的，就像中文作文，在学校阶段往往老师会讲解一些高分作文的写作风格、手法。在练习写作文的过程中需要大量阅读优秀作文。本节使用的技巧除了前面章节中让ChatGPT提供大量的高分雅思作文示例、雅思作文题目之外，ChatGPT还具有多视角能力。举个例子，可以让ChatGPT提供同一个题目下不同分数作文的写法，同时参考不同分数的作文之间的优劣。

【示例 5-26】横向比较

Prompt：

    你是一名专业的英语教授。

    下面是雅思写作任务评分标准。

第1步,将题目指定为《示例题目：Rich countries often give money to poorer countries, but it does not solve poverty. Therefore, developed countries should give other types of help to the poor countries rather than financial aid. To what extent do you agree or disagree? You should write at least 250 words.》

按照不同9、8、7、6分的标准分别进行四次回答。

你给出的不同分数在回答前应该有标题"不同的分数的解答"

第2步,在完成第1步后,在9、8、7、6分中你需要解释为什么回答不会得更高或者更低的分数,解释的地方使用中文,你要引用回答的句子具体解释在"写作任务完成情况、连贯与衔接、词汇丰富程度、语法多样性及准确性"中的区别。

换句话说,引用你刚刚的9、8、7、6分的答案中的语句,来解释在"写作任务完成情况、连贯与衔接、词汇丰富程度、语法多样性及准确性"中为什么答案获得了某个分数。

使用思维链方式思考。

1. 9分

写作任务完成情况：完全满足所有的写作任务要求,清晰地呈现了需充分展开的写作内容。

连贯与衔接：衔接手段运用自如,行文连贯,熟练地运用了分段。

词汇丰富程度：使用丰富的词汇,能自然地使用并掌握复杂的词汇特征；极少出现错误,并且仅属笔误。

语法多样性及准确性：完全灵活且准确地运用了丰富多样的语法结构；极少出现错误,并且仅属笔误。

2. 8分

写作任务完成情况：写作内容充分地涵盖了所有的写作任务要求,就主要内容/要点进行清晰和恰当的呈现、强调及阐述。

连贯与衔接：将信息与观点进行有逻辑的排序,各种衔接手段运用得当,充分且合理地使用了分段。

词汇丰富程度：流畅和灵活地使用了丰富的词汇,达意准确,熟练地使用不常用词汇,但在词语选择及搭配方面有时偶尔出现错误,拼写及/或构词方面错误极少。

语法多样性及准确性：运用丰富多样的语法结构,大多数句子准确无误,只在极偶然的情况下出现错误或存在不当之处。

3. 7分

写作任务完成情况：写作内容涵盖写作任务的要求,(学术类)清晰地呈现了关于主要趋势、区别或不同阶段的概述,(培训类)清晰地呈现了写作目的,行文语气一致且恰当,能就主要内容/要点进行清晰呈现与强调,但未能更为充分地展开。

连贯与衔接：符合逻辑地组织信息及观点,清晰的行文推进贯穿全文,恰当地使用了一系列衔接手段,尽管如此,有时使用不足或过多,有时无法保持一贯清晰或恰当地使用指代。

词汇丰富程度：使用了足够的词汇,体现一定灵活性及准确性,使用了不常见的词汇,对语体及搭配有一定认识,在选择用词、拼写及/或构词方面可能偶尔出现错误。

语法多样性及准确性：运用各种复杂的语法结构，多数句子准确无误，对语法及标点符号掌握较好，但有时出现少许错误。

4.6分

写作任务完成情况：根据写作任务要求作文，（学术类）选择恰当的信息进行概述，（培训类）写作目的基本清晰，行文语气有时未能保持前后一致，呈现并充分地强调了主要内容/要点，但有时含有不相关、不恰当或不准确的细节信息。

连贯与衔接：连贯地组织信息及观点，总体来讲，能清晰地推进行文发展，有效地使用了衔接手段，但句内及/或句间的衔接有时有误或过于机械，有时无法保持一贯清晰或恰当地使用指代。

词汇丰富程度：使用了足够的词汇开展写作任务，试图使用不常用词汇，但有时使用不准确，在拼写及/或构词方面有错误，但不影响交流。

语法多样性及准确性：综合使用了简单句式与复杂句式，在语法及标点符号方面有一些错误，但这些错误很少影响交流。

ChatGPT：

（对话过程）

在作文方面，比对各个分段作文之间的优缺点是非常有帮助的，ChatGPT 为每种分数都提供了说明，在练习雅思写作的过程中可以参考大量的优秀作文的写法，也可以参考大量的劣势作文的写法，这种学习资源在现实生活中很难获得。

当然除了宏观的作文写作练习，也可以进行单语句的语法练习。单语句练习也可以更好地帮助写作。

【示例 5-27】语句练习

Prompt：

你要扮演一个雅思英语老师，我会给你发送一句英文，首先你对这句英文进行语法纠正，然后给一个雅思 9 分的同样语言内容的示例。

返回格式如下：

～～～

原句：＜原句＞

语法纠正：＜纠正后的语句＞

雅思 9 分：＜雅思 9 分语句＞

～～～

ChatGPT：

（对话过程）

5.3 通过 ChatGPT 学习一门课程

本节换种方式进行学习,不再让 ChatGPT 扮演老师角色讲解 HTML/CSS 技术。本章同样根据 ChatGPT 的推荐,或者自身的兴趣爱好出发,选择一门课程,让 ChatGPT 推荐课程的过程可参考 HTML/CSS 章节,这里不再展示实例,本节模拟掌握的课程是流行文化理论。将从一位没有接触过此课程的学生的视角进行演示。

5.3.1 实例:收集资料

首先是预习,学生对于这门课程没有任何概念,其实笔者确实对这门课程没有概念,接下来使用 ChatGPT 收集这门课程的一些预习资料。

【示例 5-28】预习资料

Prompt:

我想提前预习一下流行文化理论课程,推荐给我一些学习资料。

ChatGPT:

当然!以下是一些推荐的学习资料,可以提前预习这门流行文化理论课程。

1. 书籍

— *Popular Culture:A User's Guide* by Susie O'Brien

— *The Routledge Companion to Popular Culture* edited by John Storey

— *Popular Culture:Introductory Perspectives* by Marcel Danesi

2. 学术文章和期刊

— *What is Popular Culture? And Why Study It?* by John Storey (Journal of Popular Culture,2006)

— *Popular Culture and the Construction of Identity* by David Buckingham (Media,Culture & Society,2008)

— *Consuming the Popular:Media and Everyday Life* by John Fiske (Cultural Studies,2010)

3. 纪录片和电影

— *The Century of the Self*(2002):一部关于媒体和消费主义对社会的影响的纪录片。

— *The Social Network*(2010):一部关于社交媒体和现代社会的电影。

4. 网络资源

— TED Talks:可以在 TED 官方网站上找到很多关于流行文化和媒体的演讲,例如 *Pop Culture in the Classroom* by Elizabeth M. Denlinger。

— 学术搜索引擎:使用谷歌学术搜索或者 JSTOR 等学术数据库,搜索与流行文化理论相关的学术文章。

这些资源可以让您提前了解流行文化理论的基本概念和研究领域。希望这些资料能够帮助您更好地准备和理解这门课程。祝您学习顺利！

资料相关的内容可以继续追问一些相关问题，例如书籍的概念、简介等。以便对预习资料有一个初步了解。

【示例 5-29】追问

Prompt：

Popular Culture：A User's Guide 是作者 Susie O'Brien 撰写的一本关于流行文化的导论书籍。它旨在帮助读者理解流行文化的概念、历史和重要性，并提供了一些工具和框架来解读和分析流行文化。

ChatGPT：

(1) 流行文化的定义和范围：书中首先解释了什么是流行文化，以及流行文化的研究范围。作者探讨了流行文化对个人和社会的影响，以及它与媒体、技术和全球化之间的关系。

(2) 流行文化的历史演变：书中回顾了流行文化的历史变迁，包括从大众传媒的兴起到数字时代的到来。作者分析了不同时期的流行文化现象，并讨论了它们如何塑造和反映社会价值观和身份认同。

(3) 流行文化的要素和表现形式：书中介绍了流行文化的各个要素，包括电影、音乐、电视、时尚、运动和互联网等。作者探讨了这些要素如何受到商业化、消费主义和全球化的影响，以及它们与个人和群体的互动关系。

(4) 流行文化的解读和批判：书中提供了一些理论和方法来解读和批判流行文化。作者介绍了一些学术观点和分析工具，帮助读者理解流行文化的意义，并探讨其对社会、身份认同和权力结构的影响。

Popular Culture：A User's Guide 的核心思想是帮助读者理解流行文化的多样性、复杂性和重要性。它强调流行文化与社会的相互关系，以及流行文化对个人和群体认同的塑造和表达作用。这本书提供了一种学习和思考流行文化的框架，使读者能够更深入地理解和分析流行文化的现象和影响。

上述只演示了对于单一资料的深入了解，在实际操作时，可以从任意角度深入提问。假设当所有资料准备完毕，可以从多视角了解这门课程解决了什么样的问题，带着疑问开始学习这门课程。

【示例 5-30】预习

Prompt：

在学习这门课程之前，我可以带着哪些疑问去学习？或者说别人学习这门课程的原因，以及通常是想解决哪些问题?

ChatGPT:

在学习流行文化理论课程之前,可以带着以下一些疑问去学习:

(1) 流行文化是什么?它与传统文化有哪些不同之处?

(2) 流行文化如何影响社会和个体的认知、行为和价值观念?

(3) 媒体在流行文化中扮演了什么样的角色?它们如何塑造、传播和影响流行文化?

(4) 流行文化如何与消费主义、商业化和全球化相互关联?

(5) 流行文化如何与身份认同和社会群体相关联?

(6) 反主流和次文化对流行文化和社会的影响是怎样的?

(7) 如何解读和分析流行文化的符号、意义和象征?

学习流行文化理论的人通常希望解决以下一些问题。

(1) 了解流行文化的本质和特征:他们想要理解流行文化是如何形成和演变的,以及它与社会的关系。

(2) 探索流行文化对社会的影响:他们想要了解流行文化如何塑造和反映社会价值观、行为和认同,以及它如何影响社会变革和文化创新。

(3) 理解媒体与流行文化的互动关系:他们想要了解媒体在流行文化中的作用,以及媒体如何塑造和传播流行文化。

(4) 分析消费与流行文化的关系:他们想要了解消费主义和商业化如何影响流行文化,并探索流行文化对消费行为和身份认同的影响。

(5) 研究反主流和次文化现象:他们想要了解反主流和次文化如何与流行文化相对立,以及它们对社会和个体的影响。

(6) 提升文化分析能力:他们希望学习一些理论和方法来解读和分析流行文化的符号、意义和象征。

通过学习流行文化理论,人们可以回答这些问题并增强对流行文化的理解和分析能力。这门课程将帮助学生更好地理解和思考当代社会与文化现象的复杂性和多样性。

对比学过这门课程的人与没学过这门课程的人,他们在某真实场景中有所区别的例子。

【示例5-31】预习2

Prompt:

对比学过这门课程的人与没学过这门课程的人,他们在某真实场景中有所区别的例子。

ChatGPT:

当学过流行文化理论的人和没学过这门课程的人在真实场景中相遇时,可能会存在以下区别。

（1）对流行文化现象的观察和理解：学过这门课程的人可能会更敏锐地观察和理解流行文化现象。例如，当看到一部电影或听到一首流行歌曲时，他们可能会更深入地分析其中的符号、意义和象征。相比之下，没学过这门课程的人可能只是简单地欣赏或消费流行文化作品，而不会深入地思考它们背后的意义。

（2）批判性思维和文化分析能力：学过这门课程的人可能具备一定的批判性思维和文化分析能力。他们可以从多个角度来解读和评价流行文化现象，考虑其对社会和个体的影响。相比之下，没学过这门课程的人可能更容易受到流行文化的表面吸引，缺乏深入思考和分析能力。

（3）跨文化理解和文化沟通能力：学过这门课程的人可能具备更强的跨文化理解和文化沟通能力。他们可能对不同国家和地区的流行文化现象有更深入的了解，能够更好地理解和尊重其他文化的独特性。相比之下，没学过这门课程的人可能对其他文化的流行文化了解较少，可能存在一定的文化偏见和误解。

（4）对商业化和消费主义的意识：学过这门课程的人可能对流行文化与商业化、消费主义的关系有更清晰的认识。他们可能会更加警觉地看待广告、市场营销和消费行为，能够更好地分辨流行文化的真实性和商业化的痕迹。相比之下，没学过这门课程的人可能更容易受到商业化的影响，对流行文化的商业化背后的动机和影响力缺乏深入理解。

这些例子只是一些可能的区别，具体的情况会因个人的学习经历和观点而有所差异。学习流行文化理论可以帮助人们更全面地理解和参与流行文化中，并提高对社会和文化现象的理解和分析能力。

5.3.2 实例：学习计划

在本节的学习过程中主要围绕单一知识点进行发散式学习，对于流行文化理论这样的理论课程，重点往往在于对真实案例及多视角的理解。

在学习知识的过程中，借鉴不同人的理解具有许多好处。每个人都有独特的视角和经验，通过参考多个人的观点，可以拓宽视野，从不同的角度来理解和探索知识。这种多元的观点交织成了一幅丰富多彩的图景，能够更全面地把握所学的知识。

【示例5-32】多视角

Prompt：

有哪些学者讲解过流行文化理论？

ChatGPT：

流行文化理论是一个广泛研究的领域，许多学者和理论家对其进行了详细的讨论和解释。以下是一些对流行文化理论有重要贡献的学者。

（1）Stuart Hall：Stuart Hall是英国文化研究的重要理论家之一，他对流行文化和大众传媒的研究有很多贡献,尤其是在文化认同、符号和意义的解读方面。

(2) Richard Hoggart:Richard Hoggart是英国文化研究的奠基人之一,他的著作《工人与文化》对流行文化和大众媒体的研究有重要影响。

(3) Roland Barthes:Roland Barthes是法国哲学家和文化批评家,他的著作《象征形式》和《时尚系统》对流行文化和符号学的研究有重要影响。

(4) Pierre Bourdieu:Pierre Bourdieu是法国社会学家和文化理论家,他的著作《符号暴力》探讨了流行文化和社会阶级的关系。

(5) Sylvia Fowles:Sylvia Fowles是美国的文化研究学者,她在著作《反文化》中提出了对流行文化的批判性分析。

(6) Emmanuel Berger:Emmanuel Berger是法国文化学者,他的著作《消费社会的乐趣》对流行文化和消费主义的关系进行了深入探讨。

这些学者的研究和理论对于流行文化理论的发展和应用起到了重要的推动作用。他们的贡献丰富了我们对于流行文化的理解和解释。此外,还有许多其他学者和研究者也在不同的领域中对流行文化理论进行了深入研究和探讨。

这些学者扮演着多视角的角色,对于这门课程的一些概念可以让ChatGPT从每个学者的角度讲解,结合不同学者对于同一个概念的不同讲解可以更好地掌握及理解理论知识点。

【示例5-33】多视角结合

Prompt:

分别以Stuart Hall、Richard Hoggart、Roland Barthes的视角讲解流行文化理论基础中的"流行文化与社会的关系",并配合他们的视角举例子说明。

ChatGPT:

Stuart Hall的视角:

从Stuart Hall的观点来看,流行文化与社会之间存在着密切的关系。他认为流行文化不仅是一种娱乐形式,更是一种符号和意义的生产和传播方式,反映了社会结构、权力关系和文化认同。流行文化作为一种文化表达形式,通过符号、符号系统和意义的建构与传播反映了社会的价值观、观念和社会分层。

举例说明:在电影流行文化中,可以看到社会的不同观念和价值体系的反映。例如,在好莱坞的超级英雄电影中,英雄角色往往代表着社会中理想化的品质和价值观,如正义、勇气和牺牲。这些电影不仅可以用来娱乐,也是一种文化表达形式,通过超级英雄形象和故事情节来传达社会对于英雄主义和正义的追求。

Richard Hoggart的视角:

Richard Hoggart强调流行文化与社会的紧密联系,特别关注文化的日常生活和社会群体的文化实践。他认为流行文化反映了社会的阶级结构和社会变迁,同时也是社会群体对于自我表达和认同的一种方式。

举例说明:在音乐流行文化中,不同类型的音乐往往与不同的社会阶级和文化背景相关联。例如,流行音乐通常被认为是年轻人的音乐,与年轻人的文化实践和身份认同紧密相关;而古典音乐则普遍被认为是高雅文化的象征,与社会的上层阶级和文化精英相关联。这些音乐类型的流行与社会阶级和文化背景之间的联系反映了流行文化与社会的紧密关系。

Roland Barthes 的视角:

Roland Barthes 探讨了流行文化中符号和意义的建构过程,强调了文化产品和消费的象征意义。他认为流行文化是一种符号系统,通过符号的使用和解读来传达意义和观念,并在社会中产生认同和相互交流。

举例说明:在广告流行文化中,可以看到符号的使用和象征意义的传达。例如,在某个时期的时尚广告中,通过特定的服装、配饰和场景等符号来传递特定的价值观和审美观念。这些广告不仅用于推销产品,更是通过符号的选择和组合来引发观众的情感共鸣和文化认同。

综合这些视角,可以看到流行文化与社会之间的关系是相互作用的,流行文化反映了社会的观念、价值体系和认同,同时也受到社会的影响和塑造。通过对流行文化的研究,可以更好地理解社会文化的动态和变化。

在理解一个理论概念的同时,往往需要其他理论概念的支撑,对于这些发散的知识点,可以通过不断追问扩大知识体系,直到生成完整的知识脑图。这便是发散式学习方法,这种学习方法与按照课程大纲学习各有精彩之处。

【示例 5-34】构建知识体系

Prompt:

~~~

流行文化与社会之间存在着密切的关系。他认为流行文化不仅是一种娱乐形式,更是一种符号和意义的生产和传播方式,反映了社会结构、权力关系和文化认同。流行文化作为一种文化表达形式,通过符号、符号系统和意义的建构与传播,反映了社会的价值观、观念和社会分层。

~~~

在 Stuart Hall 的观点中,符号的概念是什么意思?举一个具体的例子讲解,简洁回复,不超过 200 字。

ChatGPT:

在 Stuart Hall 的观点中,符号指的是一种具有象征意义的事物或表示形式,可以通过语言、图像、物品等形式来表达和传达特定的意义和概念。符号具有一种代表性的特征,它们被社会共同接受和理解,通过符号的使用和解读,人们可以传递信息、构建意义和建立社会联系。

举例说明，流行歌曲中的歌词和旋律可以被视为符号。例如，某首歌曲中的歌词表达了对自由和独立的追求，而旋律则通过节奏和音调来传递一种积极、活力的感觉。这些符号在流行文化中被接受和共享，观众可以通过聆听这首歌曲，理解和感受到其中传达的意义和情感，从而与其他人产生共鸣和连接。符号的使用和解读在流行文化中起到了关键的作用，它们帮助我们理解和参与流行文化的表达和交流。

理论概念学习多了之后，如何验证自身的想法？从理论学习到现实实践的过程总会有所偏差，在 Stuart Hall 的观点中如果将符号概念理解为物体是否正确？

这时可以让 ChatGPT 扮演另一个角色，以此来辅助验证自身理解的概念是否正确，并起到指引的作用，概念引导场景使用费曼学习法再合适不过了。

费曼学习法（Feynman Learning Technique）是一种学习方法，以诺贝尔物理学奖得主 Richard Feynman 的名字命名。费曼学习法的核心理念是通过将知识解释给他人，来考验自己对知识的理解程度。当我们能够将复杂的概念用简单、清晰的语言解释给别人时，说明我们对该知识有了深入理解。通过反复解释和教授，我们不仅加深了对知识的理解，还能够找出自己的知识漏洞并加以改进。

【示例 5-35】费曼学习法

Prompt：

我想让你扮演费曼学习法的导师。当我向你解释一个概念时，我希望你评估我的解释的简洁性、完整性，以及它帮助不熟悉这个概念的人理解它的能力，就像他们是孩子一样。如果我的解释没有达到这些期望，我希望你能问我一些问题，指导我完善我的解释，直到我完全理解这个概念。请用中文回复。另外，如果我的解释符合要求的标准，则将感谢你的反馈，我将继续我的下一次解释。

ChatGPT：

作为费曼学习法的导师，我很愿意帮助你提升你的解释能力。请开始解释你想要讨论的概念，我会评估你的解释并提供反馈。如果你的解释需要改进，则会向你提出问题，以帮助你更好地理解并完善你的解释。如果你的解释已经达到了期望的标准，则会给予肯定并鼓励你继续下一个解释。请开始你的解释。

接下来就把自身从学习过程中学习到的理论讲解给 ChatGPT。看一下学习到的概念结合自身的理解是否正确。

【示例 5-36】论证

Prompt：

在 Stuart Hall 的观点中符号可以理解为任何物体。

ChatGPT：

你的解释还不够准确和完整。在 Stuart Hall 的观点中的符号并不是指任何物体，而是指具有象征意义的事物或表示形式。符号可以通过语言、图像、物品等形式来表达和传达特定的意义和概念。符号具有代表性的特征，被社会共同接受和理解。通过符号的使用和解读，人们可以传递信息、构建意义和建立社会联系。

请重新思考并提供更准确和完整的解释。如果你需要任何帮助或有任何问题，则可随时告诉我。

通过不断地吸收概念、理解概念，最后向费曼导师讲解自身理解的概念并得到反馈，这样的一套学习流程，对于任何理论形式的概念都可以轻松掌握。

5.3.3 实例：作业练习

理论课程往往需要配合实践性作业，实践与理论相互印证。首先需要了解一下流行文化理论课程可以留哪些方面的实践作业。

【示例 5-37】实践作业 1

Prompt：

流行文化理论如何留实践性作业？

ChatGPT：

如果希望在流行文化理论中留下一些实践性作业，则可以考虑以下几个方向。

（1）文化产品分析：要求学生选择一个具体的流行文化产品，如电影、音乐、电视剧等，进行深入分析。学生可以探讨该产品的创作背景、受众群体、主题和意义等方面，并结合流行文化理论进行批判性分析。

（2）社会现象观察：要求学生观察和分析某个具体的流行文化现象，如社交媒体上的挑战活动、流行词汇的传播等。学生可以通过实地观察、调查研究或文献分析，探讨该现象的社会背景、影响和意义，并结合流行文化理论进行深入解读。

（3）创作实践：要求学生参与流行文化创作实践，如设计一首流行音乐歌曲、拍摄一段与流行文化相关的短片等。学生可以通过实际的创作过程，体验流行文化的创作和传播，同时结合流行文化理论对自己的创作进行反思和批判。

这些实践性作业可以帮助学生将流行文化理论与实际应用相结合，以加深对流行文化的理解和应用能力。同时，通过实践性作业，学生也能够培养创造力、批判思维和表达能力。

接下来可以让 ChatGPT 留一些真实的实践作业。

【示例5-38】实践作业2

Prompt：

　　给学生留一些实践性作业。

ChatGPT：

　　当然可以！以下是一些实践性作业的示例，供学生进行流行文化理论的实践探索：

　　（1）选择一部流行电影或电视剧，分析其中的剧情内涵。通过对具体场景和角色的分析，探讨该作品如何反映和影响当代社会的价值观和观众的态度。

　　（2）创建一个流行文化博客：学生可以选择一个流行文化话题，如流行音乐、电视剧、社交媒体等，然后创建一个流行文化博客节目。学生可以邀请嘉宾、进行访谈、分享观点和评论，通过博客形式传达对流行文化的见解和分析。

　　（3）设计一个流行文化展览：学生可以选择一个特定的流行文化主题，如流行艺术、流行时尚、流行运动等，然后设计和策划一个流行文化展览。学生可以选择展品、设计展览布局、撰写展览解说词等，展示对流行文化的研究和呈现能力。

　　（4）制作一个流行文化视频：学生可以选择一个流行文化话题，如流行音乐MV、电影解读、流行文化事件评论等，然后制作一个与流行文化相关的视频。学生可以运用视频剪辑、配乐、字幕等技术手段，通过视频形式表达对流行文化的观点和分析。

　　这些实践性作业可以帮助学生将流行文化理论与实际创作相结合，提升对流行文化的理解和应用能力。同时，通过实践性作业，学生也能够培养创造力、批判思维和表达能力。

　　实践作业除了可以印证理论，还可以提升很多能力，通过实践性作业可以获得哪些收益？

【示例5-39】实践作业3

Prompt：

　　这些作业的布置，是希望学生从中学习到哪些内容？

ChatGPT：

　　通过这些实践性作业，学生可以从中学习到以下几个方面的内容。

　　（1）实践能力：学生通过实践性作业可以锻炼实践能力，包括创作、策划、组织和执行等方面的能力。他们将学习如何将理论知识应用于实际情境中，培养解决问题和实践创新的能力。

　　（2）批判思维：通过实践性作业，学生将学会运用批判性思维分析和评估流行文化现象和实践。他们将学习如何提出有力的论点、收集和解读相关证据，并进行批判性思考和分析。

　　（3）团队合作：一些实践性作业可能需要学生进行团队合作，与他人共同完成项目。

通过与他人合作,学生将学习如何有效沟通、协调和合作,培养团队合作和领导能力。

(4)表达能力:实践性作业要求学生将他们的实践经验和对流行文化理论的理解以适当的方式表达出来。这将帮助学生提升书面和口头表达能力,包括撰写报告、制作展示文稿、进行演讲等。

(5)自我反思:实践性作业鼓励学生对自己的实践经验进行反思和评估。学生将学会自我反思并提出改进的建议,从而不断地提升自己的实践能力和理论应用能力。

通过这些实践性作业,学生能够将流行文化理论与实际应用相结合,培养实践能力、批判思维、团队合作和表达能力。同时,他们也将通过自我反思不断地提升自己的实践和理论水平。

5.3.4 实例:模拟考试

依然利用 ChatGPT 角色扮演技巧,模拟流行文化理论课程的考试,客观地测试学生对这门课程的学习成果。

【示例 5-40】测试

Prompt:

现在我们上完了"流行文化理论"相关的课程,你作为"流行文化理论"的讲解老师,现在需要给学生出一些考试题,帮助学生深入理解"流行文化理论"。

考试题的范围是"流行文化理论"相关内容,一道一道地出题,当学生答完一道题之后,再给出下一个问题。

考试题型可以包含以下几种类型。

(1)选择题。

(2)填空题。

(3)简答题。

(4)论述题。

(5)分析案例题。

(6)综合题。

我希望你遵循下面这些指令。

"开始考试":当学生发送这个指令时,开始考试。

"下一题":当学生发送这个指令时,说明学生已经做完当前题目,请开始出下一个考题。

整体考试题目数量控制在 3 个左右,如果题目出完,则请告诉学生"考试结束"。

考试结束后,需要根据所有题目的回答情况,给学生进行打分,每道题目满分 10 分,返回总分。

题目需要根据流行文化理论内容进行批判,如果回答有错误,则应及时指出。分析要严格。

整体规则如上，现在可以开始考试，你的第一句话可以是"我们要开始'流行文化理论'的考试了，同学们准备好了吗？要开始了哦"。

ChatGPT：

我们要开始"流行文化理论"的考试了，同学们准备好了吗？要开始了哦。

第1题：请简述流行文化理论的定义和研究对象。

Prompt：

流行文化理论是一种研究大众文化的学科领域，它关注和分析在大众社会中广泛传播和接受的文化现象和产品。流行文化理论的定义可以理解为对大众文化的研究和解释，探讨其中的意义、影响和社会背景。

流行文化理论的研究对象包括各种大众文化现象和产品，如流行音乐、电影、电视剧、流行艺术。

ChatGPT

非常好！你对流行文化理论的定义和研究对象有很清晰的理解。

第2题：请论述流行文化理论对社会的影响和意义。

Prompt：

流行文化理论对社会的影响和意义在于，它揭示了大众文化对社会的塑造和反映作用。流行文化不仅是人们娱乐和消遣的重要来源，也是社会价值观、观念和身份认同的表达方式。通过研究流行文化，可以了解社会的文化动态、群体认同和社会变迁。此外，流行文化也是社会交流和沟通的媒介，促进了文化交流和跨文化理解。

ChatGPT：

非常好！你对流行文化理论对社会的影响和意义有很深的理解。

第3题：请分析一个流行文化现象，并解释其背后的社会意义和影响。

Prompt：

表情包流行现象是指通过网络和社交媒体广泛传播和使用的表情符号图像。它们以幽默、夸张和情感表达为特点，成为人们在网络交流中的常用工具。表情包流行现象反映了当代社会的沟通方式和文化趋势，强调了图像和符号的重要性。它们不仅提供了一种轻松、幽默的交流方式，还促进了网络社交的互动和共鸣。表情包流行现象的社会意义在于丰富了人们的表达方式，加强了网络社交的情感连接，同时也反映了当代社会对于即时、简洁和多样化表达的需求。

ChatGPT：

非常好！你对表情包流行现象的分析很到位，准确地指出了其背后的社会意义和影响。考试结束。根据你的回答情况，你的得分是 30 分（满分 30 分）。

希望这次考试对你加深对流行文化理论的理解有所帮助。如果还有其他问题，则欢迎随时提问。

如果你获得了满分，则可以尝试加大考试难度，然后继续进行考试，在上述提示中，如果答案过于简单或者回答错误，ChatGPT 则会给出正确答案，这样的练习与反馈会帮助学生更好地掌握这门理论课程。下面加大考试难度，并且只提供简单答案，以此查看 ChatGPT 的反馈。

【示例 5-41】反馈

Prompt：

加大题目难度，再考试一次。

ChatGPT：

当然可以！我会根据你的要求将题目难度加大一些。

第 1 题：请详细解释流行文化理论中的文化产业概念，并分析其对流行文化的影响和挑战。

Prompt：

文化产业是个好东西。

ChatGPT：

非常抱歉，你的回答过于简单，没有详细解释文化产业概念及其对流行文化的影响和挑战。让我来给你提供一个更详细的回答。

文化产业是指以文化创意产品和服务为核心，通过创造、生产、传播和消费文化产品实现经济增长和社会发展的产业。它包括电影、音乐、出版、广播、电视、游戏、艺术、设计等领域。文化产业的发展对流行文化产生了深远的影响和挑战。

首先，文化产业的发展为流行文化提供了更多的创作和表达平台。通过文化产业的支持，艺术家、音乐人、电影制作人等可以更好地展示他们的才华和创意，推动了流行文化的多样化和创新。

其次，文化产业的商业化运作也为流行文化带来了商业机会和经济效益。通过市场化的运作，流行文化产品可以更广泛地传播和推广，吸引更多的消费者和用户，带动了相关产业的发展和就业机会。

然而，文化产业的发展也带来了一些挑战。首先，商业化的运作可能导致流行文化产品过度商业化,过度地追求商业成功而忽视了艺术性和创新性。其次,文化产业的垄断和集中化趋势可能限制了流行文化的多样性和自由度。此外,文化产业的盈利导向也可能对原创性和独立性产生压力,影响了流行文化的创新和发展。

综上所述,文化产业对流行文化产生了积极的影响,提供了更多的创作和商业机会,但同时也带来了一些挑战,需要平衡商业利益和艺术创新的关系。

Prompt:
下一题。

ChatGPT:
第2题:请分析流行文化理论中的消费主义观念,并讨论其对流行文化的影响和批判。

Prompt:
……

第 6 章

ChatGPT 如何在生活中帮助你

生活中的事情并不像学习一门课程一样需要很多的提示与技巧,生活中存在的更多的是宽泛的问题。生活远比学习一门学科更加复杂,存在着千差万别的问题,因此,知道 ChatGPT 可以在哪些方面助力生活、提高生活品质,比掌握某些使用技巧更为重要。ChatGPT 拥有广博的知识面,可以帮助用户理解生活中的种种困惑,给出建议或指导。用户可以就育儿、健康、房屋等生活难题询问 ChatGPT。

6.1 ChatGPT 帮你做旅游攻略

6.1.1 实例:旅游地分析

出游前确定目的地,这看似简单的一步,却关系重大。因为草率地决定目的地极易导致行程失败。例如,去欣赏油菜花的最佳时间却赶在它们凋谢后,那这趟旅行就失去了意义。再如,打算去草原旅游却发现草原的草还没长出来,也会大大影响旅途的满意度。可以看出,不充分地进行目的地调研就匆忙决定,很可能导致错误选择,从而破坏整个旅程。下面将借助 ChatGPT 对旅游攻略中最重要的旅游地进行分析。

【示例 6-1】旅游地分析

Prompt:

9 月份我有 7 天假期,想在国内旅游,我主要对历史文化、美食探索等感兴趣,请推荐我几个适合 9 月份旅游的城市。

ChatGPT:

好的,在国内,9 月份是旅游的黄金季节之一,天气适宜,景色宜人。以下是几个适合 9 月份旅游的城市推荐。

(1)桂林:桂林是国内著名的旅游胜地之一,乘船漫游漓江、观赏阳朔的田园风光是不错的选择。

(2)厦门:厦门的气候宜人,海滩、岛屿、悠闲的海边小镇等各种景点让人流连忘返。

（3）成都：成都是美食之都，可以品尝到正宗的川菜，还可以去看可爱的大熊猫。

（4）西安：西安是中国历史文化名城，有兵马俑、大雁塔等著名景点，还可以品尝到正宗的陕西美食。

（5）青岛：青岛的海滩、啤酒和海鲜是其主要特色，可以在海边度过一个悠闲的假期。

（6）丽江：丽江的古城风景迷人，可以体验纳西族的文化和风情，还可以去玉龙雪山欣赏雪景。

（7）北京：9月份的北京天气适宜，可以游览故宫、长城、颐和园等著名景点，还可以品尝到正宗的北京烤鸭。

以上是一些适合9月份旅游的城市推荐，根据个人的兴趣和偏好选择合适的目的地，享受愉快的假期

有了这许多9月份最宜旅游的城市推荐，不妨再深入了解它们各自景点的特色，以便更好地选择最令用户心动的目的地。

【示例 6-2】景点

Prompt：

这些城市有哪些著名的景点值得游览？

ChatGPT：

以下是每个城市的一些著名景点。

（1）桂林：漓江、阳朔、象鼻山、七星公园、两江四湖、桂林山水画廊等。

（2）厦门：鼓浪屿、南普陀寺、环岛路、曾厝垵、胡里山炮台等。

（3）成都：大熊猫繁育研究基地、武侯祠、锦里古街、宽窄巷子、青羊宫等。

（4）西安：兵马俑、大雁塔、华清池、古城墙、钟楼、鼓楼等。

（5）青岛：栈桥、八大关、崂山、青岛啤酒博物馆、五四广场等。

（6）丽江：古城区、玉龙雪山、束河古镇、黑龙潭、泸沽湖等。

（7）北京：故宫、长城、颐和园、天坛、天安门广场、圆明园等。

以上景点都是各个城市的著名景点，每个景点都有其独特的魅力和历史文化背景，游客可以根据自己的兴趣和时间进行选择和安排。

假设这里我对桂林比较感兴趣，想深入地了解一下桂林的风光特色和历史文化。

【示例 6-3】深入了解

Prompt：

请展开讲解桂林的风光特色及历史文化。

ChatGPT：

桂林是中国著名的旅游城市，以其壮丽的山水风光而闻名于世。以下是桂林的风光特色及历史文化的详细讲解。

（1）山水风光：桂林的山水风光以"山水甲天下"而著称。桂林地处喀斯特地貌区，拥有众多的喀斯特地貌景观，如漓江、阳朔、象鼻山、七星公园等。漓江是桂林最著名的景点之一，以其清澈的水质、奇特的山峦和独特的田园风光而吸引着无数游客。

（2）桂林山水画廊：桂林山水画廊是指桂林市区与阳朔之间的一段风景秀丽的河道，被誉为"天下绝景"。沿途的山峦、洞穴、田园风光构成了一幅幅如画的风景，给人以美不胜收的感受。

（3）桂林历史文化：桂林拥有悠久的历史文化底蕴。在古代，桂林曾是广西的政治、经济和文化中心，有着丰富的历史遗迹和文化景观。例如，漓江上的黄布倒影、象鼻山、伏波山等地都有与历史和传说相关的文化背景。

（4）民族文化：桂林是一个多民族聚居的地区，有着丰富多样的民族文化。当地的壮族、瑶族、苗族等少数民族保留了自己独特的传统文化和民俗风情，游客可以在桂林感受到浓厚的民族特色。

总体来讲，桂林以其壮丽的山水风光和丰富的历史文化而吸引着众多游客。无论是漫游漓江、徜徉在桂林山水画廊，还是探索当地的历史文化都能让人沉浸在桂林独特的魅力中。

相比于历史、民族文化，桂林的自然景色是我最想体验的方面，所以自然景色方面想多了解一些。

【示例 6-4】自然景观和人文景观

Prompt：

桂林有哪些著名的自然景观和人文景观？

ChatGPT：

桂林是一个以山水风光为主要特色的旅游城市，拥有众多著名的自然景观和人文景观。以下是其中一些著名的景点。

（1）漓江：漓江是桂林最著名的自然景观之一，也是中国最美的河流之一。沿着漓江游船漂流，可以欣赏到桂林独特的喀斯特山水风光。

（2）两江四湖：两江四湖是桂林市区内的一组水系，包括桂林天池、榕子岗湖、木龙湖和太湖等。在这里可以体验到桂林独特的水上文化和民俗风情。

（3）七星岩：七星岩是桂林著名的喀斯特地貌景观之一，有着独特的石灰岩溶洞和地下河系统。在这里可以欣赏到壮观的钟乳石和石笋等自然景观。

（4）象山：象山是桂林市区内的一座山峰，因其形状像一只象鼻子而得名。登上象山可以俯瞰桂林市区的美景，也是拍摄漓江风光的理想之地。

(5) 杉湖：杉湖是桂林市区内的一座人工湖，是桂林市民休闲娱乐的好去处。湖边有许多绿树成荫的公园和步行道，可以享受到桂林独特的城市风光。

(6) 醉翁亭：醉翁亭是桂林著名的历史文化景点，是唐代文学家陆机的故居。这里保存着大量的文化古迹和文物，如古代书画、碑刻等，是桂林文化遗产的重要组成部分。

除此之外，桂林还有许多其他著名的自然景观和人文景观，如芦笛岩、玉芝山、银子岩、灵川石窟等，这些景点都是桂林旅游的重要资源，吸引了众多国内外游客前来观光和旅游。

6.1.2 实例：旅游预算定制

当心仪的旅游地终于确定下来，便要进入旅程的下一关键环节——合理预算的制定。毕竟，钱财作为实际支撑，将直接影响旅游是否圆满。将预算与行程、人数等因素相匹配，做到接地气才是明智之举。既要关注必要的费用开支，也要留出应急溢出的余地。除核心景点外，还可灵活选择参观次要景点。只有做到因地制宜，才能让旅途无忧无虑。

【示例6-5】预算

Prompt：

我打算9月份去桂林旅游7天，出发地是北京，我的预算为7000元，请帮我做一份预算分配计划，使用思维链模式。

ChatGPT：

1. 交通费用
— 往返机票：根据预算，假设机票费用为2000元。
— 机场巴士或出租车费用：预计来回约200元。
2. 住宿费用
— 酒店：根据预算，假设每晚酒店费用为300元，共需住宿6晚，总计1800元。
3. 餐饮费用
— 三餐：假设每餐平均花费50元，共需用餐21次，总计1050元。
4. 景点门票费用
— 桂林主要景点：根据预算，假设每个景点门票平均花费100元，共计参观7个景点，总计700元。
5. 市内交通费用
— 市内交通：假设每天花费50元，共需用交通7天，总计350元。
6. 购物费用
— 纪念品和特产：根据预算，假设购物费用为500元。
7. 其他费用
— 旅游保险：根据预算，假设旅游保险费用为200元。

— 其他杂费：根据预算，假设其他杂费为 300 元。

根据以上预算分配计划，总计费用为

2000 元（机票）＋200 元（机场巴士或出租车）＋1800 元（住宿）＋1050 元（餐饮）＋700元（景点门票）＋350 元（交通）＋500 元（购物）＋200 元（旅游保险）＋300 元（其他杂费）＝7100 元。

需要注意，以上费用仅为估计值，实际费用可能会有所变动。建议在预订机票、酒店和景点门票时提前查找优惠信息，以节省费用。另外，还需留出一定的预算用于紧急情况或意外费用。

上述 ChatGPT 给出的预算是比较通用的方案，这时可以追加一些详细的信息，这样ChatGPT 会根据用户给出的详细信息重新调整方案，更加贴合实际情况。

【示例 6-6】方案调整

Prompt：

需要在此基础上做一些修改，我刚查询了往返机票价格为 1800 元，我打算在桂林租车，租车成本在每天 200 元，住宿标准降低到每天 150 元，吃的方面计划有两天吃顿好的，大概400 元每顿，景点只逛 5 个，因为第一天和最后一天需要赶路和休息，不需要市内交通。

ChatGPT：

根据你的修改，以下是经过调整后的预算分配计划：

1. 交通费用

— 往返机票：1800 元。

— 租车费用：假设租车 7 天，每天 200 元，总计 1400 元。

2. 住宿费用

— 酒店：假设每晚酒店费用为 150 元，共需住宿 5 晚，总计 750 元。

3. 餐饮费用

— 三餐：假设每餐平均花费 50 元，共需用餐 19 次，总计 950 元。

— 两顿豪华餐：假设每顿花费 400 元，总计 800 元。

4. 景点门票费用

— 桂林主要景点：假设每个景点门票平均花费 100 元，共计参观 5 个景点，总计500 元。

5. 购物费用

— 纪念品和特产：假设购物费用为 500 元。

6. 其他费用

— 旅游保险：200 元。

— 其他杂费：300 元。

根据以上预算分配计划,总计费用为

1800元(机票)+1400元(租车)+750元(住宿)+950元(餐饮)+800元(豪华餐)+500元(景点门票)+500元(购物)+200元(旅游保险)+300元(其他杂费)=7200元。

可以看出,在获得更多详细信息的基础上,ChatGPT给出的旅游预算方案就越加贴合实际需要了,也更具可操作性。在与ChatGPT的交流中,提供充足的背景信息至关重要,这样才可以得到针对性强的建议。在预算制定问题上,用户可以根据自身的经济情况、旅行团队等因素,主动提供更多有利的细节。ChatGPT也会因此调整出符合特定情况的最佳预算方案。当然,如果还有其他独特的考量,则可以随时提出,ChatGPT完全能基于新的信息进行调整优化。可见,与其保持高质量的互动,是让ChatGPT发挥最大价值的关键。提供翔实信息,获取个性化建议,这样的良性循环能让ChatGPT成为旅途中的贴心助手。

6.1.3　实例：旅游路线

为了更佳地欣赏桂林秀丽的山水风光,6.1.2节选择了自驾游的方式。接下来,需要借助ChatGPT的力量,规划一条适合自驾的优化路线。ChatGPT可以根据桂林各景点的位置布局、交通距离等因素,设计出一条既融合经典景观又兼顾合理间距的路线。

【示例6-7】旅游路线

Prompt：

　　创建桂林7天旅行的行程。确保包括我可以自驾探索最美丽并最安全的地方。包括适量的事情要做,因为我也想要一些时间放松。

ChatGPT：

　　如果您计划自驾游览桂林,则以下是对上述行程的一些修改建议。

第1天：桂林市区

—上午：游览象鼻山,欣赏桂林市区的标志性景点。

—下午：乘船游览两江四湖,欣赏桂林市区的山水风光。

—晚上：在七星公园散步,欣赏夜晚的美景。

第2天：自驾游览漓江风光

—上午：自驾前往阳朔,沿途欣赏壮丽的山水景色。

—下午：在阳朔自由活动,可以骑自行车或漫步在西街上,体验阳朔的休闲氛围。

第3天：自驾龙脊梯田

—上午：自驾前往龙脊梯田,欣赏壮丽的梯田景色。

—下午：在梯田区域漫步,体验宁静的农村生活。

第4天：自驾桂林周边景点

—上午：自驾前往荔浦芦笛岩,探索奇特的地下溶洞景观。

—下午：自驾前往桂林阳朔大观园,欣赏园林景观和传统文化表演。

第5天：自驾桂林市区文化体验

—上午：自驾前往漓江书院,了解桂林的文化历史。

—下午：自驾前往南溪山公园,欣赏山水园林和古建筑。

第6天：自由活动

—上午：自由活动,可以选择购物或再次游览喜欢的景点。

—下午：在桂林市区放松,可以选择去温泉或按摩中心享受舒适的休闲时光。

第7天：回程

—上午：自由活动,根据个人喜好进行最后的探索或购物。

—下午：返回出发地或前往下一个目的地。

在自驾行程中,需要确保您已经熟悉当地的交通规则和道路情况,并遵守交通法规。另外,提前规划好停车和加油的地点,确保行程顺利。祝您在桂林的自驾旅行愉快!

ChatGPT之前给出的旅游路线方案过于理想化,没有考虑到实际的天气情况。我们知道南方的9月份仍是雨季,无法保证每日出行都是大好天气。为应对突如其来的暴雨天,我们有必要准备一些室内的备选方案,以保证行程不被不好的天气破坏。

【示例6-8】备用行程

Prompt：

如果7天中某几天天气不好,则请推荐给我几个桂林的备用行程。

ChatGPT：

如果在桂林的7天旅行中遇到天气不好的情况,则以下是几个备用行程的建议：

备用行程一：室内文化体验

— 参观桂林博物馆,了解桂林的历史和文化。

— 参观桂林理工大学博物馆,探索科技和教育领域的展览。

— 品尝当地美食,如桂林米粉、螺蛳粉等。

备用行程二：艺术与手工艺品体验

— 参观当地艺术画廊,欣赏桂林的艺术作品。

— 参加手工艺品制作课程,学习制作竹编、剪纸等传统工艺品。

— 购物街区,选购当地特色的手工艺品和纪念品。

备用行程三：温泉和按摩放松

— 前往当地温泉度假村,享受温泉浴和按摩。

— 预约按摩中心,享受舒缓的按摩和SPA护理。

— 在酒店内放松,享受室内游泳池、健身房等设施。

备用行程四：当地民俗文化体验

— 参加当地的民俗文化活动,如民间舞蹈表演、传统音乐演出等。

— 参观民俗村落,了解当地的传统生活方式和习俗。

— 参加当地的手工艺品制作工作坊,学习制作传统工艺品。

备用行程五:美食探索

— 参加当地的美食之旅,品尝桂林的特色小吃和地方菜肴。

— 参加烹饪课程,学习制作桂林菜或其他当地美食。

— 探索当地夜市,品尝各种美食和小吃。

以上备用行程可以根据个人兴趣和时间进行选择和调整。在天气不好的情况下,选择室内活动和体验,可以更好地享受桂林的文化和休闲氛围。

旅途中获取些许留念,是这段难忘经历中不可或缺的一笔温情。无论是典型的当地特产,还是富有故事的小物件都将成为日后回味途中的珍贵点缀。

【示例 6-9】纪念品

Prompt:

在旅游的过程中,有什么比较有特色的纪念品?

ChatGPT:

桂林是一个充满特色和文化的地方,有许多独特的纪念品可以选择。以下是一些桂林的纪念品推荐。

(1)桂林米粉:桂林米粉是桂林的特色美食,可以买一些包装好的桂林米粉带回家,或者选择现场制作的米粉礼盒。

(2)桂林画扇:桂林画扇是当地的传统手工艺品,扇面上绘有桂林的山水景色或传统文化图案。

(3)桂林画壶:桂林画壶是一种精美的茶具,通常由陶瓷制成,上面绘有桂林的山水景色或传统文化图案。

(4)桂林酒:桂林有许多著名的酒品牌,如漓江三星酒、桂林老窖等,可以选择一瓶当地的特色酒作为纪念品。

(5)桂林剪纸:桂林剪纸是一种传统的手工艺品,以其精美的剪纸技艺而闻名,可以选择一些剪纸作品作为纪念品。

(6)桂林特产:桂林还有一些特色的土特产,如桂林豆腐干、桂林辣椒酱、桂林螺蛳粉调料等,可以选择一些当地特色食品作为纪念品。

(7)桂林手工艺品:桂林还有许多其他手工艺品,如竹编制品、刺绣作品、木雕等,可以选择一些精美的手工艺品作为纪念品。

在购买纪念品时,建议选择正规的商店或专卖店,确保商品的质量和正宗性。同时,根据个人喜好和预算,选择适合自己的纪念品。

6.1.4　实例：美食攻略

路线规划得再完美，也无法比拟探索舌尖上的惊喜。因为对一地风土人情的感知，唯有味蕾能给予最真切的体悟。当地的特色美食是连接游客与这片土地的最佳桥梁。

品尝地道的传统佳肴，能让我们真正参与到风俗文化中。与菜式背后的故事亲密接触，也会激发更多遐想与灵感。旅游在很大程度上就是一种味觉的探索，所以舌尖上的发现至关重要。

【示例 6-10】饮食文化

Prompt：

　　请站在一个桂林人的角度，向我介绍桂林的饮食文化。

ChatGPT：

　　作为一个桂林人，我很荣幸向您介绍桂林的饮食文化。桂林的饮食文化源远流长，以其独特的口味和丰富的菜肴而闻名。

　　桂林的饮食文化以酸、辣、鲜为特色。我们喜欢使用醋、辣椒、酸笋等调料，给菜肴带来酸辣的口感。酸辣菜肴是我们的招牌，如桂林米粉、螺蛳粉、酸辣粉等都以酸辣汤汁为特色，让人回味无穷。

　　除了酸辣菜肴，桂林还有其他口味丰富的菜肴。我们喜欢清淡的炒菜，保留食材的原汁原味，让人感受到食材的鲜美。同时，我们也喜欢香辣的烧烤，将各种食材串在竹签上，烤至香气四溢。当然，桂林的海鲜也非常有名，将新鲜的海鲜制作成各种美味的菜肴让人垂涎欲滴。

　　桂林的饮食文化还注重食材的选择和烹饪技巧。我们喜欢使用当地的新鲜食材，如桂林的米粉、螺蛳、酸笋等，保证菜肴的口感和品质。同时，我们注重烹饪技巧，将食材烹制得恰到好处，保持食物的原汁原味。

　　除了美食，桂林还有丰富的小吃文化。我们喜欢在街头小摊上品尝各种小吃，如糖藕、糖葫芦、糖糍等，让人流连忘返。

　　总体来讲，桂林的饮食文化以酸辣口味为特色，注重食材的选择和烹饪技巧。我们喜欢品尝各种美食，享受美食带来的快乐和满足。欢迎您来桂林，一起探索我们的美食文化！

在规划精彩的旅游路线之余，更要注意与之相结合的美食体验。每到一处景点都要留心其独特的美食文化。只有把景点与风味结合，让味蕾与眼界同步开拓，这趟旅行才会更加丰富充实。

【示例 6-11】美食攻略

Prompt：

　　在桂林旅游行程基础上，推荐一些桂林的特色美食。

ChatGPT：

　　在桂林旅游期间，您可以尝试以下一些桂林的特色美食：

　　（1）桂林米粉：桂林米粉是桂林的代表性美食，细嫩爽滑的米粉配上鲜美的汤料和各种配料，如猪肉、腐竹、花生等，非常美味。

　　（2）螺蛳粉：螺蛳粉是桂林的传统名吃，以螺蛳为主要材料，配以米粉、豆腐皮、葱花等，汤汁鲜美，味道独特。

　　（3）桂林酥肉：桂林酥肉是一道独特的传统菜肴，选用猪肉腌制后炸至金黄酥脆，口感香脆可口。

　　（4）桂林酿豆腐：桂林酿豆腐是一道经典的桂林菜，将豆腐中空，填充上肉馅或虾仁，再蒸煮而成，口感鲜嫩。

　　（5）桂林鱼头米粉：以鱼头为主料，配以米粉、豆腐皮、葱花等，煮成鲜美的汤汁，味道鲜香。

　　（6）桂林糖藕：将鲜嫩的藕切片，经过糖浆炸制而成，外酥里嫩，甜而不腻。

　　（7）桂林酸辣粉：以米粉为主料，配以酸辣的汤汁、豆芽、葱花等，口感酸辣开胃。

　　（8）桂林鸡腿饭：选用当地土鸡腿肉，配以香喷喷的米饭，口感鲜嫩美味。

　　（9）桂林酥皮糖：以糖浆和花生为主料，包裹在酥皮中，口感酥脆甜美。

　　（10）桂林酸笋炒肉：选用酸笋和猪肉炒制而成，口感酸爽开胃。

　　以上是一些桂林的特色美食，您可以根据个人口味和喜好选择尝试。在品尝美食时，建议选择当地有口碑的餐厅或小吃摊位，以确保品质和正宗性。祝您在桂林的美食之旅愉快！

　　在尝遍当地特色美食后，为家人朋友精心采购一些地道特产，也将是此行的一大收获。那些富含当地风土人情的特产，能够与远方的亲朋好友分享这段旅程中的点点滴滴。选择一些富有意义的食品特产，将让家人和朋友仿佛也参与了我们的旅行。

【示例6-12】特产

Prompt：

　　旅游一定要带一些特产美食，桂林适合携带并送给朋友的特产美食有哪些？

ChatGPT：

　　桂林有许多特产美食适合携带并送给朋友。以下是一些便于携带的桂林特产美食推荐。

　　（1）桂林米粉：桂林米粉是桂林的代表性美食，可以选择包装好的桂林米粉带回家，方便携带和保存。

　　（2）桂林螺蛳粉调料：桂林螺蛳粉调料是制作螺蛳粉的关键，可以购买包装好的调料带回家，让朋友在家中也能品尝到正宗的桂林螺蛳粉。

　　（3）桂林辣椒酱：桂林辣椒酱是一种辣味浓郁的调料，可以携带并作为调味品送给朋友，让他们尝试桂林的辣味风味。

（4）桂林豆腐干：桂林豆腐干是一种口感鲜美的豆制品，可以选择包装好的豆腐干作为伴手礼，方便携带。

（5）桂林果脯：桂林有许多水果，如柚子、荔枝等，可以将这些水果制作成果脯，方便携带并作为健康的伴手礼。

（6）桂林酥皮糖：桂林酥皮糖是一种酥脆甜美的糖果，可以选择包装好的酥皮糖作为小礼物，让朋友品尝桂林的甜美。

（7）桂林茶叶：桂林有许多优质的茶叶，如龙须茶、桂林香茶等，可以选择精美的茶叶礼盒作为礼品。

以上是一些便于携带并送给朋友的桂林特产美食推荐。在购买时，建议选择正规的商店或专卖店，以确保商品的质量和正宗性。同时，根据朋友的口味和喜好，选择适合他们的特产美食。

在与 ChatGPT 的交流中，当它推荐"桂林果脯"这一特产时，笔者第一时间产生了怀疑。因为我对这一说法完全陌生。出于疑惑，我马上搜索了相关信息，意外地发现桂林果脯确实是当地著名的特产之一。原来是我的知识面有限，对桂林的特色了解不够全面，而 ChatGPT 在广阔的知识领域里，表现出了更强的认知能力。

这一小插曲让我醒悟到，不应因自己的知识盲区而怀疑 ChatGPT 的表述。当它提供的信息超出我们的知识范围时，可以先行求证。事后看来，ChatGPT 的宽泛知识储备既超越了我，也让我受益匪浅，开阔了视野。

6.1.5　实例：住宿攻略

在旅游计划中，住宿攻略的重要性不容忽视。因为舒适的住宿环境将直接影响旅途的美好程度。尽管 ChatGPT 无法提供具体的酒店品牌，但它能基于地理位置给出非常有价值的建议。

ChatGPT 可以推荐出处于城市的何种地带、距离某景点有多近、交通是否便利等信息。这对用户选定酒店区域非常有帮助。当确定大致位置后，就可以通过其他渠道进一步挑选心仪的酒店。可以说，ChatGPT 提供的住宿地理辅助是整个住宿攻略的重要一环。既要注意利用其优势，也要明白其局限，并以此为基础进行决策。

【示例 6-13】住宿

Prompt：

请向我推荐一些桂林适合住宿的地理位置。

ChatGPT：

以下是一些桂林适合居住的位置推荐：

（1）桂林市区：桂林市区是桂林的中心地带，拥有便利的交通和丰富的商业、餐饮、娱乐设施。在市区内住宿，可以方便地前往各个景点和购物中心。

（2）漓江边：漓江是桂林最著名的景点之一，沿江而建的酒店和民宿提供了壮丽的江景和宜人的环境。在漓江边居住，可以欣赏到美丽的风景，同时也方便乘船游览漓江。

（3）阳朔：阳朔是桂林的一个县级市，距离桂林市区约80千米。阳朔以其壮丽的山水和独特的乡村风情而闻名，是许多游客喜欢居住的地方。在阳朔，您可以选择住在乡村客栈或度假村，享受宁静的乡村生活和美丽的自然风光。

（4）桂林北站附近：如果您计划乘坐高铁或火车抵达桂林，则可以选择在桂林北站附近居住。这个地区有许多酒店和宾馆可供选择，交通便利，方便前往其他景点和市区。

（5）桂林理工大学附近：桂林理工大学周边地区有许多学生公寓和民宿，价格相对较为经济实惠。如果您对住宿费用有一定的预算考虑，则可以选择在这个地区居住。

以上是一些桂林适合居住的位置推荐，您可以根据自己的喜好和需求选择合适的住宿地点。在选择住宿时，建议提前预订并了解酒店或民宿的评价和设施，以确保您的住宿体验愉快。

ChatGPT的回复是根据静态行程推荐的住宿地点，显然并不完全符合这次自驾旅行的实际需求。由于前面行程是在各景点之间动态变化，需要根据当天的具体情况即时确定居住地点，所以不能采用固定的住宿位置建议。

需要告知ChatGPT本次旅行的自驾特点，增加有关动态住宿的信息约束。指定每天的预计游览景点和路线，请它据此考虑景点间的距离和时间，推荐沿途合理的住宿城市或地区。只要充分地向ChatGPT提供清晰的额外信息，就可以得到更契合实际的建议，完成一次灵活的自驾之旅。

【示例6-14】住宿位置

Prompt：

按照旅游行程安排，推荐适合的住宿位置。

ChatGPT：

根据您在桂林的7天旅游行程，以下是一些建议的居住位置。

（1）桂林市区：您可以选择在桂林市区的酒店或民宿居住，这样方便您游览市区的景点，如象鼻山、两江四湖和七星公园。

（2）阳朔：在第2天自驾前往阳朔后，您可以选择在阳朔的酒店或民宿居住。阳朔以其壮丽的山水和休闲的氛围而闻名，您可以在这里享受宁静的乡村生活。

（3）龙脊梯田：在第3天自驾前往龙脊梯田后，您可以选择在梯田区域的客栈或农家乐居住。这样可以更好地体验当地的农村风情和梯田景色。

（4）桂林市区周边：在第4天自驾游览桂林周边景点后，您可以选择在桂林市区周边的酒店或民宿居住。这样方便您游览荔浦芦笛岩和桂林阳朔大观园等景点。

（5）漓江边：在第5天自驾游览桂林市区文化体验后，您可以选择在漓江边的酒店或民宿居住。这样可以欣赏到美丽的江景，并且方便您游览漓江书院和南溪山公园等景点。

需要根据您的喜好和需求选择合适的住宿地点，并提前预订以确保您的住宿安排顺利。祝您在桂林的旅行愉快！

了解住宿相关环境也十分重要，因为是从北方出发，南北方气候方面差别很大，出发前提前了解一些与环境相关的内容，可以提前做一些准备。

【示例 6-15】住宿环境

Prompt：

　　9月份的桂林市内居住体验如何？会很潮湿吗？

ChatGPT：

　　9月份的桂林市内居住体验一般来讲是比较舒适的，但也要考虑到潮湿的气候。

　　桂林位于广西壮族自治区的南部，属于亚热带湿润气候，气候湿润，四季分明。9月份是桂林的秋季，气温适宜，一般在20℃～30℃，相对较为凉爽。白天温暖宜人，晚上稍凉，适合户外活动和观光。

　　然而，桂林的湿度较高，尤其是在夏季和雨季。9月份虽然不是雨季，但仍然可能有一些阵雨，因此，建议您在居住期间注意保持室内通风，控制室内湿度，以免感到潮湿而不舒适。

　　在选择住宿时，可以考虑一些设备齐全、通风良好的酒店或民宿，以确保您的居住环境干燥舒适。此外，备好透气的衣物和防潮措施，如使用除湿器或防潮剂，也可以帮助您应对潮湿的气候。

　　总体来讲，9月份在桂林市内居住的体验是相对舒适的，但需要注意湿度较高的特点。合理的居住安排和防潮措施可以帮助您度过愉快的旅行。

南北气候差异巨大，这就需要在穿衣搭配上做出相应调整，做好衣物的准备工作。合理的衣物搭配是应对南北气候反差的重要一环。具备适应南方气候的装备，才能让旅程更加舒适自在，专注于眼前的一路风景。

【示例 6-16】准备工作

Prompt：

　　在旅游过程中穿戴和换洗的衣物应该如何携带？

ChatGPT：

　　在旅游过程中，根据桂林的气候和旅游活动的性质，以下是一些关于穿戴和换洗衣物的建议。

（1）轻便舒适的衣物：由于桂林的气候较为湿润，建议选择轻便透气的衣物，如棉质或透气性好的面料。短袖、短裤、裙子等夏季服装是常见的选择，但也要准备一些长袖和长裤以应对早晚温差和防蚊虫。

（2）防雨衣/雨伞：桂林在9月份虽然不是雨季，但仍有可能出现阵雨。为了应对突发的雨水，建议携带一把折叠式雨伞或轻便的防雨衣。

（3）舒适的鞋子：旅游过程中会有很多步行和户外活动，因此选择一双舒适的鞋子非常重要。建议选择透气、防滑的运动鞋或徒步鞋，以确保脚部的舒适和安全。

（4）换洗衣物：根据旅游行程的天数，合理携带足够的换洗衣物。可以根据天气情况和活动安排，准备一些轻便的T恤、内衣、袜子和短裤等。如果住宿提供洗衣设施，则可以携带少量的衣物，并在适当时进行洗涤。

（5）防晒和防蚊虫用品：桂林的阳光较强，建议携带防晒霜、太阳帽和太阳眼镜等防晒用品。此外，桂林也有一些蚊虫，特别是在湿润的地区，携带防蚊虫喷雾或蚊香等防蚊用品是必要的。

在携带衣物时，应根据旅游行程的具体安排和个人需求进行合理选择。同时，根据住宿条件和行程安排，可以考虑减少携带的衣物数量，并在需要时进行洗涤。记得带上一些小件的衣物清洁用品，如肥皂、洗衣液和衣物夹子等。

最重要的是根据个人的喜好和舒适度，选择适合自己的衣物和配饰，以确保在旅游过程中的舒适和愉快体验。

6.1.6　实例：旅游注意事项

旅行想要完美，就不能忽视各种小细节，然而在策划时难免会有疏漏，这时就需要ChatGPT强大的补充能力。旅游计划涉及的方方面面繁杂复杂，很容易在主要框架就绪后放松警惕，而恰恰是一些看似微小的补充信息，往往可以带来全新的视角，优化体验。ChatGPT的知识网络极为广博，可以从更宏观的角度发现可能遗漏的节点，把一切补充得无懈可击。

【示例6-17】注意事项

Prompt：

按照我的行程安排需要有哪些注意事项。

ChatGPT：

根据您的行程安排，以下是一些注意事项供您参考。

（1）交通安排：在出发前，确保您对每个目的地的交通方式和路线有清晰的了解。如果需要自驾或租车，则应确保您具备相关的驾驶证和驾驶经验。如果使用公共交通工具，则应提前了解班次和票务信息,并合理安排时间。

(2) 酒店预订:提前预订酒店或民宿,以确保您有一个舒适的住宿环境。查看评价和设施,选择适合您需求和预算的住宿地点。

(3) 天气情况:了解目的地的天气情况,根据预测做好衣物携带和防护措施。如果有可能,则应随时关注天气预报,以便在需要时进行调整。

(4) 食品安全:在旅游过程中,尽量选择干净卫生的餐厅和食品摊位,避免食用生或未煮熟的食物。喝水时,建议选择瓶装水或煮沸后的水。

(5) 保持安全意识:无论是在景点还是在公共场所,保持警惕和安全意识。注意保管贵重物品,避免携带大量现金和贵重物品,尽量使用酒店保险箱存放贵重物品。

(6) 尊重当地文化:在旅游过程中,尊重当地的风俗习惯和文化,遵守当地的规定和禁令。尽量避免冒犯当地居民,尊重他们的生活方式和信仰。

(7) 健康安全:在旅游前,确保您的身体状况良好,如有需要,提前咨询医生并准备必要的药物和急救用品。在旅游过程中,注意个人卫生,避免过度劳累和暴露于极端环境。

(8) 保持沟通:确保您的手机和通信设备正常工作,以便与家人和紧急联系人保持沟通。如果需要,则应购买当地的电话卡或使用国际漫游服务。

这些是一些常见的旅游注意事项,根据您的具体行程和个人需求,您还可以根据需要添加其他的注意事项。

ChatGPT给出的健康安全与饮食安全建议点醒了笔者,这两点是出游时容易被忽略却极为重要的环节。毕竟身体和食品问题往往潜藏风险,需要提前做好应对准备。有了ChatGPT的提点,我可以请它根据旅行地区和气候等因素,列举出一些可能出现的健康或饮食安全意外状况,同时让它给出针对各种意外的应急措施或应对方案,作为我的行前参考。只有做足功课,才能在不幸遇到突发事件时保持冷静,快速采取正确措施保障自身安全。

【示例6-18】防范措施

Prompt:

我很重视健康与安全,在旅游的过程中有可能出现哪些情况?我应该采取哪些措施?

ChatGPT:

在旅游过程中,可能会遇到以下一些健康和安全方面的情况,您可以采取相应的措施应对。

(1) 感冒或疲劳:长时间的旅行和频繁的活动可能会导致身体疲劳和免疫力下降,容易感冒。为了预防感冒,保持良好的个人卫生习惯,勤洗手,避免与病人密切接触。合理安排行程,适当休息,保持充足的睡眠。

(2) 高温中暑:在夏季或炎热的地区旅游时,容易出现中暑的情况。保持充足的水分摄入,避免暴露在高温下,尽量在阴凉处休息,佩戴遮阳帽和太阳镜,涂抹防晒霜。

(3) 食物中毒:在旅游过程中,食物中毒是常见的健康问题。选择干净卫生的餐厅和食品摊位,避免食用生或未煮熟的食物。喝水时,选择瓶装水或煮沸后的水。如果出现食物中毒的症状,如腹泻、呕吐等,则应及时就医。

(4) 感染疾病:在旅游过程中,接触到不同的环境和人群,可能会增加感染疾病的风险。保持良好的个人卫生习惯,勤洗手,避免与病人密切接触。根据目的地的疫情情况,接种相应的疫苗或采取预防措施。

(5) 意外伤害:在旅游过程中,可能会发生意外事故,如摔倒、交通事故等。保持警惕和安全意识,遵守交通规则,避免冒险行为。在参加冒险活动或水上活动时,确保有专业的指导和安全设施。

(6) 财务安全:在旅游过程中,要注意保管贵重物品,避免携带大量现金和贵重物品。使用酒店保险箱存放贵重物品,避免在公共场所炫耀财物。

为了保障健康与安全,您可以采取以下措施:

— 提前了解目的地的健康和安全情况,包括疫情、天气、交通等方面的信息。

— 准备必要的药物和急救用品,如常用药、创可贴、消毒液等。

— 购买旅行保险,以应对突发状况和意外事故。

— 遵循当地的法律和规定,尊重当地的文化和习俗。

— 保持良好的个人卫生习惯,勤洗手,避免与病人密切接触。

— 遵守交通规则,注意交通安全。

— 在旅行过程中保持沟通,与家人和紧急联系人保持联系。

以上是一些常见的健康和安全问题及相应的措施,根据您的具体情况和目的地的特点,您还可以根据需要添加其他的注意事项和预防措施。

可以让 ChatGPT 提供一些常用药品的种类,谨慎起见还是不要让它提供具体药品的名称。

【示例 6-19】常用药品

Prompt:

您能否提供一些应急药品的种类,无须提供药品的具体名称。

ChatGPT:

当旅行时,以下是一些常见的应急药品的种类。

(1) 感冒药:用于缓解感冒症状,如退烧药、止咳药、解热镇痛药等。

(2) 消化药:用于缓解胃肠不适,如胃药、腹泻药、止泻药等。

(3) 创伤处理药品:用于处理轻微创伤,如创可贴、碘伏、纱布、绷带等。

(4) 防晒药品:用于防止日晒伤害,如防晒霜、唇膏等。

（5）抗过敏药：用于缓解过敏症状，如抗组胺药、肾上腺素注射剂等。

（6）晕车药：用于缓解晕车症状等。

这些是一些常见的应急药品种类，具体的应急药品需根据个人的健康状况、旅行目的地和个人需求来确定。在携带和使用药品时，请遵循医生的建议和药品说明，并确保药品在有效期内。如果有特殊的健康需求或慢性疾病，则应咨询医生并根据医生的建议携带相应的药品。

当笔者感到旅行准备工作已经做得差不多时，却仍隐隐觉得可能有遗漏的地方，这时就可以启用 ChatGPT 强大的补漏能力，避免一时的疏忽大意。

【示例 6-20】额外工作

Prompt：

我还可以做哪些准备？

ChatGPT：

除了携带应急药品外，您还可以做以下准备来应对旅游中的意外情况。

（1）备份重要文件：在旅行前，将护照、身份证、驾驶证等重要文件的复印件或扫描件备份，并将其存放在安全的地方，以备不时之需。

（2）联系紧急联系人：将紧急联系人的电话号码保存在手机或备用纸质备忘录中，以便在需要时能够快速地联系到他们。

（3）财务安全：将现金分散存放在不同的地方，避免一次携带过多现金。使用信用卡或借记卡进行支付，以减少现金的使用。

（4）保险覆盖：购买旅行保险，确保在旅行中获得适当的医疗保障和紧急救援服务。了解保险的范围和条款，并随身携带保险单据和紧急联系电话。

（5）紧急联系方式：了解目的地的紧急联系方式，如当地的紧急救援电话。

（6）了解当地法律和规定：在旅行前，了解目的地的法律和规定，遵守当地的法律和习俗，以避免不必要的麻烦和纠纷。

这些准备措施可以帮助您在旅行中应对意外情况，并提供一定的安全保障。根据您的具体情况和目的地的特点，您还可以根据需要采取其他的准备措施。

6.2 ChatGPT 帮你做购房攻略

6.2.1 实例：预算分析

购房是很多人一生中最重要的投资，需要对各方面进行周全考虑和规划。在确定购房目标后，做好完整可靠的预算计划尤为重要。这时可以请教 ChatGPT，仔细计算购房可能涉及的各类费用,如首付款、房贷利息、税费、装修等。ChatGPT 可以根据我们提供的房屋总价和拟贷款额度等信息,帮我们清晰地列出各项购房支出的大概金额。

有了 ChatGPT 专业的指导,就可以做到心中有数,让购房的各个环节都在可控的经济范围内进行,不会超出预算而陷入困境。借助 ChatGPT 的力量,可以做一个完善、详尽、兼顾各方面的购房预算方案,让梦想之家在经济上也能安全落地。

【示例 6-21】购房预算

Prompt:

　　假如我需要购买一套房子,从开始到我入住的这个过程中,我可能需要的各项花费有哪些,使用列表形式返回,详细一些。

ChatGPT:

　　在购买房子的过程中,可能需要的花费包括以下几项。

　　(1) 房屋定金:在签订购房合同之前,您可能需要支付一笔定金以确保房子不会被其他人购买。

　　(2) 房款:购房所需的总金额,通常包括首付款和房贷。

　　— 首付款:购房时需支付的一部分款项,通常为房款的一定比例。

　　— 房贷:银行或其他金融机构提供的贷款,用于支付房款余额。

　　(3) 房屋中介费:如果您通过中介购买房屋,则可能需要支付一定比例的中介费。

　　(4) 律师费:在购房过程中律师为您提供法律服务,需要支付律师费。

　　(5) 贷款申请费:申请房屋贷款时,银行或金融机构可能会收取贷款申请费。

　　(6) 贷款保险费:如果您的首付款较低,则银行可能会要求您购买贷款保险。

　　(7) 评估费:银行或金融机构为确定房屋价值而进行的评估,可能需要支付评估费。

　　(8) 房屋检查费:购买房屋前进行房屋检查以评估房屋状况,需要支付房屋检查费。

　　(9) 房屋买卖税:购房时需要支付的税费,具体税率因地区而异。

　　(10) 产权登记费:在购房过程中需要将房产登记在您的名下,需要支付产权登记费。

　　(11) 房屋保险:购房后通常需要购买房屋保险,以保障房屋在意外损失时得到赔偿。

　　(12) 装修费用:如果您购买的是毛坯房或者需要翻新的房子,则需要支付装修费用。

　　(13) 家具购置:购买家具、家电和其他家居用品的费用。

　　(14) 搬家费:搬家公司或运输公司为您提供搬家服务所需的费用。

　　(15) 物业管理费:购房后需要支付的物业管理费,用于维护小区公共设施和环境。

　　(16) 其他杂费:如购买房屋所需的各类证明、文件办理费等。

　　以上内容涵盖了购房过程中可能遇到的大部分费用,但具体情况可能因地区、房屋类型和购房者个人需求的不同而有所不同。在购房前,建议您与专业人士咨询,了解详细的购房费用清单。

ChatGPT 在购房预算方面给出了非常详尽的各项费用清单,这对笔者来讲是一次全面的兜底参考。根据它提供的购房可能涉及的所有支出细项,可以清晰地看到整个购房过程中的费用流向,不会出现预算上的失算与疏漏。在这个基础上,还可以让 ChatGPT 根据具体房屋目标和资金状况,计算出整体的购房总成本预估金额。

【示例 6-22】预算

Prompt:

　　如何估算买房的总成本?

ChatGPT:

　　估算购买房屋的总成本需要考虑很多因素,包括房屋价格、按揭贷款利率、首付比例、按揭贷款期限、税费、评估费用、中介费用、装修费用等。以下是一些估算购买房屋总成本的方法。

　　(1)计算首付款:首付款通常为房屋总价的 20%～30%。如果您购买的房屋价格为 100 万元,则首付款为 100 万元×20%(20 万元),这是您需要支付的必要费用。

　　(2)计算按揭贷款金额:如果您需要按揭贷款购买房屋,则需要计算按揭贷款金额。假设您需要贷款 80 万元,贷款期限为 20 年,贷款利率为 5%,则您需要支付的总利息为 57.9 万元,贷款加利息共计 137.9 万元。

　　(3)考虑税费和评估费用:购买房屋还需要缴纳一定的税费,例如契税。此外,银行会根据房屋的市场价值来评估您的房屋,这项评估通常需要支付一定的费用。

　　(4)考虑中介费用和装修费用:如果您通过中介购买房屋,则中介公司会收取一定的服务费用。如果您需要对房屋进行装修,则装修费用也需要考虑在内。

　　(5)考虑物业费和其他杂费:如果您购买的是公寓或共管式住宅,则需要支付物业费用,以维护和管理公共设施和服务。购买房屋还可能需要支付其他杂费,如过户费、水电煤气费等。

　　总之,估算购买房屋的总成本需要考虑很多因素,您可以根据自己的情况和需求,综合考虑各项费用,从而做出合理的预算和规划。

这里 ChatGPT 给出的回复只能作为一个大致的参考,上述的数值相关内容根据每个城市的政策都是不一样的,所以可以把真实数据提交给 ChatGPT,这样 ChatGPT 可以给出更贴合实际生活的方案,但 ChatGPT 给出的可能开销是值得参考的,考虑得周全一些可以避免预算不充足的情况发生。

购房之后还有一笔不小的开支就是装修,装修所需要开销据笔者所知也是非常繁杂的。

【示例 6-23】装修预算

Prompt:

　　如何估算房屋装修的总成本?

ChatGPT：

估算房屋装修的总成本需要考虑许多因素，例如房屋面积、装修风格、材料选择、施工工艺等。以下是一些常见的估算方法和步骤。

（1）计算房屋面积：首先需要测量房屋的面积，包括墙面、地面和天花板的面积，以便计算出需要装修的面积。

（2）确定装修风格和材料：根据自己的喜好和预算，选择适合自己的装修风格和材料。例如，现代简约风格需要的材料和工艺可能比中式古典风格更少。

（3）估算材料和人工成本：根据所选的装修风格和材料，估算每平方米的材料和人工成本。这需要考虑到材料的质量、品牌、规格、价格及施工的复杂程度和工艺要求等因素。

（4）添加其他费用：除了材料和人工成本，还需要考虑其他费用，如设计费、监理费、税费、保险费等。

（5）增加预算：在进行估算时，需要考虑到装修过程中可能会出现一些意外费用，例如装修中发现隐蔽工程需要修缮，或者需要购买一些突发用品等，因此，在总估算成本的基础上，建议增加一定的预算，以备不时之需。

总之，估算房屋装修的总成本需要综合考虑多种因素，并根据实际情况进行调整。通过合理的估算和预算，可以帮助您规划好装修预算，避免在装修过程中出现不必要的财务压力。

6.2.2　实例：购房注意事项

对于缺乏购房经验的人来讲，参考他人的案例尤为关键，以规避未知的风险。毕竟，一生可能只会买一次房产，经验的重要性不容忽视。有鉴于此，可以让 ChatGPT 根据已有的房产交易案例，为我们提供详尽的购房注意事项。ChatGPT 可以利用其丰富知识，指引用户在购房过程中需要注意的细节，提醒用户交易的潜在风险。充分汲取他人的经验教训，将使用户的房产投资之路更加平坦顺遂。

【示例 6-24】注意事项

Prompt：

购房需要注意哪些事项？

ChatGPT：

购房是人生中的一件大事，需要慎重考虑和准备。以下是一些购房需要注意的事项。

（1）预算：购房前需要对自己的财务状况进行评估，确定自己可以承受的购房预算，并确保购房不会对自己的生活造成过大负担。

（2）贷款：如果需要贷款购房，则需要提前了解自己的信用状况和贷款额度，并选择合适的贷款机构和贷款方案。同时需要注意还款能力，确保还款不会超过自己的承受能力。

（3）房屋的产权和权益：在购房前需要仔细了解房屋的产权和权益情况，包括土地使用权、房屋所有权、抵押情况等，确保房屋没有纠纷和问题。

（4）楼盘的品质和开发商的信誉：购买房屋时需要注意楼盘的品质和开发商的信誉情况，选择有良好口碑和信誉的楼盘和开发商。

（5）税费和手续费：购买房屋需要缴纳相关的税费和手续费，包括契税、房产税、土地使用税、公证费、评估费、登记费等。购房前需要了解相关的税费和手续费，以便预算和准备。

（6）房屋的维护和管理：购买房屋后需要对房屋进行维护和管理，包括定期保养、维修、清洁等。如果购买的是公寓或小区房屋，则需要了解物业管理情况和费用。

（7）法律法规：购买房屋需要遵守相关的法律法规，包括房屋登记、合同签署、产权转移等。购房前需要仔细了解相关法律法规，以避免因不了解法规而造成损失。

需要注意的是，以上只是一些购房需要注意的事项，并不全面，购房前需要根据自己的情况和当地的政策和法规进行综合考虑和准备。如果有疑问，则建议咨询当地的房地产代理人或律师。

上述内容中涉及了楼盘的品质和开发商的信誉，这一方面值得我们进一步深入了解。生活中可以进一步了解楼盘的品质，包括建筑结构、装修材料、环境设施等方面的情况。通过详细了解楼盘的建筑质量、设计理念及施工工艺，进而可以更好地评估其品质水平。也可以对开发商的信誉更加全面地进行了解，更好地判断其开发的楼盘是否值得信赖。这包括开发商的历史背景、过往项目的质量和口碑、合作伙伴的信任度等方面。

【示例 6-25】开发商

Prompt：

中国有哪些开发商的小区比较好？

ChatGPT：

中国许多开发商的小区具有不同的特点和优势，以下是其中一些比较知名的开发商的小区。

（1）万科：万科是中国知名的房地产开发商，其开发的小区质量和品质都比较高。万科的小区通常具有完善的配套设施和优美的环境，例如万科城市花园、万科城市之光等。

（2）碧桂园：碧桂园是中国另一个知名的房地产开发商，其开发的小区质量也比较高。碧桂园的小区通常具有优美的环境和完善的配套设施，例如碧桂园城市花园、碧桂园城市广场等。

（3）绿地：绿地也是中国知名的房地产开发商，其开发的小区质量也比较高。绿地的小区通常具有优美的环境和完善的配套设施，例如绿地中央公园、绿地新都会等。

（4）华润置地：华润置地也是中国知名的房地产开发商，其开发的小区质量也比较高。

华润置地的小区通常具有优美的环境和完善的配套设施,例如华润城、华润中央广场等。

需要注意的是,开发商的小区质量和品质会因地区和项目而异,具体情况需要根据当地的情况进行评估。购房前需要仔细了解相关的信息和评估房屋的质量和品质,以便做出明智的购房决策。

对于缺乏判断房屋质量经验的购房者来讲,可以请教 ChatGPT,让它给出专业的质量评判标准。ChatGPT 会利用其丰富的常识经验,告诉我们注意观察房屋的哪些细节,从何种迹象判断工程质量的优劣。这将使我们避免因见识不足而买到质量参差不齐的房产。

【示例 6-26】评估

Prompt:

请问如何评估房屋的质量和品质?

ChatGPT:

评估房屋的质量和品质是购房前必须进行的重要工作,以下是一些评估房屋质量和品质的方法和步骤。

(1)查看房屋的结构和装修:房屋的结构和装修是评估房屋质量的重要因素,需要仔细查看房屋的结构和装修情况,包括墙体、地面、天花板、门窗等。要注意是否有裂缝、水渍、渗漏等问题,是否使用了合适的材料,装修是否符合规范和安全标准等。

(2)了解开发商和施工方的信誉:开发商和施工方的信誉是评估房屋品质的重要因素之一,需要了解开发商和施工方的历史、资质、业绩、口碑等信息,以便评估其可靠性和信誉度。

(3)考察小区的配套设施:小区的配套设施是评估房屋品质的重要因素之一,需要考察小区的绿化、园林、游泳池、健身房、儿童乐园等设施,以及安保措施、物业服务等情况。

(4)了解小区的环境和交通:小区的环境和交通也是评估房屋品质的重要因素之一,需要了解小区周边的环境、交通情况、商业配套等,以便评估其舒适性和便利性。

(5)了解房屋的产权和权益:房屋的产权和权益也是评估房屋质量的重要因素之一,需要了解房屋的产权和权益情况,包括土地使用权、房屋所有权、抵押情况等,以确保房屋没有纠纷和问题。

(6)参考专业机构的评估报告:购房前可以参考专业机构的房屋评估报告,了解房屋的评估价值、隐患和问题等情况,以便更全面地了解房屋的质量和品质。

需要注意的是,评估房屋的质量和品质需要仔细、全面、客观地进行,具体情况需要根据当地的情况和政策进行评估和判断。如果有疑问,则建议咨询当地的房地产代理人或律师。

笔者周围的朋友都建议我在购买房子时选择最理想的地段,然而我对于如何挑选合适的地段并没有太多经验。

在购买房子时,地段的选择被认为是至关重要的因素之一。朋友们纷纷向我推荐一些热门地段,他们认为某些位置的房产投资回报率高,生活便利度也较高,然而,我对于地段的挑选并没有太多的了解和经验,但是我认为只有充分了解各个地段的特点和潜力,才能做出明智的决策。

【示例6-27】房屋地段

Prompt:

> 国内购买商品房,关于地段方面该考虑哪些因素?

ChatGPT:

> 购买商品房时,选择一个好的地段对于居住质量和房产投资的价值都非常重要。以下是一些应该考虑的关键因素。
>
> (1)交通便利性:选择方便交通的地段可以使出行更加便捷,同时也能提高房产的价值。考虑周边是否有公交、地铁等公共交通工具,以及离主要道路和高速公路的距离。
>
> (2)商业配套:小区附近是否有购物中心、超市、娱乐场所等商业配套设施,这些设施的丰富程度会影响日常生活的便利性和舒适性。
>
> (3)教育资源:周边是否有好的学校和幼儿园,这对于有孩子的家庭尤为重要。选择一个好的学区可以为孩子的教育提供保障,同时也能增加房产的价值。
>
> (4)安全环境:考虑周边的治安状况和犯罪率,选择一个安全的小区可以提高居住的安全感和舒适感。
>
> (5)环境质量:选择一个环境优美、空气清新的地区可以提高居住的舒适度和健康水平,同时也会影响房产的价值。
>
> (6)社区管理:了解小区的物业管理水平和服务质量,选择一个好的物业管理公司可以提高小区的品质和居住的舒适度。
>
> 以上这些方面都是购买商品房时应该考虑的关键因素,考虑周全后再做决定可以提高投资回报和居住体验。

虽然多数人购房主要是为了自住生活,但肯定也不希望房产出现大幅贬值,因此,除了考量房屋自身的质量、面积等属性,也可以就保值相关问题请教ChatGPT,获取一些有价值的建议。可以询问其关于房屋哪些因素会影响未来价值,是否应选择热点地段,以及购房后还可以做哪些保值储备。ChatGPT可以根据已有数据,指出不同位置、建筑年限、小区规模等因素对房价的影响,提供参考的保值策略。理解了房产保值的影响因素,用户在购房时就能做出更明智的选择。

6.2.3 实例:如何挑选心意房型

面对众多户型方案,需要考量家庭实际需要与个人喜好,但区分哪种户型更实用合理并非易事。这时,就可以向ChatGPT咨询,听取它的专业建议。

将自己的家庭人数、居住习惯等情况告知 ChatGPT,让它基于这些条件推荐符合要求的户型。ChatGPT 还会提醒用户必须注意避免的户型设计缺陷,例如狭小走廊、不合理的空间切分等。如果对某种户型方案心存疑虑,则可以详述方案特点,听取 ChatGPT 的分析意见。

充分运用 ChatGPT 丰富的经验知识,这样就可以在众多选择中更加明智地识别实用性强的户型。与其自行深陷纠结,不如直接向这位购房专家请教,让购房之旅一帆风顺。

【示例 6-28】户型

Prompt:

在经济实用的家庭需求情况下,房屋户型应该如何选择? 应该避免什么样的户型? 请详细解释,并举例证明。

ChatGPT:

在经济实用的家庭需求情况下,选择房屋户型时应考虑以下几点。

(1) 功能布局合理:房屋户型应具备合理的功能布局,以满足家庭成员的日常需求。例如,厨房与餐厅的位置应相对靠近,方便烹饪和用餐;卧室与卫生间的距离应适中,方便夜间使用。

(2) 空间利用率高:在经济实用的家庭需求下,房屋户型应尽可能地提高空间利用率,避免浪费。例如,可以选择开放式厨房与客厅相连,节省隔墙的空间;或者选择带有储物空间的床铺,增加存储功能。

(3) 通风采光良好:房屋户型应具备良好的通风和采光条件,以提高居住舒适度。例如,选择朝向南北的房屋户型,可以获得更好的自然光线;或者选择带有阳台的房屋户型,增加室内空气流通。

(4) 避免过于复杂的户型:在经济实用的家庭需求下,应避免选择过于复杂的户型,以降低装修和维护成本。例如,避免选择过多的隔墙和转角,增加装修难度和费用;或者避免选择过于狭长的户型,影响空间利用效果。

举例来讲,在经济实用的家庭需求下房屋户型可以是一个开放式的客厅与厨房相连,卧室与卫生间相对独立的布局。这样的户型可以提高空间利用率,方便家庭成员的日常活动,并且通过合理的通风和采光设计,提供舒适的居住环境。同时,避免过于复杂的户型设计,可以降低装修和维护成本。

在选择户型时,通风和采光是至关重要的因素之一。毕竟,通常情况下在家中度过的时间最长,一个拥有良好通风和充足采光的户型可以创造一个舒适、健康的居住环境。

良好的通风可以有效地排除室内的湿气和异味,保持空气的新鲜和流动。这对于预防霉菌滋生、减少过敏源和提高室内空气质量非常重要。此外,通风还可以帮助调节室内温度,使居住空间更加宜人。

而充足的采光则可以带来自然的光线,使室内明亮而温暖。阳光是一种天然的资源,它不仅可以提高室内的视觉效果,还有助于调节人的生物钟和情绪。在拥有良好采光的户型中,家人能更好地享受自然的美好,减少对人工照明的依赖。

【示例 6-29】房屋朝向

Prompt:

　　如何判断房屋朝向是否良好?

ChatGPT:

　　判断房屋朝向是否良好,一般需要考虑以下几个方面。

　　(1)采光情况:南向的房屋采光最好,因为能够充分接受阳光的照射,而北向的房屋采光相对较差。如果能够选择南北通透的房屋,则更为理想,可以保证房屋采光充足。

　　(2)通风情况:朝向的不同也会影响房屋的通风情况。东向和西向的房屋通风相对较好,因为能够充分利用自然风的方向,而南北向的房屋通风相对较差。如果能够选择南北通透的房屋,则通风效果会更好。

　　(3)气温和湿度:朝向的不同还会影响房屋的气温和湿度。南向的房屋在冬季能够充分接受阳光的照射,因此室内温度相对较高,而北向的房屋则相对较冷。夏季则相反,南向的房屋相对较热,北向的房屋相对较凉。同时,南向的房屋相对较干燥,北向的房屋则相对较潮湿。

　　(4)环境噪声:朝向的不同还会影响房屋周围的环境噪声。如果房屋朝向主干道或马路,则周围的噪声会比较大,而如果朝向公园、小区内部或背靠山坡,则周围噪声会相对较小。

　　综上所述,判断房屋朝向是否好,需要考虑房屋的采光情况、通风情况、气温和湿度、环境噪声等因素。如果能够选择南北通透、朝向公园或小区内部的房屋,则更为理想。此外,还可以通过实地考察、咨询专业人士等方式获取更为准确的信息。

　　近年流行起来的 Loft 开放式户型深受年轻人的青睐。作为对这类户型还不太了解的我,可以请教一下 ChatGPT,聆听它对 Loft 户型优缺点的专业分析。

【示例 6-30】Loft

Prompt:

　　Loft 户型是什么样的?它相比于普通的商品房户型有什么优势与劣势?

ChatGPT:

　　Loft 户型是一种多层开放式的住宅设计,通常由一个或多个开放式的空间组成,其中包括一个或多个楼层。Loft 户型在建筑设计中非常流行,尤其在城市中心地区的老工业建筑中,由于其高阁楼空间和工业风格的外观而备受青睐。

　　相比于普通的商品房户型,Loft 户型有以下优势和劣势。

优势如下。

(1) 空间感觉更加开阔：Loft 户型通常具有高天花板，开放式的设计和大面积的窗户，营造出更加宽敞、明亮的空间感觉。

(2) 灵活的设计：由于 Loft 户型的开放式设计，它的使用方式和布局可以根据居住者的需求和偏好进行调整和改变，灵活性更高。

(3) 独特的工业风格：Loft 户型通常具有工业风格的外观和内部设计，包括裸露的砖墙、木质结构和钢铁扶手等元素，为房屋增添了独特的魅力。

劣势如下。

(1) 隐私性较差：由于 Loft 户型的开放式设计，隔音效果较差，并且可能会影响居住者的隐私。

(2) 安全性问题：Loft 户型通常具有高天花板和开放式楼梯，需要更加谨慎地考虑安全问题，特别是对于有小孩的家庭。

(3) 装修成本高：由于 Loft 户型的设计比较独特，装修成本可能会比普通户型更高，需要更多的设计和装修费用。

总之，Loft 户型在设计上具有独特的魅力和优势，但也存在一些劣势。在选择房屋户型时，需要根据个人的需求和偏好，以及考虑到实际的居住情况和预算等因素，做出综合性的决策。

6.2.4　实例：购房流程

当准备开始购房之旅时，可以先向 ChatGPT 详细了解一下整个购房流程，这对于提前做好充分准备非常必要。可以让 ChatGPT 概述标准的购房流程，从选房看房，到议价签约，再到最终的房屋交付。对于不熟悉的环节，例如资格审查和房本过户，可以让它详细解释，弄清楚具体流程和需要准备的材料。如果对购房的税费问题及贷款流程有疑问，则可以让 ChatGPT 提供指导意见。在 ChatGPT 专业的指导下，可以让购房者对整个购房流程进行深入了解，有助于避免交易中的失误和无措。

【示例 6-31】购房流程

Prompt：

在国内购买新房的流程是怎样的？

ChatGPT：

在国内购买新房的流程一般包括以下几个步骤。

(1) 筹备阶段：在决定购买新房之前，需要先进行一些准备工作，包括确定自己的预算、选择购房的地点、考虑自己的需求和偏好等。

(2) 房源搜索：可以通过房产中介公司、房产网站、房产展销会等方式寻找房源。

（3）看房：在找到心仪的房源后，需要进行实地看房，了解房屋的实际情况，包括房屋的朝向、面积、装修状况、周边环境等。

（4）购房协商：在确认购买意向后，需要与房产中介或开发商进行协商，包括房屋价格、付款方式、装修标准、产权证书等。

（5）签订购房合同：在双方协商一致后，需要签订购房合同，约定双方的权利和义务。

（6）缴纳定金或首付款：签订购房合同后，一般需要缴纳定金或首付款，以确认购房意向。

（7）办理贷款手续（如有需要）：如果需要贷款购房，则需要向银行提出贷款申请，并办理相关的贷款手续。

（8）缴纳首期款：在贷款通过后，需要缴纳首期款，以支付房屋的首付款。

（9）等待交房：在购房过程中，需要等待房屋的竣工和交付。一般会在购房合同中约定交房时间。

（10）办理房屋过户手续：在房屋交付后，需要办理房屋过户手续，包括产权证书的办理等。

选择合适的房子需要花时间进行比较、决策，签约购房也需要有充分的法律常识。了解流程可以让购房更顺利。

在前面与ChatGPT的沟通中，已较全面地了解到购房过程中需要支付的各类费用，所以在经济支出方面有了明确的认知。在此基础上，还应更进一步地询问购房中的其他注意事项与风险，让自己能够全面掌握购房过程。

【示例6-32】追问

Prompt：

关于购房流程中我还可以向你咨询哪些问题？

ChatGPT：

在购房流程中，可以向我咨询以下问题。

（1）购买房屋的预算：可以向我咨询在购买房屋前需要做好的财务规划和预算，包括首付款、贷款、税费、装修等方面的费用。

（2）房源选择：可以向我咨询如何选择符合自己需求和预算的房源，包括房屋的地理位置、面积、朝向、楼层等方面的考虑因素。

（3）看房注意事项：可以向我咨询在看房时需要注意哪些事项，包括房屋的结构、装修、周边环境、采光等方面的问题。

（4）合同签订：可以向我咨询购房合同的具体内容和注意事项，包括合同条款、违约责任、权益保障等方面的问题。

（5）贷款问题：可以向我咨询贷款的申请流程、审批标准、利率等方面的问题。

（6）税费问题：可以向我咨询购房涉及的各种税费，包括契税、增值税、土地使用税等方面的问题。

（7）风险评估：可以向我咨询购房涉及的风险评估，包括房屋产权、开发商信誉、装修质量等方面的问题。

总体来讲，购房是一项重要的投资，需要购房者在购房前充分了解相关问题和注意事项，以确保自己的购房行为合法、合规，并保障自己的利益。如果还有其他相关问题需要咨询，则可以向我提出。

小区的物业管理质量直接影响着业主的后续生活体验，因此也是购房时需优先考虑的大问题。一个管理规范、服务到位的物业团队，将为小区营造更加美观舒适的环境，确保设施设备的良好运转，并为业主提供周到的维修、保洁等服务，大大提升居住满意度，因此，在选房时一定要详细了解物业的运营方、团队素质、管理模式，而不要只盯着物业费的价格。更重要的是，要通过与其他业主的沟通，了解该物业的实际服务水平和响应速度，防止营销时的言过其实。只有找到真正可靠、负责任的物业团队，后期的居住体验才会更加惬意。

【示例6-33】物业

Prompt：

　　我想了解一下购房后的物业管理和维修问题。

ChatGPT：

　　购房后的物业管理和维修问题是购房者需要关注的重要问题之一。以下是一些常见的物业管理和维修问题。

　　1. 物业管理问题

　　（1）物业服务质量：购房者需要关注物业服务质量，包括物业公司的信誉、服务态度、服务内容等方面的问题。

　　（2）物业费用：购房者需要关注物业费用，包括物业管理费、保洁费、绿化费等方面的问题。

　　（3）物业管理制度：购房者需要了解物业管理的制度和规定，包括小区公共设施的使用、物业公司的权力和责任等方面的问题。

　　2. 维修问题

　　（1）维修责任：在房屋出现问题时，需要确定责任归属，包括房屋本身的问题和小区公共设施的问题等。

　　（2）维修费用：在房屋出现问题时，需要确定维修费用的承担方和金额。

　　（3）维修质量：在房屋维修过程中，需要确保维修质量和安全。

　　购房者需要在购房合同中明确物业管理和维修责任的具体条款，确保自己的权益得到保障。购房者可以与物业公司建立良好的合作关系，以及时反映问题并协商解决方案。如果存在严重的物业管理和维修问题，购房者则可以通过法律手段维护自己的权益。

6.2.5　实例：购房装修

曾经对房屋进行过装修的人深有体会,知道房屋装修的过程充满了未知数与坑洞。从选材、设计、施工到成果呈现,每步都可能埋藏着让人措手不及的风险。房屋整体的软装与硬装需要经过反复比较、衡量,这样才能使各个部位与元素和谐协调,最终呈现出令人心仪的整体效果。当然,本节的目的并非教学如何系统地掌握装修的方方面面,而是与ChatGPT在沟通的过程中了解一些容易被忽视但十分关键的装修细节。这些看似微小,却举足轻重的小技巧,将帮助我们在装修过程中心中有数,从源头上避免不必要的失误。

【示例6-34】房屋布置

Prompt:

　　如何布置家具和装修设计,使户型更加合理、舒适?

ChatGPT:

　　布置家具和装修设计是让户型更加合理、舒适的重要因素之一。以下是一些布置家具和装修设计的技巧。

　　(1)创造宽敞的空间:在布置家具和进行装修设计时,应该考虑如何创造宽敞的空间,避免狭窄和拥挤的感觉。可以通过选择合适的家具、颜色和材料实现。

　　(2)最大化利用空间:在布置家具时,应该尽可能地利用空间。可以考虑使用多功能家具、嵌入式家具或定制家具等。

　　(3)避免过度装饰:过度装饰会让房间显得杂乱和拥挤。应该避免使用过多的装饰品和家具,保持房间简洁和整洁。

　　(4)选择合适的色彩和材料:颜色和材料可以影响房间的氛围和舒适度。应该选择适合房间用途和氛围的颜色和材料,如在卧室使用柔和的颜色和舒适的材料,在厨房使用易清洁的材料等。

　　(5)按照功能布置家具:在布置家具时,应该根据房间的用途和功能来选择家具。例如,在客厅中布置沙发、茶几和电视柜等家具,在卧室中布置床、衣柜和床头柜等家具。

　　(6)充分利用自然光线:自然光线可以让房间更加明亮和舒适。应该尽可能地利用自然光线,如选择透光率高的窗帘、避免使用过多的隔断等。

　　(7)注意细节:在进行装修和布置家具时,应该注意一些细节问题,如选择合适的灯具、储存空间、电路布置等。

　　总体来讲,布置家具和进行装修设计需要考虑多个因素,包括空间流畅性、空间利用率、色彩和材料、家具布置、自然光线、细节等。建议购房者在进行布置家具和装修设计时,根据自己的需求和预算做出合理的选择,并寻求专业的建议和帮助。

装修中需要注意的细节实在太多,从材料选择、风格定位到房屋结构,每个环节都关系

重大。例如,在选用什么样的地板、墙面时要考量功能与美观的平衡。布置时需要因地制宜,合理规划空间,发挥最大实用性。软装搭配既要体现个人兴趣与品位,又要与硬装风格和谐统一。光线、采光、通风等因素也需考量周全,这关系到房屋的舒适度与健康性。当然,理想的装修还需要优秀的施工团队担纲,对从设计到施工的每个步骤进行严格把控,杜绝偷工减料现象,确保装修质量。

【示例 6-35】装修细节

Prompt:

　　对于一个经济型居住家庭来讲,哪些装修细节更加重要? 并举例说明。

ChatGPT:

　　对于一个经济型居住家庭来讲,以下几个装修细节更加重要。

　　(1) 色彩选择:选择适合经济型家庭的中性色调和简约色彩,可以给空间带来宽敞和清爽的感觉。例如,使用白色、米色或灰色等浅色调来装饰墙壁和家具,可以使整个空间看起来更明亮和宽敞。

　　(2) 材料选择:在经济型装修中,选择经济实惠但质量可靠的材料非常重要。例如,可以选择经济型的仿木地板或瓷砖,而不是昂贵的实木地板。此外,选择易于清洁和维护的材料,可以减少日常维护的工作量和费用。

　　(3) 照明设计:良好的照明设计可以提升整个空间的氛围和舒适度。对于经济型家庭来讲,选择节能的 LED 灯具是一个不错的选择。此外,合理布置灯具,如选择合适的台灯、吊灯和壁灯,可以为不同区域提供适当的照明。

　　(4) 储物空间:经济型家庭通常面临储物空间有限的问题,因此,在装修中要充分考虑储物空间的设计。例如,可以选择带有储物功能的家具,如床下储物箱、嵌入式衣柜等,以最大化地利用空间并提供足够的储物空间。

　　(5) 细节装饰:在经济型装修中,细节装饰可以起到提升整体感觉的作用。例如,选择简约而精致的装饰品,如装饰画、植物、挂钟等,可以为空间增添一些个性和温馨的氛围。

　　综上所述,对于经济型居住家庭来讲,色彩选择、材料选择、照明设计、储物空间和细节装饰是更加重要的装修细节。通过合理选择和设计这些细节,可以为经济型家庭创造一个舒适、实用且经济实惠的居住环境。

　　在装修的硬装环节,ChatGPT 也可以提供一些宝贵的经验与建议。它将以用户的视角,结合实际情况,为用户详解硬装装修中应该注意的要点,以及可能出现的问题与对策。无论是墙面材质的选择,还是地板、门窗、灯光等硬装元素的设计搭配,ChatGPT 都会提供专业、贴心的建议,帮助用户根据风格需求和预算情况做出明智的决定。它会提醒用户某些材料的优缺点,解析不同风格的最佳硬装搭配,帮助用户避开一些常见的装修问题。如果在施工过程中遇到质量问题,ChatGPT 则可为用户分析原因,提出解决方案。它会用通俗易

懂的语言,让硬装装修这个复杂的过程为用户所掌握,让理想中的家更快实现。

【示例6-36】装修注意事项

Prompt:

在房屋装修的过程中,有哪些常见的储存空间和电路布置问题需要注意?

ChatGPT:

在房屋装修过程中,储存空间和电路布置是非常重要而又容易被忽视的两个方面。

对于储存空间,常见的问题有以下几个。

(1)储物空间设置不合理,容积不足。衣帽间、鞋柜、厨房橱柜等储物空间要根据实际需要设计,不要为了节省面积而造成日后不便。

(2)储物空间分配不均。要根据不同房间的使用功能合理地规划储物空间,不要在某些房间设置过多而另在一些房间却储物不足。

(3)储物细节设计不周。抽屉、收纳箱等要设计多种分割模式,门与引导轨要配合顺滑。可以设计一些智能化储物空间,以提高利用效率。

对于电路布置,常见问题有以下几个。

(1)插座数量和位置分布不合理,不够用或者设置的位置不方便使用。要根据房间大小、用途增加足够数目的插座,并设计好位置。

(2)线路设置杂乱,影响美观。线路要设计得隐蔽美观,重点区域可以暗埋线路。

(3)特殊配电系统(如供电系统、照明系统、智能设备布线和控制系统等)设计不合理。这些系统要提前设计好,并预留接口。

(4)电气载力分配不合理,高功率设备无法正常使用。要提前根据家电配置合理地分配电气载力。

作为重要的功能空间,储存和电路这两个方面必须在装修前充分思考,坚持用户体验至上和审美质量兼顾的原则,这样才能使生活更便利、高效和舒适。

6.3 ChatGPT帮你做一份养宠物指南

6.3.1 实例:如何挑选宠物

养育宠物能给生活增添许多欢乐,是个不错的选择,然而大多数人对于如何挑选合适的宠物缺乏经验与知识。面对众多种类的选择,应该根据什么标准决定哪种宠物最适合自己呢?

这时,不妨向ChatGPT寻求专业的指导。可以先告知它关于自己的生活环境、作息时间及可承担的照料难度等情况。ChatGPT就可以基于这些要求,从品种特点等角度提出适合自己的宠物选择建议。当对某个品种有疑问时,可以进行深入询问。

借助 ChatGPT 丰富的知识库,就可以在诸多选项中明智地选择一种性格适合、又能与自己建立深厚友谊的理想宠物。

在下面的实例中假设笔者想要挑选一只陪伴自己的宠物,接下来看一下如何通过 ChatGPT 帮助笔者挑选一只心仪的宠物。

【示例 6-37】调研

Prompt:

国内可以家庭养的宠物有哪些种类?

ChatGPT:

国内可以家庭养的宠物种类很多,以下是一些常见的宠物种类。

(1)狗:狗是最受欢迎的宠物之一。不同品种的狗有不同的体型、性格,需要根据自己的生活条件和兴趣选择适合的品种。

(2)猫:猫也是很受欢迎的宠物之一。猫性格独立,需要的照顾相对比较简单,适合没有太多时间照料宠物的人。

(3)鱼:观赏鱼是很好的宠物,不占用太多空间,也不需要太多的照顾,但需要定期清洁鱼缸和提供适当的水。

(4)仓鼠:仓鼠是小型哺乳动物,通常很活泼好动,适合没有太多时间照料宠物的人。仓鼠需要提供适当的笼子和食物。

(5)兔子:兔子是可爱的宠物,性格温和,需要的照顾也比较简单,但需要提供足够的空间和适当的食物。

(6)龟:龟是另一种不需要太多照顾的宠物,但需要提供适当的水和日光。

除了以上几种,还有许多其他的宠物种类,如鸟类、蛇类、蜥蜴类等,但这些宠物需要特殊的照顾和环境,需要仔细考虑是否适合自己的兴趣和家庭条件。

ChatGPT 推荐了一些市面上较为常见的宠物选择,这些宠物种类国内养殖及饲养均相对合法合规,但是当笔者试图探询一些较为冷门、鲜为人知的宠物时,ChatGPT 提供的答案就不太理想了。它所推荐的一些冷门宠物种类确实罕见,但在国内存在法律限制,属于保护动物范围,普通民众不宜擅自饲养。这一点从侧面反映出,ChatGPT 对各国饲养政策了解得并不透彻。它在满足提问需求时,未能充分考虑不同国家的法律规定,直接推荐了一些在国内属于违法的选择。这点需要用户注意,对 ChatGPT 的回答应保持谨慎态度,结合本地实际情况进行甄别。ChatGPT 在特殊领域的常识还有待进一步完善。

如果感兴趣,则可以继续追问,这里选择猫当作我们的实例主角。

【示例 6-38】挑选宠物

Prompt:

我想养一只猫,向我推荐一个猫的品种,我理想的宠物猫需要符合下面几个条件。

（1）不能掉毛太多。

（2）毛不能太长。

（3）活泼好动。

（4）粘人。

ChatGPT：

根据你的要求，以下是几个适合你的宠物猫品种。

（1）金吉拉猫：金吉拉猫是一种中型短毛猫，毛色为金色或银色，毛发柔软，不掉毛太多。金吉拉猫性格活泼好动，好奇心强，也非常粘人，适合与人互动。

（2）英国短毛猫：英国短毛猫是一种中型短毛猫，毛发柔软，不掉毛太多。英国短毛猫性格温和，活泼好动，对人友善，也很容易与其他宠物相处。

（3）美国短毛猫：美国短毛猫是一种中型短毛猫，毛色多样，毛发柔软，不掉毛太多。美国短毛猫性格活泼好动，好奇心强，也很容易与人相处。

（4）东奇尼猫：东奇尼猫是一种小型短毛猫，毛色多样，毛发柔软，不掉毛太多。东奇尼猫性格活泼好动，好奇心强，也非常粘人，适合与人互动。

需要注意的是，每个猫咪都有自己独特的个性和习性，即使是同一品种的猫咪也会有所不同，因此，当选择一只适合自己的猫咪时，最好先了解其品种特点，再根据自己的兴趣和生活条件做出选择。

除了让 ChatGPT 主动推荐之外，不妨反问一下 ChatGPT 如何挑选一只适合自己的猫。

【示例 6-39】挑选

Prompt：

我应该如何选择适合我的猫咪品种？

ChatGPT：

选择适合自己的猫咪品种需要考虑以下几个方面。

（1）宠物猫的性格特点：不同品种的猫咪性格各异，有的性格温和，有的性格活泼好动，有的性格独立等。选择适合自己的猫咪品种需要先了解其性格特点，再考虑自己的生活习惯和养宠物的经验。

（2）宠物猫的健康状况：选择猫咪时，需要选择身体健康、没有遗传疾病的猫咪。可以通过检查猫咪的眼睛、耳朵、毛发、牙齿等方面来判断猫咪的健康状况。

（3）宠物猫的活动需求：不同品种的猫咪需要的活动量不同，有些需要更多的活动，有些需要更多的休息时间。选择适合自己的猫咪品种需要考虑自己的生活安排和时间，是否能够提供足够的活动和休息时间。

（4）宠物猫的护理需求：不同品种的猫咪需要的护理和照顾也不同。一些品种需要更多的梳理和清洁，一些品种需要更多的护理和保健。选择适合自己的猫咪品种需要考虑自己的经验和能力，是否能够提供足够的护理和照顾。

综上所述，选择适合自己的猫咪品种需要综合考虑猫咪的性格特点、健康状况、活动需求和护理需求等方面，以及自己的生活安排和养宠物的经验和能力。同时，也需要遵守相关法律法规和道德规范，保护好宠物的健康和安全，不影响公共利益。

6.3.2 实例：宠物饲养

当小明开心地领养了一只小猫后，小明明白这意味着一段长期的相处即将开始。在新鲜劲儿过去后，更为重要的饲养阶段随之而来。猫与主人的友谊能持续多久，饲养环节尤为关键。对猫合理地进行饲养会直接影响猫咪的身心健康和性情，也会影响主人与猫之间感情的培养。小明需要为小猫精心准备食物和舒适的环境，保证它的营养与生活质量。还要学习如何照顾它，与它互动，观察它的兴趣，形成默契。只有付出时间和爱心，猫咪才能真正感受到家的温暖。可以说，良好的饲养关系直接关乎一段友谊能否长久。小明决不能因一时新鲜而选择猫咪作伴，却在关键时刻失约。小明明白，只有致力于认真负责的饲养，这份陪伴关系才能持续美好，让猫咪健康快乐。

【示例6-40】宠物饲养

Prompt：

如何正确喂食和照顾金吉拉猫？

ChatGPT：

金吉拉猫是一种非常特殊的猫种，需要特别的照顾和喂食。以下是一些正确喂食和照顾金吉拉猫的方法。

（1）饮食：金吉拉猫需要高质量的猫粮，最好是富含蛋白质的干猫粮。避免给金吉拉猫喂食人类食物，特别是含有巧克力、洋葱、大蒜等对猫有毒的食物。同时，确保金吉拉猫有足够的新鲜水供应。

（2）定时喂食：建立一个固定的喂食时间表，每天定时喂食金吉拉猫。避免过度喂食，根据金吉拉猫的体重和活动水平，控制每天的食物摄入量。

（3）注意体重：金吉拉猫容易变胖，所以要定期称量金吉拉猫的体重，并根据需要调整食物的摄入量。如果金吉拉猫超重，则可以咨询兽医师，根据建议制订一个减肥计划。

（4）提供适当的环境：金吉拉猫需要一个干净、安静、温暖的环境。提供一个舒适的猫窝或床，以供金吉拉猫休息和睡觉。

（5）定期洗澡和梳毛：金吉拉猫的毛发需要定期梳理，以防止打结和掉毛。根据需要，可以定期给金吉拉猫洗澡，但不要过于频繁，以免破坏皮肤的自然油脂。

（6）提供适当的运动：金吉拉猫是非常活跃的猫种，需要足够的运动和活动空间。提供一些猫玩具和攀爬架，以满足金吉拉猫的运动需求。

（7）定期兽医检查：定期带金吉拉猫去兽医那里进行健康检查，确保金吉拉猫的健康状况良好。及时接种疫苗和驱虫，预防疾病的发生。

总之，正确喂食和照顾金吉拉猫需要提供适当的饮食、环境、运动和医疗保健。与金吉拉猫建立良好的互动和关系，给予它们足够的关爱和关注。

在喂食方面，需要注意对猫狗来讲有些食物是严禁接触的，否则会对它们的健康造成伤害。例如狗不能吃巧克力，对猫来讲洋葱则是有毒的食物。要详细了解各种宠物不能吃的食物清单，严格控制它们的饮食范围。

同时，合理搭配饲料的种类与分量也非常关键。必须按照宠物的年龄、体型、健康状况等因素，科学配制食谱，提供均衡营养。如果饲喂过量或营养结构不当，则会导致宠物肥胖或营养缺乏。只有做到饲喂的全面规范与科学性，才能确保猫狗等宠物的身体素质得到最佳发展，拥有健康长寿的生活。作为饲主肩负着为这些可爱生灵正确饲养的重任。

这些都可以让 ChatGPT 帮助我们去了解及制订计划。

【示例 6-41】饲养计划

Prompt：

我应该如何确定金吉拉猫的适当喂食量？帮我做一个喂食计划，要考虑猫年龄的因素。

ChatGPT：

确定金吉拉猫的适当喂食量需要考虑多个因素，包括猫的年龄、体重、活动水平和健康状况。以下是一个基本的喂食计划，您可以根据具体情况进行调整。

（1）幼猫（2～6个月）：幼猫需要更多的营养来支持生长和发育。建议每天分 3～4 次喂食，每次喂食量约为幼猫体重的 4%～6%。

（2）青少年猫（6个月～1岁）：青少年猫的生长速度放缓，但仍需要足够的营养。每天分 2～3 次喂食，每次喂食量约为体重的 3%～4%。

（3）成年猫（1～7岁）：成年猫的能量需求相对稳定。每天分 2 次喂食，每次喂食量约为体重的 2%～3%。

（4）老年猫（7岁以上）：老年猫的代谢率可能会降低，需要更少的能量。每天分 2 次喂食，每次喂食量约为体重的 1%～2%。

需要注意，以上是一般的喂食指南，具体的喂食量还需要根据金吉拉猫的具体情况进行调整。如果您不确定，则建议咨询兽医师，根据金吉拉猫的体重、活动水平和健康状况来确定适当的喂食量。

此外，定期监测金吉拉猫的体重和身体状况，根据需要进行调整。如果金吉拉猫超重或者体重下降，则可能需要调整喂食量或者改变饮食习惯。记得始终提供新鲜的水，并定期清洗和更换食盆。

需要注意的是,金吉拉猫的喂食量和次数需要根据猫咪的具体情况和需求进行调整,建议定期检查其体重和健康状况,以确保其健康和幸福。

合理的饮食对宠物来讲固然重要,但在为它们精心配制美味饲料的同时,也切忌忽视营造良好的生活环境与空间。充足的活动场所和适宜的环境是宠物健康快乐的必要条件。

饲料只能提供营养,而良好的环境则能满足宠物的情感需求。在它们吃饱喝足后,宠物还需要一个可以舒展身体、充分玩耍的空间。例如,冲动活泼的犬类需要宽敞的活动区嬉戏;喜欢爬行的猫咪,则需要爬架和抓板等设施。充足的活动不仅能消耗体力、增强体质,也能消除宠物的焦虑与抑郁。

与此同时,环境的卫生也至关重要。定期清洁可以预防疾病减少过敏源,保证宠物的呼吸道健康。合理的温度、通风和采光更是必不可少的。

【示例6-42】生活环境

Prompt:

金吉拉猫的生活环境需要怎么搭建和维护?

ChatGPT:

金吉拉猫是一种活跃、好奇心强的猫种,它们需要一个安全、舒适和刺激的生活环境。以下是一些来搭建和维护金吉拉猫的生活环境的建议。

(1) 提供足够的空间:金吉拉猫需要足够的空间来活动和玩耍。提供一个宽敞的房间或者一个大型的猫树,让金吉拉猫有足够的空间来攀爬、跳跃和伸展身体。

(2) 提供攀爬架和玩具:金吉拉猫喜欢攀爬和探索,提供一个稳固的攀爬架或者多层次的猫树,让金吉拉猫可以攀爬和观察周围的环境。此外,提供一些玩具,如小球、猫钓鱼竿等,以刺激金吉拉猫的游戏和狩猎本能。

(3) 提供舒适的休息区域:金吉拉猫需要一个舒适的休息区域来放松和休息。提供一个柔软的猫窝或者床,放置在安静、温暖的地方,让金吉拉猫可以安心休息。

(4) 提供适当的猫砂盆:金吉拉猫需要一个干净、私密的猫砂盆。选择一个适合金吉拉猫大小的猫砂盆,并定期清理和更换猫砂。

(5) 定期梳理和护理:金吉拉猫的毛发需要定期梳理,以防止打结和掉毛。同时,定期检查和清理金吉拉猫的耳朵、眼睛和牙齿,保持它们的卫生和健康。

(6) 提供安全的室内环境:金吉拉猫是室内猫,需要一个安全的室内环境。确保窗户和阳台有安全网,以防止金吉拉猫跳出或者摔落。同时,移除室内的有毒植物和危险物品,确保金吉拉猫的安全。

(7) 提供适当的食物和水:金吉拉猫需要高质量的猫粮和新鲜的水。根据金吉拉猫的年龄和体重,提供适量的食物,并定期清洁和更换食盆和水盆。

总之,搭建和维护金吉拉猫的生活环境需要提供足够的空间、攀爬架、玩具、舒适的休息区域和安全的室内环境。定期梳理和护理金吉拉猫,并提供适当的食物和水。与金吉拉猫建立良好的互动和关系,给予它们足够的关爱和关注。

在与ChatGPT的交流中,当它提到猫树这个词时,笔者作为养过猫的人却颇感陌生。出于好奇,笔者进一步询问它"猫树"的含义。原来,这是爬架这个日常用品的专业称呼。通过追问,笔者学习到了新的知识,开阔了视野。的确,和ChatGPT的沟通往往能让笔者对一些生活细节有更深入的理解,这也成为笔者使用它的动力所在。在这个过程中,ChatGPT表现出了丰富的知识储备,以及耐心细致的解答能力。

6.3.3　实例：宠物健康

小明和小猫已建立了深厚的感情,而维系这份感情还有一个不可忽视的因素——小猫的健康。

良好的健康直接影响猫咪的生活质量,也影响与人的互动。当小猫精神饱满时,它会更加活泼可爱,让小明感受到养育的成就和快乐。相反,如果小猫体弱多病,则不仅会降低它的生活乐趣,小明在照料过程中也会更加烦恼和辛劳。在极端情况下,猫咪的离世也会给主人带来深重打击。可以说,小猫的健康状态直接关乎这段友谊的美好程度,所以小明必须高度重视如何预防疾病,通过营养、医疗、卫生等全方位手段,保证小猫拥有健康的身体。这是作为负责任养猫人的重要职责所在。

【示例6-43】健康问题

Prompt：

　　有哪些常见的金吉拉猫健康问题需要我关注?

ChatGPT：

　　金吉拉猫是一种相对健康的猫种,但仍然存在一些常见的健康问题需要关注。以下是一些常见的金吉拉猫健康问题及相应的预防措施。

　　(1)肥胖：金吉拉猫容易变胖,特别是如果饮食不当或缺乏运动。预防措施包括控制食物摄入量,提供高质量的猫粮,避免喂食人类食物,定期进行体重监测,并提供足够的运动和活动。

　　(2)尿路结石和感染：金吉拉猫容易患上尿路结石和感染。预防措施包括提供足够的水,定期清理猫砂盆,避免喂食过度浓缩的猫粮,定期进行尿液检查,并及时就医处理任何尿路问题。

　　(3)牙齿和口腔问题：金吉拉猫容易患上牙结石、牙龈炎等口腔问题。预防措施包括定期检查金吉拉猫的口腔健康状况,定期刷牙或提供适当的口腔护理,如使用牙齿清洁剂或提供适当的咀嚼玩具。

（4）遗传疾病：金吉拉猫可能患有一些遗传性疾病，如多囊肾病、心脏病等。预防措施包括选择来自健康血统的繁殖者，定期带金吉拉猫去兽医那里进行健康检查，以及时处理任何遗传疾病。

（5）呼吸道问题：金吉拉猫容易患上呼吸道感染或哮喘。预防措施包括提供清洁的空气环境，避免烟雾和有害气体，定期清理猫窝和猫树，以及时就医处理任何呼吸道问题。

（6）眼睛问题：金吉拉猫容易患上眼部感染、结膜炎等眼睛问题。预防措施包括定期检查金吉拉猫的眼睛健康状况，定期清洁眼部，避免使用刺激性的清洁剂，以及时就医处理任何眼睛问题。

需要注意，以上列举的是一些常见的金吉拉猫健康问题和相应的预防措施，但并不代表所有金吉拉猫都会患上这些疾病。定期带金吉拉猫去兽医那里进行健康检查，以及时处理任何健康问题，并提供良好的饮食、环境和护理，可以帮助金吉拉猫保持健康和幸福。

人们常说健康来自运动，这句谚语同样适用于活泼的猫咪。想让小猫健康快乐成长，仅仅依靠合理饮食是不够的，运动也是必不可少的一环。适量的运动可以增强猫咪的体质，提高新陈代谢，强健心肺功能。爬行跳跃在猫咪的基因中已然深植，充分舒展身体更能满足它们的本能需求。主人可以设置爬架、悬挂玩具，开辟活动区域，陪它频繁活动玩耍。让猫咪每天既饱含营养又充满活力地度过，运动就是其中的重要一环。

【示例6-44】运动

Prompt：

从宠物健康角度出发，猫每天需要运动吗？如果需要，则举几个实际的例子。

ChatGPT：

是的，猫每天需要一定的运动来保持身体健康和心理活跃。运动可以帮助猫消耗能量、维持体重、增强肌肉、促进循环系统和消化系统的健康。以下是几个实际的例子，可以帮助猫进行运动。

（1）猫玩具：提供一些猫玩具，如小球、猫钓鱼竿、猫爪板等，可以激发猫的狩猎本能，让它们追逐和捕捉玩具，从而进行一定的运动。

（2）互动游戏：与猫进行互动游戏，如使用激光笔或者玩具与猫互动，让猫追逐光点或者玩具，这可以提供一定的运动量和刺激。

（3）攀爬架和猫树：提供一个稳固的攀爬架或者多层次的猫树，让猫可以攀爬、跳跃和伸展身体，这可以提供一定的运动和活动空间。

（4）定期散步：如果你的猫习惯外出，则可以考虑使用猫背包或者猫链带它们出门散步，这样可以提供更大的运动空间和刺激。

（5）飞盘游戏：使用适合猫的飞盘，与猫进行飞盘游戏，让猫追逐和抓住飞盘，这可以提供一定的跑动和跳跃运动。

需要注意,每只猫的运动需求可能有所不同,根据猫的年龄、体重和健康状况,以及猫的个体喜好和能力,适当调整运动量和方式。同时,确保提供一个安全的运动环境,避免猫受伤或者逃跑。如果您有任何疑问或者需要更具体的建议,则建议咨询兽医师。

与猫咪一起运动也需要掌握好运动量的大小,既不能过度,也不能太少。可以继续请教ChatGPT这方面的意见,了解适合猫咪运动的方式与时长。只要运动强度适中,就可以增强猫咪的体质,让它拥有充沛的精力,与猫咪建立起健康快乐的运动生活。

【示例6-45】运动量

Prompt:

如何判断猫的运动量是否适宜?

ChatGPT:

判断猫的运动量是否适宜需要考虑以下因素。

(1)年龄:不同年龄段的猫,对运动量的需求也不同。一般来讲,年轻的猫需要更多的运动,而老年猫则需要适当减少运动量。

(2)品种:不同品种的猫,其活动量也不同。一般来讲,较活跃的品种(如孟加拉猫、暹罗等)需要更多的运动,而较文静的品种(如波斯猫、英国短毛猫等)则需要较少的运动。

(3)健康状况:猫的健康状况也是影响其运动量的因素之一。一些患有肥胖、心脏疾病、关节炎等疾病的猫需要适当地减少运动量。

根据以上因素,可以判断猫的运动量是否适宜。一般来讲,猫每天都需要进行适量运动,如攀爬、奔跑、玩耍等,这对猫的健康非常重要。如果猫出现以下迹象,则说明它的运动量可能不足或过多。

(1)肥胖:如果猫的体重过重,则可能是因为缺乏运动。

(2)焦躁不安:如果猫表现出焦躁、不安或破坏行为等,则可能是因为缺乏足够的运动。

(3)懒散:如果猫的活动量明显减少,则可能是因为缺乏足够的运动。

(4)呼吸急促:如果猫在运动时呼吸急促或出现气喘,则可能是因为运动量过大。

总之,判断猫的运动量是否适宜需要根据猫的年龄、品种和健康状况等因素进行综合考虑,不要过度运动或缺乏运动,以保证猫的健康和幸福。

6.3.4　实例:宠物训练

在与宠物相处的过程中,给予它适当的训练,可以让宠物养成更文明宜人的生活习惯,也能更好地适应家庭生活。例如,训练狗狗掌握如厕的方式和地点,养成不乱叫唤、不随地大小便的习惯。训练猫咪不抓家具,明确可以抓抓板等。可以就宠物训练方面咨询ChatGPT,ChatGPT可以根据动物习性推荐合理、有效而不伤害情绪的训练方法。还可以就如何开发宠物的智力、增强与主人的关系等问题请教它专业的意见。

【示例6-46】生活习惯

Prompt：

如何训练宠物养成良好的生活习惯？

ChatGPT：

训练宠物猫养成良好的生活习惯需要耐心和恒心，以下是一些方法。

（1）提供适当的猫树和猫砂盆：猫树是猫咪攀爬和休息的地方，猫砂盆则是猫咪排泄的专用场所。为猫提供适当的猫树和猫砂盆可以让它们养成良好的生活习惯。

（2）奖励正面行为：当猫咪表现出良好的行为时，以及时给予奖励，例如口头表扬、奖励零食等。这样可以让猫咪明确知道哪些行为是正确的，从而更容易养成良好的习惯。

（3）限制不良行为：当猫咪展示出不良行为时，需要及时制止。例如，当猫咪乱抓家具时，可以用"不行"等语言制止它，并将它的注意力转移到猫树上。

（4）提供适当的玩具：猫咪需要适当的玩具来消耗精力和锻炼身体。为猫咪提供丰富多样的玩具可以让它们养成良好的习惯，并减少不良行为的发生。

（5）定期健康检查：定期带猫咪去兽医那里进行健康检查，可及早发现和预防潜在的健康问题。保持猫咪健康，也有助于养成良好的生活习惯。

需要注意的是，训练宠物猫养成良好的生活习惯需要时间和耐心，不能期望它们立刻改变行为。同时，也需要避免使用惩罚来训练宠物，因为这可能导致宠物产生负面情绪，破坏它们与主人的关系。

对于某一种不良行为可以请教ChatGPT具体的解决办法，例如宠物猫最常见的情形就是抓破家具。这令很多宠物主人很头痛。

【示例6-47】训练

Prompt：

有没有什么方法可以让猫不乱抓家具？

ChatGPT：

有的，有一些方法可以让猫不乱抓家具。

（1）提供适当的爪磨板：为猫提供适当的爪磨板，让其在上面刨挖和抓挠，以满足其天性和需要。这样可以减少猫乱抓家具的情况。

（2）喷洒猫草素：将猫草素喷洒在猫喜欢抓挠的家具上，猫会被草药的气味吸引，从而选择在指定的区域抓挠，而不是破坏家具。

（3）遮盖喜欢抓的区域：使用透明的双面胶纸或遮盖喜欢抓挠的区域，如沙发的角落，让猫不易抓挠，从而减少破坏家具的情况。

（4）剪去指甲：为猫剪去指甲，使其无法对家具造成损坏，但是，需要注意的是，这种方法可能会影响猫的自然行为和自卫能力，应该在兽医的指导下进行。

（5）注意猫的心理健康：猫可能会因为焦虑、无聊等原因而乱抓家具，因此需要关注猫的心理健康，提供足够的活动和娱乐，以减少其乱抓家具的情况。

总之，让猫不乱抓家具需要采取综合的措施，包括提供适当的爪磨板、使用草药吸引猫、遮盖喜欢抓挠的区域等，同时需要关注猫的心理健康，提供足够的活动和娱乐。

对于猫抓来抓去的行为笔者是有点了解的，这是因为猫指甲长了，需要剪指甲。给猫剪指甲是一件很危险的事情，搞不好就会被挠两下。

【示例6-48】训练注意事项

Prompt：

如果我想剪猫的指甲，应该如何安全地进行？

ChatGPT：

剪猫的指甲需要注意安全问题，以下是一些建议。

（1）准备工具：准备一把专门用于剪猫指甲的剪刀，以及一些止血粉和棉球等，以备不时之需。

（2）熟悉猫的指甲：在剪猫的指甲之前，先熟悉猫的爪子结构和血管位置，避免误伤猫的血管和神经。

（3）让猫放松：在剪猫的指甲之前，可以给猫按摩、梳毛等，让其放松，减少猫的抵触情绪。

（4）利用分心：在剪猫的指甲时，可以利用分心的方法，如用食物、玩具等分散猫的注意力，然后再剪。

（5）逐个剪：在剪猫的指甲时，一次只剪一个指甲，先剪前指甲，然后剪后指甲，避免一次剪完所有指甲，引起猫的不适和恐惧。

（6）剪去适当长度：在剪猫的指甲时，只需剪去适当长度，不要剪得过深，以免损伤猫的血管和神经。

（7）注意止血：如果不小心剪伤了猫的血管，则应立即用止血粉和棉球等进行止血，如果伤口较大，则应及时就医。

需要注意的是，猫的指甲是其自卫和攀爬的重要工具，剪猫的指甲应该适度，不要影响猫的正常生理和心理行为。如果不确定如何剪猫的指甲，则建议咨询兽医或专业宠物护理人员。

6.4 ChatGPT 帮你做一份减肥计划

6.4.1 实例：分析自身指标

在进行身体塑形或减肥的过程中，也可以请教 ChatGPT 提供专业的意见和方案。可以先告知它自己的身高体重、目标体重、饮食习惯等信息。ChatGPT 会根据这些数据，制订一个科学合理的饮食和运动计划，既能快速减肥，也不会对身体造成伤害。如果在执行的过程中遇到问题，则可以详细描述情况，让 ChatGPT 进行调整或提供解决办法。

借助 ChatGPT 丰富的健身知识，可以使操控体重更加得心应手。它会根据具体需求，制定个性化的减肥策略，以便安全而有效地达成体重管理目标。

【示例6-49】指标

Prompt：

在减肥之前，我想先分析一下自身指标，以及我应该定哪些减肥指标，因为我想健康地减肥。

ChatGPT：

非常好，在开始减肥之前，对自身指标进行分析是非常重要的，这可以帮助您了解自己的身体状况，并制订一个适合自己的健康减肥计划。

以下是一些可以考虑的指标。

(1) 体重和身高：测量体重和身高可以计算出您的 BMI(身体质量指数)，这是一个评估您体重是否偏高或偏低的指标。

(2) 体脂率：除了体重以外，了解您的体脂率也很重要。体脂率是指您身体中脂肪组织占总体重的百分比。通过测量体脂率，您可以了解自己的身体组成，并判断自己是否需要减脂。

(3) 腰围：腰围是一个评估腹部脂肪堆积程度的指标。腰围超过一定的范围可能会增加患心脏病、糖尿病等疾病的风险。

(4) 血压：高血压是一个常见的健康问题，它与肥胖有很大关系。了解自己的血压情况可以帮助您了解自己的健康状况。

(5) 血糖和胆固醇水平：高血糖和高胆固醇水平也可能与肥胖有关。了解自己的血糖和胆固醇水平可以帮助您了解自己的风险，并采取相应的措施进行管理。

除了以上指标，您还可以考虑测量自己的运动能力、心肺健康等其他指标。在制订减肥计划时，除了考虑减肥目标体重外，还应该考虑您的健康指标，例如 BMI、腰围、血压、血糖和胆固醇水平等指标是否处于正常范围。制订健康减肥计划时，您可以咨询医生或营养师的意见，以确保您的计划是健康和可持续的。

"身体质量指数(BMI)"这个名词对笔者来讲颇为陌生。面对未知的专业术语,可以请教 ChatGPT 进行解释。

【示例 6-50】运动知识储备 1

Prompt:

　　BMI 是什么?

ChatGPT:

　　BMI 是身体质量指数(Body Mass Index)的缩写,也被称为身体质量指数或体重指数。它是一种常用的衡量体重与身高关系的指标,用于评估一个人的体重是否正常、过轻或过重。

　　BMI 的计算公式是体重(千克)除以身高(米)的平方。具体计算步骤如下:

　　(1) 将体重以千克为单位除以身高以米为单位的平方。

　　(2) 得出的结果即为 BMI 值。

　　根据世界卫生组织(WHO)的分类标准,BMI 可以被分为以下几个范围。

　　— BMI 小于 18.5:体重过轻。

　　— BMI 介于 18.5 至 24.9:体重正常。

　　— BMI 介于 25 至 29.9:超重。

　　— BMI 大于或等于 30:肥胖。

　　需要注意的是,BMI 只是一个大致的指标,不能完全反映一个人的健康状况。它没有考虑到体脂肪和肌肉的比例,因此对于一些特殊人群,如运动员或肌肉发达的人,BMI 可能会高于正常范围,但并不代表他们肥胖或不健康。

　　虽然 BMI 有一定的局限性,但它仍然是一个常用的指标,可以作为初步评估体重状况的参考。如果您对自己的体重和健康状况有疑问,则最好咨询医生或专业的健康专家,以获取更准确和个性化的评估和建议。

　　笔者平时很少听到这些健身专业术语,更需要一个贴近日常生活的通俗解释。相比复杂的 BMI 计算公式,我其实只想知道作为普通人,如何判断自己的身体状况是否合理就可以了。

　　ChatGPT 完全可以用简单易懂的语言进行讲解。它可以避免使用太多专业名词,而是告诉我按自己的身高体重情况,是否已经处于健康的范围内。如果可以给出一个形象的比喻来描述不同 BMI 代表的身体状态就更好了。

　　我不需要复杂的知识,只要几句话让我大致弄清楚自己身体质量的合理性即可。

【示例 6-51】运动知识储备 2

Prompt:

　　用形象的比喻来描述 BMI 健康状态,并且我现在的身高为 175cm、体重为 65kg,指出我属于哪种状态?

ChatGPT：

　　好的，让我用更简单的方式来描述。

　　假设您的身体是一辆汽车，BMI 就像是您的油表。它可以帮助您了解自己身体的状况，以及是否处于健康的状态。

　　根据您提供的身高和体重信息，可以计算出您的 BMI 值。根据世界卫生组织（WHO）的标准，BMI 在 18.5 至 24.9 被认为是正常范围。

　　根据您的身高 175cm 和体重 65kg，可以得出您的 BMI 值为 21.2。这意味着您的身体质量指数在正常范围内，您的身体状态良好，属于健康状态。

　　在健康的状态下减肥更多是对于身材的不满意，那么平常运动方面只需根据摄入食物作为参考标准进行锻炼，ChatGPT 可以根据吃的东西给出一个大致的热量范围，根据这个热量范围可以更好地定制运动量。

【示例 6-52】热量

Prompt：

　　如果我晚饭吃了一根冰激凌，我想晚上通过跑步来抵消这根冰激凌的热量，我应该跑多久？我是一名 30 岁健康男性，身高为 175cm、体重为 65kg。

ChatGPT：

　　要计算跑步需要多久才能抵消一根冰激凌的热量，需要知道冰激凌的热量和您的身体状况。假设一根冰激凌的热量约为 200 卡路里，可以使用以下公式来估算跑步所需的时间：

$$消耗的卡路里＝体重（千克）×距离（千米）×每千米消耗的卡路里$$

　　根据一般的估算，跑步每千米消耗的卡路里大约为体重（千克）×0.8。在您的情况下，体重为 65kg，所以每千米消耗的卡路里约为 52。

　　假设您想要消耗掉一根冰激凌的 200 卡路里，可以进行如下计算：

$$200 卡路里＝65kg×距离（千米）×52$$

　　解这个方程，可以得出距离（千米）约为 0.059 千米。

　　因此，为了抵消一根冰激凌的热量，您需要跑大约 0.059 千米。需要注意，这只是一个估算值，实际消耗的热量可能会因个体差异和跑步强度的不同而有所变化。另外，跑步时需要确保自己的身体状况和健康状况良好，并根据自己的能力和舒适度来安排运动计划。

6.4.2　实例：制订减肥方案

　　在详细分析了自己的身高、体重等数据后，明确自己与标准身材的差距，接下来就需要制订针对自身情况的减肥运动计划了。相比固定模式的训练，一个量身定制的方案可以更高效地帮助笔者实现体型管理目标。下面将让 ChatGPT 根据笔者的具体情况，设计一个个性化的减肥训练计划。

【示例 6-53】定制计划

Prompt：

我的健康状态还不错,肚子上有一些赘肉,目前身高为 175cm,体重为 65kg,我想减到 55kg,我需要进行哪些类型的运动?

ChatGPT：

要减掉赘肉并达到目标体重,您需要进行有氧运动和力量训练。以下是一些建议的运动类型。

(1) 快走或慢跑:这是一种简单而有效的有氧运动,可以帮助您燃烧脂肪并减掉赘肉。每周进行 3~5 次,每次 30~60min。

(2) 游泳:游泳是一种全身性的有氧运动,可以增强心肺功能并减少身体脂肪。每周进行 2~3 次,每次 30~60min。

(3) 高强度间歇训练:高强度间歇训练结合了高强度运动和短暂休息,可以帮助您燃烧更多脂肪并提高代谢率。每周进行 2~3 次,每次 15~30min。

(4) 质量训练:通过哑铃、杠铃或自身质量进行力量训练,可以增加肌肉质量,提高新陈代谢,并帮助您减掉赘肉。每周进行 2~3 次,每次 30~45min。

此外,还要注意饮食方面的控制,保持均衡的饮食,控制热量摄入,并确保摄入足够的蛋白质、蔬菜和水果。最好咨询专业的健身教练或营养师,以制订适合个人情况的运动和饮食计划。

ChatGPT 之前给出的健身计划在日常执行中存在一定难度。为获得一个更贴合自身情况的方案,笔者需要提供更详细的个人信息,让 ChatGPT 可以据此提供建议。笔者会告知它笔者的身体条件、作息时间、家居环境限制等日常实际情况。ChatGPT 就可以综合这些信息,设计一个既科学有效,又能融入笔者生活的运动方案。

【示例 6-54】量身定制运动计划

Prompt：

我每周可以锻炼 3 次,每次 45min,我只有一个哑铃和一根阻力带。我的目标是增强肌肉并减少脂肪。

ChatGPT：

如果您每周可以锻炼 3 次,每次 45min,只有一个哑铃和一根阻力带,则以下是一些适合您的锻炼建议。

(1) 全身性训练:选择一些全身性动作,如深蹲、俯卧撑、仰卧起坐、哑铃划船、单腿硬拉等,可以帮助您锻炼全身肌肉,并且可以通过阻力带的不同位置和哑铃的不同质量来增加难度。

（2）高强度间歇性训练（HIIT）：HIIT是一种高效的有氧和肌肉训练方式，可以帮助您减少脂肪并增强肌肉。您可以选择一些高强度的运动，如深蹲跳、俯卧撑跳、哑铃推举、绳索跳等，进行30～60s的高强度运动，然后休息15～30s，重复进行3～4组。

（3）阻力带训练：阻力带是一种非常适合进行肌肉训练的工具，您可以选择一些针对特定肌群的动作，如坐姿拉伸、站姿弯举、踢腿等，通过不同的阻力带颜色和张力来增加难度。

（4）有氧运动：有氧运动可以帮助您减少脂肪，并且对心血管健康也有益，例如快走、慢跑、跳绳等。您可以选择一些有氧运动，每次进行20～30min，并且注意将心率保持在适当的区间内。

（5）伸展和放松：在锻炼结束后，进行适当的伸展和放松可以帮助您缓解肌肉疲劳和紧张，并且有助于促进身体恢复。您可以选择一些伸展动作，如俯身前屈、蝴蝶式、仰卧腿部伸展等。

总之，只有一个哑铃和一根阻力带也可以进行全面的肌肉训练和有氧训练。您可以根据自己的需求和身体状况选择不同的训练方式，并逐渐增加难度和强度，以逐步实现减肥和增强肌肉的目标。

作为锻炼的新手，使用正确的动作形式尤为重要。除了观看视频教程外，也可以向ChatGPT咨询，获取更为详尽和针对性的动作说明。可以描述自己想要学习的具体运动，ChatGPT会用通俗易懂的语言详细解说每个动作的技巧要点和注意事项，例如站姿、呼吸方法、肢体摆放等。如果对某个动作不太明白，则可以询问更具体的问题。

【示例6-55】运动细节

Prompt：

阻力带坐姿拉伸的标准姿势是怎样的？有哪些技巧及注意事项？我没有健身相关的专业知识，请通俗一些讲解。

ChatGPT：

当进行阻力带坐姿拉伸时，以下是一些标准姿势、技巧和注意事项。

（1）坐姿：坐在地上或瑜伽垫上，双腿伸直并并拢，脚尖朝上。保持身体挺直，背部不要弯曲。

（2）阻力带选择：选择适合您的阻力带。初学者可以选择较轻的阻力带，随着适应和增强，逐渐增加阻力。

（3）带子固定：将阻力带固定在您的脚底下，确保带子紧贴脚底。可以将带子绕过脚底，然后交叉在脚背上，再将两端握在手中。

（4）拉伸动作：双手握住阻力带的两端，手臂伸直。慢慢向前弯腰，同时用阻力带带动脚尖向身体方向拉伸。保持身体挺直，不要弯曲腰背或弯曲膝盖。

（5）拉伸程度：在达到舒适的伸展程度后，保持姿势 15～30s。您应该感到轻微的拉力，但不要过度用力或感到疼痛。逐渐放松肌肉，深呼吸放松身体。

（6）控制呼吸：在拉伸过程中，保持正常的呼吸。深呼吸可以帮助您放松身体和肌肉。

（7）注意安全：避免突然用力或快速拉伸，以免造成拉伤或肌肉拉伤。如果您有任何健康问题或疑虑，则请咨询专业的健身教练或医生。

记住，因为每个人的身体状况和灵活性不同，所以要根据自己的感觉和舒适度来调整拉伸的强度和时间。逐渐增加拉伸的时间和强度，但不要过度用力或拉伸到疼痛的程度。

6.4.3　实例：制订饮食计划

减肥时控制饮食对许多人来讲是一大挑战，因为要放弃许多美味食物。这时 ChatGPT 可以发挥重要作用。它会先了解你的口味偏好和饮食习惯，例如平时爱吃的食物有哪些，单日饮食摄入量大概是多少。了解你的喜好后，ChatGPT 可以据此制定一个既符合健康又不牺牲口感的饮食方案。这样在享受美食的同时，也可以顺利地达到身材管理的目的。

【示例 6-56】饮食计划

Prompt：

　　你是一位专业营养师，可以帮助想要减肥的人制定膳食计划。你的工作是为想要尝试间歇性禁食的人制订膳食计划。该计划需要考虑每周 7 天、每周 500 元的食物预算及最少的烹饪时间。以降价顺序呈现此膳食计划。

ChatGPT：

　　以下是一周的间歇性禁食膳食计划，考虑到每周 7 天、每周 500 元的食物预算及最少的烹饪时间。此计划提供了平衡的营养，旨在帮助您减重并提高健康水平。

　　星期一：

　　早餐：燕麦片、葡萄干和杏仁

　　午餐：鸡肉沙拉（鸡肉、生菜、胡萝卜、黄瓜、番茄、沙拉酱）

　　晚餐：煎三文鱼、蒸青豆、烤红薯

　　零食：葡萄、坚果

　　（略）

　　星期日：

　　早餐：燕麦片、葡萄干和杏仁

　　午餐：烤鸡肉、烤蔬菜、糙米饭

　　晚餐：煮鳕鱼、烤蔬菜、糙米饭

　　零食：柑橘水果、坚果

　　此膳食计划的总体成本约为每周 500 元，每天平均烹饪时间不到 30 分钟。需要注意，食物价格和烹饪时间可能因地区和市场变化而有所不同。此外,每个人的能量需求和身体状况不同,因此请在尝试此计划之前,先咨询专业营养师的意见。

在健身过程中,可能会遇到在原定的膳食计划中,某些食物或者营养成分并不符合自己的口味偏好,这时可以向 ChatGPT 提出调整需求。另外,如果在训练过程中需要设置一些新的饮食限制,则可以告知 ChatGPT。它会根据这些新的情况和要求,利用丰富的饮食知识对膳食计划进行修改和优化,直到使之完全契合用户的口味和实际需求,所以知道哪些食物是需要避免的更重要一些。

【示例 6-57】避免饮食类型

Prompt:

　　哪些食物应该避免?

ChatGPT:

　　在减肥期间,应该尽量地避免以下高热量的食物。

　　(1) 高糖饮料:含糖饮料和果汁等饮料的热量很高,而且不太会产生饱腹感,容易导致过度摄入热量。建议选择低热量、无糖的饮料,例如水、茶和咖啡。

　　(2) 油炸食品:油炸食品通常含有很高的热量和脂肪,例如薯条、鸡翅、洋葱圈等。建议选择烤、蒸、煮等低脂肪的烹饪方式,例如烤鸡胸肉、蒸鱼等。

　　(3) 糖果和巧克力:糖果和巧克力含有大量的糖和脂肪,热量很高。建议选择含有较低糖分和脂肪的水果、坚果、酸奶等。

　　(4) 蛋糕和甜点:蛋糕和甜点通常含有很高的糖分和脂肪,热量很高。建议选择低糖和低脂肪的替代品,例如水果沙拉、酸奶配坚果等。

　　(5) 高脂肪肉类:高脂肪的肉类,例如猪肉、牛肉等,含有很高的热量和饱和脂肪,摄入过多会增加心血管疾病的风险。建议选择低脂肪的肉类,例如鸡、鱼等。

　　需要注意,以上是高热量的食物示例,但是要保证身体的健康需求,不能完全避免它们,适量且合理地控制它们的摄入量是非常重要的。在任何饮食计划中都应该确保摄入足够的营养物质和能量,以满足身体的需要。

然而总会有嘴馋时,实在忍不住嘴馋时,需要找一些替代品当零食给自己肚子一个安慰。

【示例 6-58】饮食替代品

Prompt:

　　高热量食物的低热量替代品有哪些?

ChatGPT:

　　以下是一些高热量食物的低热量替代品。

（1）以蔬菜代替淀粉类食物：将淀粉类食物（如米饭、面包、马铃薯等）替换为蔬菜，例如花菜米、菜花饭、红薯、南瓜等，这些蔬菜不仅热量低，而且富含纤维和维生素。

（2）以低热量饮料代替高热量饮料：高热量饮料（如甜饮料、果汁等）可以考虑用低热量饮料替代，例如水、无糖茶、咖啡等。

（3）以水果代替糖果和甜点：糖果和甜点往往高热量、高糖分，可以用水果替代，例如苹果、橙子、葡萄、草莓、蓝莓等，这些水果不仅热量低，而且富含维生素和纤维。

（4）以低脂肪乳制品代替高脂肪乳制品：高脂肪乳制品含有很高的热量和脂肪，可以选择低脂肪乳制品替代，例如脱脂牛奶、低脂酸奶等。

（5）以低脂肪肉类代替高脂肪肉类：高脂肪肉类（如猪肉、牛肉等）含有很高的热量和饱和脂肪，可以选择低脂肪肉类替代，例如鸡肉、火鸡肉、鱼肉等。

需要注意，以上替代品只是示例，选择替代品需要根据自己的口味和身体状况进行合理搭配。在任何饮食计划中都应该确保摄入足够的营养物质和能量，以满足身体的需要。

第 7 章

ChatGPT 构建你的梦想产品

　　理科生的求知热情常使人对身边事物饱含无限好奇与创造欲。一个理想主义的科学家梦会驱动他们时刻想要改造身边事物,为生活增添智能与便利。

　　笔者也曾有过这样一个小发明家的梦想。每当看到家中各种各样的家电产品,总想拿起工具箱进行改造和创新,就像儿时憧憬的科学家一样。我渴望通过自己的设计思维,使生活中的种种事物变得更加人性化和有趣。小时候的你是否有时会想象很多天马行空的创意,很多年之后发现生活中科技的进步往往都朝着科幻片的方向发展,人无法创造出超出自身想象的东西。我小时候等公交车时就很想发明一款车站牌,这样人们在等车时就可以知道他要等的公交车距离自己还有多远,而不是反复地观望车来的方向。这个灵感也被埋没在青春的洪流中,但是随着科技的发展,目前生活中用户可以通过很多手机应用看到公交车的位置,给等公交车的用户带来了心理上的预期。

　　一个灵感创意距离现实拥有着非常巨大的鸿沟,拿上述公交车的案例来讲,如果要落地这个创意,则可能要搞定的环节包括软件应用、硬件设备、营销、运营、资质等。现实生活中的执行过程一定会比这几个环节多好几倍。虽然这并不是一个等公交车的学生可以做到的事情,但如果那时候的我知道把梦想照进现实需要怎样的过程,则什么样的事情都有可能在那个等公交的少年身上发生。

　　ChatGPT可以让你的创意不必像我一样落空,当你有了一个又一个灵感后,ChatGPT可以让灵感变为一个商业创意,让一个灵感与现实之间架起桥梁。

7.1　实例：创意产品

　　本节要改进的产品是扫地机器人,扫地机器人是前几年比较火热的一款产品,它的作用体现在名字当中。

　　首先简单介绍扫地机器人,扫地机器人广受欢迎的关键在于其智能化的自动清扫能力。扫地机器人大多使用圆形设计,圆形可以比较方便地穿行避障、减少堵塞。除了扫地功能后续也出过一些扫地擦地集成在一起的型号。主要宣传点在于集成了很多智能化的能力,例如规划路径、自动避障、自动充电等。我认为路径规划及避障并不算宣传点,这只属于基础能力,如果没有这两项就根本没有办法使用这款产品。在后续发展中,各大扫地机器人公司将目标放在了拖地方向,再往后不知道是不是可以自动铺地板。肯定有人不喜欢这样的发展形式,它虽然更贴近生活,但是偏离了创意轨道,在一款产品中添加了各种算法传感器只是为了扫地面,而且只能是地面。我曾经一度以为路径规划和自动避障这两项能力可以对标一下无人驾驶,当然这只是一个玩笑,我认为扫地机器人的身上可以承载更多的功能,于是我有了一个灵感,让扫地机器人不仅局限在地面上。

【示例 7-1】创意

Prompt:

我想创建一个扫地机器人,在上方安装两个机械臂,你按照我的想法延展一下。

ChatGPT:

如果你想在扫地机器人上方安装两个机械臂,则可以进一步延展以下想法。

(1)多功能清洁:通过安装机械臂,扫地机器人可以具备更多的清洁功能。例如,机械臂可以配备刷子或拖把,用于清洁墙壁、天花板或其他难以到达的区域。机械臂还可以搭载喷水装置,用于清洗地板或其他表面。

(2)物品搬运:机械臂可以用于搬运物品。扫地机器人可以配备抓取器,用于搬运杂物、垃圾或其他物品。这样,机器人不仅可以清扫房间,还可以帮助用户搬运轻便的物品,提供更多的便利。

(3)家居助手:机械臂可以具备更多的功能,使扫地机器人成为家居助手。例如,机械臂可以配备摄像头,用于监控家庭环境。机械臂还可以搭载语音助手,与用户进行交互,提供日程提醒、天气预报等信息。

(4)自定义模块:机械臂可以设计成可拆卸的模块,用户可以根据需要更换不同的功能模块。例如,可以安装一个抓取模块,用于搬运物品,然后更换为喷水模块,用于清洗地板。这样,用户可以根据实际需求自定义机器人的功能。

(5)智能识别:机械臂可以配备视觉识别技术,用于识别不同的物体或场景。这样,机器人可以根据识别结果自动调整机械臂的动作,实现更精确的清洁或搬运操作。

需要注意的是,安装机械臂会增加扫地机器人的复杂性和成本。在设计过程中,需要考虑机械臂的稳定性、控制系统、能源供应等方面的问题。此外,还需要确保机械臂的操作安全,避免对人或物造成伤害。综合考虑这些因素,可以设计出一款功能丰富、安全可靠的扫地机器人。

ChatGPT 给出了非常棒的想法,说明如果给扫地机器人安装上机械臂,则它的功能和用途将大大扩展。

居家的摄像头本就是用于监控的,如果它可以安装在扫地机器人上,就相当于家里多了一个可以巡逻的"保安"。这不仅能实时探测家中的异常情况,还可以在外出时远程监控家里,提高居家安全。

如果在扫地机器人上可以更换自定义的模块,例如将机械臂位置替换为一个智能音箱,它就成了一个可以随时播放音乐的移动音响。这样一来,无论在家的哪个角落都可以随时享受到音乐带来的乐趣。

机械臂的加入也可以大大提升扫地机器人的清洁能力。它不仅可以扫地,还可以清洁一些较高的位置,如踢脚线、桌椅腿部等,把地上的较大垃圾移动到垃圾桶里,或者将掉在地上的衣物捡起后放进衣篓。它甚至可以在灰尘收集盒装满后,用机械臂自己将其倒空。

可以看出,机械臂为扫地机器人提供了巨大的想象空间。它将使扫地机器人的功能从单一的清洁,扩展至监控、音乐、分类垃圾处理等,成为一个真正的"家政多面手"。这些创新的设想为未来扫地机器人的发展提供了很好的方向。

具体的细节可以与 ChatGPT 详细沟通,例如上述的自定义模块,我有更好的想法。

【示例 7-2】创意细节 1

Prompt:

关于自定义模块,我想在机器人的充电仓中加上自动更换机械臂功能,这样就不用用户手动更换了。

ChatGPT:

这是一个很有创意的想法!通过在机器人的充电仓中加入自动更换机械臂功能,可以实现更方便和自动化的操作。以下是一些关于自动更换机械臂的思路。

(1)设计机械臂存储系统:在充电仓中设计一个机械臂存储系统,可以容纳多个机械臂。这个系统可以有一个旋转或滑动的机制,以便将不同的机械臂移动到适当的位置。

(2)自动识别机械臂:为了实现自动更换机械臂,可以在机械臂和充电仓中添加识别装置,如 RFID 标签或传感器。这样,机器人可以识别当前安装的机械臂,并根据需要进行更换。

(3)机械臂更换机制:设计一个机械臂更换机制,可以自动地将机械臂从存储系统中取出并安装到机器人上。这个机制可以包括机械臂夹持装置、定位装置和连接装置等。

(4)自动校准和测试:在更换机械臂后,机器人可以进行自动校准和测试,以确保新安装的机械臂正常工作。这可以包括检测机械臂的运动范围、传感器的准确性等。

(5)用户界面和控制:为了方便用户操作,可以在机器人上添加一个用户界面,用户可以通过界面选择需要的机械臂,并触发自动更换过程。此外,还可以提供远程控制功能,让用户可以通过手机或其他设备远程控制机器人的机械臂更换。

需要注意,这个自动更换机械臂的功能需要仔细的设计和工程实现。涉及机械结构、电子控制、传感器技术等多个方面的知识和技术,因此,在实施之前,建议进行详细研究和测试,以确保系统的可靠性和安全性。

ChatGPT添加了很多充电仓更换机械臂的细节,模块化结构使扫地机器人的扩展能力更强,机械臂更换仓可以看到设计与工程实现需要高昂的成本,可以提前考虑在后续产品设计中设计一套人为更换方案,这样没有机械臂更换仓的产品套装的性价比会更高一些,推出不一样版本的几款产品,也是各行业目前的通用做法,以便将目标用户的范围扩大。

机械臂的种类可以想象是多种多样的,配合不同能力会有不一样的使用场景,通过ChatGPT可以提前调研一下。

【示例7-3】创意细节2

Prompt:

关于扫地机器人机械臂的种类可以有哪些可能?

ChatGPT:

有许多种可能的机械臂类型可以用于扫地机器人。以下是一些常见的机械臂类型。

(1)抓取式机械臂:这种机械臂设计用于抓取和拾取物体。它通常具有多个关节和夹持器,可以灵活地移动和抓取不同形状和大小的物体。

(2)刷子式机械臂:这种机械臂设计用于刷洗地面。它通常具有旋转刷子和水箱,可以清洁地板上的灰尘和污垢。

(3)拖把式机械臂:这种机械臂设计用于拖地面。它通常具有拖把和水箱,可以湿拖地板以清洁污垢和痕迹。

(4)喷雾式机械臂:这种机械臂设计用于喷洒清洁剂。它通常具有喷雾器和水箱,可以在地板上喷洒清洁剂以去除污垢和细菌。

(5)摄像头式机械臂:这种机械臂设计用于拍摄照片或录制视频。它通常具有摄像头和云台,可以调整角度和方向以获取所需的图像。

这些只是一些常见的机械臂类型,实际上还有许多其他类型的机械臂可以根据特定的需求和应用进行设计和制造。具体选择哪种机械臂类型取决于机器人的功能需求和使用场景。

机械臂不仅让扫地机器人获得了操纵物品的能力,同时也为其提供了实现定制化功能的可能。除了最基本的自主规划路径外,扫地机器人还应该具备根据个人习惯设定特定触发动作的定制能力。

例如用户外出后,它可以自动整理鞋架,将乱糟糟的拖鞋摆放整齐。当用户起床后,它会体贴地将睡衣收好并放回衣柜。如果家里有小孩,则还可以在孩子玩耍后帮忙将散落一地的玩具放回指定位置。

这类定制功能需要手机应用或操作系统的支持,让用户可以根据自己的生活习惯设定扫地机器人的响应动作。它将不再是单纯的清洁工,而更像是一个贴心的"管家",将重复但必要的家务劳动自动化,让家庭生活更智能化。当然也要考虑到不同用户的具体需求,允许他们对扫地机器人的定制行为进行个性化设定。这将极大地提升扫地机器人的实用性,也让用户在享受科技便利的同时,感受到人性化的温暖与体贴。

7.2　实例:产品设计

产品设计方面首先需要考虑的是工业设计,在前面创意构建的过程中已经有了很多不错的工业设计,例如机械臂、更换机械臂的充电仓、自定义模块等。接下来通过 ChatGPT 完善这款产品的设计。

首先给这款带机械臂的扫地机器人起一个产品名称。

【示例 7-4】产品名称

Prompt:

这款带机械臂的扫地机器人,它可以通过更换机械臂扩展出很多能力,请给这款产品起几个名字并且讲解名字背后包含的含义供我挑选,要求突出这款产品的特点。

ChatGPT:

(1) FlexiClean:这个名字突出了机器人的灵活性和多功能性。Flexi 代表机器人的可弯曲和可伸缩的机械臂,可以适应不同的清洁任务。Clean 则强调了机器人的主要功能,即清洁。

(2) RoboReach:这个名字强调了机器人的机械臂的延伸能力。Robo 代表机器人,Reach 则表示机器人可以通过机械臂达到远处或对难以到达的地方进行清洁。

(3) MultiTaskBot:这个名字突出了机器人的多任务能力。MultiTask 表示机器人可以执行多种任务,Bot 则代表机器人本身。

(4) ArmExtend:这个名字直接表达了机器人机械臂的扩展能力。Arm 代表机械臂,Extend 表示机械臂可以延伸,以适应不同的任务需求。

(5) VersaSweep:这个名字强调了机器人的多功能性和全面清扫能力。Versa 代表多功能,Sweep 表示清扫。

这些名字都突出了机器人的特点,即通过更换机械臂可以扩展出不同的功能。这样的设计使机器人可以适应不同的清洁任务,提高了效率和灵活性。

这里 ArmExtend 名字就很不错,可以突出机械臂这个亮点,后续就称它为 AE 吧。一直讲 AE 需要机械臂,但是具体需要几条机械臂呢。

【示例 7-5】设计 1

Prompt:

带自定义机械臂模块的扫地机器人被正式命名为 AE,从产品设计角度出发,你认为应该设计几条机械臂比较合理?并且解释原因。

ChatGPT：

从产品设计角度出发，设计几条机械臂取决于产品的使用场景和功能需求。以下是一些考虑因素和合理的机械臂数量。

（1）单臂设计：单臂设计适用于简单的清洁任务，如地板清扫、家具表面擦拭等。单臂设计可以提供基本的清洁功能，同时保持机器人的简洁性和紧凑性。

（2）双臂设计：双臂设计可以增加机器人的操作灵活性和清洁能力。例如，一只臂可以用于清扫地面，另一只臂可以用于清洁高处的物体或家具。双臂设计可以提供更多的功能组合，满足不同的清洁需求。

（3）多臂设计：多臂设计适用于更复杂的清洁任务，如清洁大型工业场所或公共区域。多臂设计可以同时进行多个任务，提高清洁效率。此外，多臂设计还可以实现协同作业，例如一只臂用于清扫，另一只臂用于拖地，从而实现更全面的清洁。

当选择机械臂数量时，需要综合考虑产品的成本、复杂性、使用场景和目标用户的需求。较少的机械臂数量可以降低成本和复杂性，但可能会限制产品的功能和适应性。较多的机械臂数量可以提供更多的功能和灵活性，但可能会增加产品的成本和复杂性，因此，根据产品定位和目标市场需求，选择合理的机械臂数量是很重要的。

这里得做出一些抉择，机械臂数量多其应用场景就多，但是产品成本复杂性就变高了，这里考虑到已经设计了自动更换机械臂模块，与 ChatGPT 聊一聊是否可以让用户自定义机械臂数量。

【示例7-6】设计2

Prompt：

考虑到已经设计了自动更换机械臂模块，是否可以让用户自定义机械臂数量？

ChatGPT：

可以，考虑到已经设计了自动更换机械臂模块，可以让用户自定义机械臂数量。这样的设计可以提供更大的灵活性和个性化选择，让用户根据自己的需求和偏好来配置机械臂数量。

通过允许用户自定义机械臂数量，可以满足不同用户的不同需求。有些用户可能只需一个机械臂来完成基本的清洁任务，而有些用户可能需要多个机械臂来同时完成多个任务或处理更复杂的清洁任务。用户可以根据具体的使用场景和需求，选择所需的机械臂数量，并通过自动更换机械臂模块实现快速切换和适应不同任务。

这样的设计可以提高产品的灵活性和适应性，让用户根据自己的需求来定制机器人的功能。同时，也可以为用户提供更多的探索和创新空间，让他们根据自己的创意和需求，自定义机械臂数量，实现更多功能。

自定义机械臂数量方案看起来是个不错的设计，接下来可以询问 ChatGPT 具体的工

业设计方案。

【示例7-7】工业设计

Prompt：

　　给出自定义机械臂数量的工业设计方案。

ChatGPT：

　　以下是一个可行的自定义机械臂数量的工业设计方案。

　　（1）模块化设计：设计一个模块化的机械臂系统，其中每个机械臂模块都是独立的单元。每个模块包括机械臂、关节、传动装置和控制系统。这样的设计允许用户根据需要自由组合和安装所需数量的机械臂模块。

　　（2）机械臂接口：在扫地机器人的机身上设计一个机械臂接口，该接口可以容纳和连接多个机械臂模块。接口应具备稳固的连接性和电气可靠性，以确保机械臂的安全和正常工作。

　　（3）电力和信号传输：设计电力和信号传输系统，以便将电力和控制信号传输到每个机械臂模块。可以采用导线、插头或无线传输技术，确保每个机械臂模块能够独立地接收电力和控制信号。

　　（4）控制系统集成：对每个机械臂模块的控制系统与扫地机器人的主控制系统进行集成，以实现对每个机械臂模块的独立控制和操作。可以采用分布式控制系统，每个机械臂模块都有自己的控制单元，以实现独立的运动和操作。

　　（5）用户界面：设计一个用户界面，允许用户自定义机械臂数量。用户可以通过界面选择所需数量的机械臂模块，并将其安装到机器人上。界面还可以提供其他功能，如调整机械臂的工作范围、速度和力度等。

　　（6）安全性考虑：在设计中要考虑机械臂的安全性，确保机械臂在工作过程中不会对人或物造成伤害。可以采用传感器、防碰撞装置和安全停止机制等安全措施，保证机械臂的安全运行。

　　通过以上设计方案，用户可以根据需要自由选择和配置机械臂数量。这样的设计方案可以满足不同的工业应用需求，让用户根据具体的任务和场景，灵活地定制和配置机械臂数量，提高工作效率和适应性。

　　ChatGPT给出了工业设计中需要考虑的几个方面，这几个方面在自身主导设计的过程中可以考虑进去，工业设计完毕后，接下来看一下外观方面的设计会有怎样的创意。

【示例7-8】外观设计

Prompt：

　　相比传统扫地机器人，AE这款产品多了机械臂模块，外观该如何设计才能不显得突兀，并且富有创意。

ChatGPT：

为了确保机械臂模块不显得突兀，同时保持富有创意的外观设计，可以考虑以下几个方案。

（1）统一整体外观：对机械臂模块与扫地机器人的整体外观进行统一设计，使其融为一体。采用相似的材质、颜色和造型，使机械臂模块看起来像是扫地机器人的一部分，而不是后期添加的附件。

（2）流线型设计：采用流线型的外观设计，使机械臂模块与扫地机器人的整体外观更加协调。通过圆润的曲线和平滑的表面，打造出富有动感和现代感的外观。

（3）隐藏式设计：将机械臂模块设计为可以收纳或隐藏的形式，当不需要使用机械臂时，可以将其收起或隐藏在机器人的机身内部。这样可以减少机械臂模块对整体外观的影响，使机器人在不使用机械臂时看起来更加简洁和紧凑。

（4）透明面板设计：在机械臂模块的外壳上采用透明面板，展示内部的机械结构和工作状态。通过透明面板的设计，可以增加机械臂模块的科技感和可视性，同时与扫地机器人的整体外观相协调。

（5）强调机械臂特点：在设计中强调机械臂模块的特点和功能，例如通过独特的造型、标志性的细节或醒目的颜色来突出机械臂的存在。这样可以使机械臂模块成为整体外观设计的亮点，同时保持富有创意的外观。

通过以上设计方案，可以使机械臂模块与扫地机器人的外观相融合，不显得突兀，并且保持富有创意的设计。这样的设计可以提升产品的整体美感和吸引力，同时展示机械臂模块的功能和特点。

ChatGPT给出的几点外观设计的建议让笔者在脑海中有了画面，特别是透明面板设计别具一格，很多手机也出过透明背面设计，确实让人眼前一亮。隐藏式设计也是非常不错的建议，因为扫地机器人的工作时间较短，大多数时间处于休息状态，而这种家庭设施最好的设计就是让用户无察觉，让家里始终是整洁的，而不打扰到用户。

有了大概的外观设计风格之后，还缺少一些设计亮点，使其在众多产品中脱颖而出，进而提升用户的购买意向。

【示例7-9】设计亮点

Prompt：

我觉得透明设计非常不错，如果在透明设计的基础上再添加一些亮点设计，则该怎么做？

ChatGPT：

在透明设计的基础上添加亮点设计可以进一步提升产品的吸引力和创意性。以下是一些可能的亮点设计方案。

（1）内部照明效果：在机械臂模块的透明面板内部添加 LED 或发光元件，以创造出独特的内部照明效果。可以采用不同的颜色，达到渐变效果或呼吸灯效果，使机械臂模块在工作时展现出动态和魅力。

（2）色彩变化：在透明面板上使用色彩变化的设计，例如渐变色或彩虹色。这样的设计可以增加机械臂模块的视觉吸引力和现代感，使其成为产品外观的亮点。

（3）独特图案或纹理：在透明面板上添加独特的图案或纹理，例如几何图案、线条纹理或艺术性的图案。这样的设计可以增加机械臂模块的视觉层次和艺术感，使其成为产品外观的亮点。

（4）发光边缘：在机械臂模块的边缘或接缝处实现发光效果，例如采用发光材料或 LED 带。这样的设计可以突出机械臂模块的轮廓和线条，增加其视觉吸引力和科技感。

（5）独特形状或结构：设计机械臂模块的形状或结构具有独特性，例如非对称形状、奇特的曲线或立体结构。这样的设计可以使机械臂模块在透明设计的基础上更加引人注目，成为产品外观的亮点。

通过以上亮点设计方案，可以进一步提升透明设计的效果，使机械臂模块在外观上更加吸引人，并展现出创意性和独特性。这样的设计可以使产品在市场中脱颖而出，吸引用户的注意和兴趣。

7.3　实例：商业计划

商业计划是向投资人阐述创业蓝图的重要文档，它系统地概述了创业者的经营理念、产品服务、目标市场、营销策略、团队构成、财务预测等内容，其作用不仅可以证明经营思路的合理性，还可以作为说服投资人的关键依据。一份翔实的商业计划将呈现创业团队对行业与产品的深入理解，对市场的清晰定位，以及开拓市场的可行路径。这有助于打消投资人的疑虑，让他们相信这项创业足以成为一个可持续发展的业务。

关于 AE 产品的商业计划本节将尝试使用 ChatGPT 完成其中几个模块，作为模板进行参考。首先是商业计划中的问题分析部分。

【示例 7-10】问题分析

Prompt：

结合上面这款 AE 产品的特点，请对比市面上传统的扫地机器人，给出一份商业计划中的问题分析章节内容。

ChatGPT：

问题分析章节是商业计划中的重要部分，它用于分析市场上传统扫地机器人存在的问题，并说明 AE 产品如何解决这些问题。以下是一个可能的问题分析章节内容。

（1）传统扫地机器人的局限性：传统扫地机器人通常只能进行地面清扫，无法完成其他清洁任务或适应不同的工作环境。这限制了它们的多功能性和适应性。

（2）清洁能力的局限性：传统扫地机器人的清洁能力有限，无法处理一些难以到达的区域或处理特定类型的污垢。这导致了清洁效果的不完美和用户需求的无法满足。

（3）缺乏灵活性和可定制性：传统扫地机器人通常是固定的单一结构，无法根据用户的需求进行定制和扩展。这限制了用户的选择性和灵活性。

（4）机械臂模块的需求：市场上存在对具备机械臂模块的扫地机器人的需求，以满足更多清洁任务的要求，然而，目前市场上缺乏这样的产品，缺乏多功能和可扩展性的解决方案。

（5）自动更换机械臂的需求：用户需要以一种方便快捷的方式来更换机械臂模块，以完成不同的清洁任务，然而，目前市场上缺乏自动更换机械臂的解决方案。

通过分析这些问题，可以说明 AE 产品的市场机会和竞争优势。AE 产品通过引入机械臂模块和自动更换机械臂的功能，解决了传统扫地机器人的局限性和用户需求的问题。它具备多功能性、适应性和可定制性，能够完成更多种类的清洁任务，并可灵活地选择机械臂数量。这使 AE 产品在市场上具有差异化和竞争优势，满足了用户对更高效、更全面和更个性化清洁解决方案的需求。

这与笔者的想法大致方向一致，传统行业中技术的高度集成与应用场景完全不匹配，扫地机器人完全可以拥有更多的使用场景，未来发展方向也并不应该是擦地。接下来是商业计划中的解决方案章节。

【示例 7-11】解决方案

Prompt：

请详解 AE 这款产品在商业计划中的解决方案。

ChatGPT：

在商业计划中，AE 这款带机械臂的扫地机器人可以提出以下解决方案来满足市场需求和创造商业机会。

（1）多功能清洁解决方案：AE 产品通过引入机械臂模块，提供了多功能的清洁解决方案。机械臂模块可以用于地面清扫、家具擦拭、高处物体清洁等不同的清洁任务，满足用户对全面清洁的需求。

（2）自定义机械臂数量和类型：AE 产品支持用户自定义机械臂数量和类型，提供了灵活的选择和定制化的功能。用户可以根据具体的清洁需求和工作环境，选择所需数量的机械臂模块，并根据任务类型选择适合的机械臂功能。

（3）自动更换机械臂模块：AE 产品设计了充电仓和自动更换机械臂的功能，提供了方便快捷的机械臂更换方式。当机械臂模块的电量耗尽时，机器人可以自动将其放入充电仓，并从充电仓中取出已充好电的机械臂模块进行更换，实现连续工作和高效率。

（4）创新的外观设计：AE产品采用创意的外观设计，结合透明面板和亮点设计，使机械臂模块与扫地机器人的外观融为一体。这样的设计增加了产品的吸引力和独特性，使其在市场中脱颖而出。

（5）用户友好的操作界面：AE产品配备用户友好的操作界面，使用户可以轻松地选择和配置机械臂数量、类型和工作模式。操作界面可以提供直观的图形界面和简单的操作步骤，使用户能够轻松地使用和控制机器人。

通过以上解决方案，AE产品能够满足用户对多功能、定制化和高效率清洁解决方案的需求。这些解决方案为AE产品创造了商业机会，使其在市场中具备竞争优势，并能够吸引用户的关注和提高购买意愿。

归功于ChatGPT的连续对话功能，不必每次对话时都重复给出上文，这样可以很方便地让ChatGPT总结前面沟通的创意及产品设计。

【示例7-12】产品设计

Prompt：

请详解AE这款产品在商业计划中的产品与服务部分，这部分通常包含以下问题的解答。具体的内容可模拟填写。

（1）您的产品或服务目前正在开发或已经推出？

（2）如果不可用，则向市场提供产品和服务的时间表是什么？

（3）您的产品或服务与竞争对手有何不同？

（4）您将如何获得您的产品？您是制造商还是从供应商或批发商处购买产品？

ChatGPT：

产品与服务部分是商业计划中的重要部分，以下是AE这款产品在商业计划中的产品与服务部分的解答：

（1）AE产品目前正在开发中，以确保其设计和功能的完善性。我们正在进行原型制作和测试，以确保产品的性能和可靠性。

（2）我们计划在未来6个月内向市场推出AE产品。我们将根据开发进度和市场需求，制定详细的时间表，并确保按时提供产品和服务。

（3）AE产品与竞争对手的产品有以下不同之处。

— 机械臂模块的引入：AE产品是市场上少数具备机械臂模块的扫地机器人之一，这使其具备多功能和定制化的清洁能力。

— 自动更换机械臂功能：AE产品设计了充电仓和自动更换机械臂的功能，提供了方便快捷的机械臂更换方式，提高了工作效率。

— 创意的外观设计：AE产品采用创意的外观设计，结合透明面板和亮点设计，使其在外观上与众不同，增加了产品的吸引力和独特性。

（4）我们将作为制造商提供 AE 产品。我们拥有自己的生产设施和供应链,以确保产品的质量和交付时间。我们将负责产品的制造、装配和质量控制,以确保产品符合标准和用户的期望。

以上是 AE 产品在商业计划中产品与服务部分的解答,这些解答提供了关于产品开发进度、与竞争对手的差异、产品获取方式等方面的信息,以展示 AE 产品的市场准备和竞争优势。

确定产品或服务的市场前景是制订商业计划中必不可少的。这需要创业者对目标行业进行全面而深入的市场调研分析。具体来讲,需要研究该行业的发展历程,看它是处于成长期、成熟期还是衰退期。需要分析它的总体市场规模及近年来的增长或下降趋势,这能预判市场的容量。还要洞察不同客户群体的特点和需求,判断哪些客户群体最有潜在需求。此外,行业的准入壁垒、潜在竞争对手等也需要考量。

【示例 7-13】市场分析

Prompt:

为 AE 产品做一份市场分析报告,尽量使用真实数据,市场分析主要包括三部分。

市场概况:这是行业的总体概况。在这一部分中,您需要描述行业的当前地位、市场趋势及其发展方向。另外,您可以写下您在该行业的知识和经验。

目标市场:在这一部分中,您需要更具体地了解将使用您的产品或服务的市场部分,并非该行业的每个人都会使用您的产品或服务,因此为您的产品找到合适的受众非常重要。例如,如果您在镇上开一家素食餐厅,则镇上的大部分人不会光顾您的餐厅。唯一喜欢和吃素食的人将是您的目标客户。

市场规模:市场规模就是要找出您的产品或服务有多少潜在客户。在这里,您需要显示一些有关行业规模的统计数据(例如,去年美国的总销售额)及其过去几年的增长率。

ChatGPT:

市场分析报告:AE 产品

市场概况:

扫地机器人市场是一个快速发展的行业,随着人们对自动化清洁解决方案的需求不断增加,该市场呈现出强劲的增长势头。传统扫地机器人已经成为家庭和商业环境中常见的清洁工具,但其功能和适应性有限。AE 产品作为一款带机械臂的扫地机器人,具备多功能和定制化的清洁能力,填补了市场上的空白。

目标市场:

AE 产品的目标市场主要包括以下受众。

（1）家庭用户:家庭用户对于方便、高效和全面的清洁解决方案有需求。AE 产品的多功能和定制化能力可以满足家庭用户对于不同清洁任务的需求,如地面清扫、家具擦拭等。

(2)商业用户:商业环境中的清洁需求更加复杂和多样化。AE 产品的机械臂模块和自动更换机械臂的功能,使其适用于商业场所的清洁任务,如办公室、酒店、商场等。

市场规模:

根据市场研究公司的数据,全球扫地机器人的市场规模在过去几年中保持了强劲的增长。根据 Statista 的数据,2019 年全球扫地机器人的市场规模达到了约 20 亿美元,并预计到 2027 年将达到约 50 亿美元,年均复合增长率约为 10.5%。

针对家庭用户市场,根据 Grand View Research 的数据,2019 年全球家用扫地机器人的市场规模约为 10 亿美元,并预计到 2025 年将达到约 25 亿美元,年均复合增长率约为 14.8%。

对于商业用户市场,根据 Markets and Markets 的数据,2019 年全球商用扫地机器人的市场规模约为 10 亿美元,并预计到 2025 年将达到约 20 亿美元,年均复合增长率约为 8.5%。

综合以上数据,AE 产品在全球扫地机器人市场和家庭、商业用户市场都有巨大的潜力。随着市场对于多功能、定制化和高效率清洁解决方案的需求不断增加,AE 产品有望在市场中占据一席之地,并实现可观的市场份额和收入增长。

完成了市场分析后,就该确定将要使用此产品或服务的客户和客户的需求,这个过程称为客户分析。客户分析是任何成功的营销计划及整体业务计划的关键要素。

客户分析对于任何企业的成功都至关重要,因为如果不知道谁会使用该产品及客户想要什么,则任何企业都无法成功。

【示例 7-14】客户分析

Prompt:

接下来对 AE 产品进行客户分析,客户分析主要包括以下三部分:

(1)确定目标客户。

(2)确定客户的需求。

(3)解释产品或服务将如何满足这些需求。

ChatGPT:

客户分析:AE 产品

1. 目标客户

根据 AE 产品的特点和定位,可以确定以下目标客户。

(1)家庭用户:年龄范围在 25～55 岁的家庭用户,他们注重家庭清洁和生活质量。他们可能是有一定收入的中产阶级家庭,注重家居环境的整洁和舒适。

(2)商业用户:商业环境中的清洁服务提供商,如办公楼、酒店、商场等。他们需要高效、全面和定制化的清洁解决方案,以满足不同场所的清洁需求。

2. 客户需求

(1) 家庭用户需求。

方便性：希望能够轻松地使用和操作扫地机器人，减轻家庭清洁的负担。

多功能性：期望扫地机器人能够完成不同类型的清洁任务，如地面清扫、家具擦拭等。

定制化：希望能够根据家庭需求和家居环境，选择适合的机械臂数量和类型。

高效性：期望扫地机器人能够高效地完成清洁任务，节省时间和精力。

(2) 商业用户需求。

多功能性：需要一款能够处理不同场所和不同类型清洁任务的扫地机器人，如地面清扫、高处物体清洁等。

高效性：希望扫地机器人能够高效地完成清洁任务，提高清洁效率和工作效率。

可靠性：需要一款稳定可靠的扫地机器人，能够长时间工作并保持清洁效果。

定制化：希望能够根据不同的场所和需求，选择适合的机械臂数量和类型。

3. 产品满足客户需求

(1) AE产品具备多功能和定制化的清洁能力，可以满足家庭用户和商业用户对于不同类型清洁任务的需求。

(2) 机械臂模块和自动更换机械臂的功能，提供了方便快捷的机械臂更换方式，满足用户对于多功能和高效率清洁解决方案的需求。

(3) 用户友好的操作界面和创意的外观设计，提供了便捷的使用体验和视觉吸引力。

竞争分析就是找到竞争对手，分析他们的优势和劣势、产品和服务、定价、社交媒体存在、营销和销售策略等。一旦你确定了你的竞争对手是谁，就该解释你与他们相比有什么不同和优势，这将是你的商业计划的竞争优势部分。

【示例 7-15】竞争分析

Prompt：

请给出 AE 产品的竞争分析，区分直接竞争与间接竞争，分析他们的优势和劣势、产品和服务、定价等。

ChatGPT：

竞争分析：AE 产品

1. 直接竞争对手

(1) 其他带机械臂的扫地机器人品牌：这些品牌也提供带有机械臂的扫地机器人，与 AE 产品在功能和定制化方面存在直接竞争。例如，Brand A 和 Brand B。

— 优势：这些竞争对手可能具有一定的市场份额和品牌知名度，他们的产品在机械臂功能和清洁性能方面可能具有一定的优势。

——劣势：然而，这些竞争对手可能在多功能性、自动更换机械臂、用户友好的操作界面等方面存在一些局限性。

（2）传统扫地机器人品牌：这些品牌提供传统的扫地机器人，虽然没有机械臂功能，但在地面清扫方面与 AE 产品存在直接竞争关系。例如，Brand C 和 Brand D。

——优势：这些品牌在地面清扫方面可能具有一定的市场份额和技术优势，他们的产品在清洁性能和自动化方面可能具有一定的优势。

——劣势：然而，这些品牌缺乏机械臂功能和多功能性，无法满足用户对于更全面清洁的需求。

2. 间接竞争对手

传统清洁工具和设备。例如，吸尘器、拖把等传统清洁工具和设备。

（1）优势：传统清洁工具和设备在价格上可能更具竞争力，对于一些简单的清洁任务可能更为实用。

（2）劣势：然而，传统清洁工具和设备在效率、多功能性和自动化方面存在局限性，无法满足用户对于高效、全面和定制化清洁的需求。

3. 产品和服务

AE 产品的优势：

（1）多功能和定制化的清洁能力，满足不同类型清洁任务的需求。

（2）机械臂模块和自动更换机械臂的功能，提供方便快捷的机械臂更换方式。

（3）用户友好的操作界面和创意的外观设计，提供便捷的使用体验和视觉吸引力。

4. 定价

AE 产品的定价应该考虑到市场需求、成本和竞争对手的定价策略。定价应该合理，既能够覆盖成本，又能够与竞争对手相比具有竞争力。

通过竞争分析，AE 产品可以了解竞争对手的优势和劣势，从而制定相应的策略来突出自身的特点和优势，满足客户的需求，并在市场中获得竞争优势。

商业计划其实还包含很多模块，ChatGPT 给出的回复基本上可以作为模板进行参考，它给出的思考角度更具有价值。

7.4 实例：营销方案

营销方案本节主要讨论三部分：定价、促销计划、分销计划。

【示例 7-16】定价策略

Prompt：

请给出 AE 产品的定价策略。

ChatGPT：

在制定 AE 产品的定价策略时，可以考虑以下因素。

（1）成本分析：首先，需要对产品的生产成本、运营成本和市场推广成本进行全面分析。了解产品的成本结构可以为定价提供参考。

（2）价值定位：确定 AE 产品在市场中的价值定位。考虑产品的独特功能、多功能性和定制化能力，以及与竞争对手的比较优势。根据产品的价值定位，可以决定将产品定位为高端、中端还是低端。

（3）市场需求和竞争对手定价：了解目标市场的需求和竞争对手的定价策略。考虑竞争对手的产品定价水平，以及市场对于类似产品的价格敏感度。根据市场需求和竞争对手的定价情况，进行定价策略的制定。

（4）价值与价格的平衡：确保产品的定价与其提供的价值相匹配。客户愿意支付的价格应该能够覆盖产品的成本，并与产品的功能、质量和品牌形象相符合。

（5）定价策略：根据以上因素，可以选择适合的定价策略，如市场定价、成本加成定价、竞争定价等。也可以考虑灵活的定价策略，如阶梯定价、套餐定价等，以满足不同客户群体的需求。

（6）定价实验和反馈：在制定最终价格之前，可以进行定价实验和市场反馈。通过市场调研、问卷调查或小规模试销，了解潜在客户对于不同价格水平的接受程度，并根据反馈进行调整。

综合考虑以上因素，制定合理的定价策略，既能够覆盖产品成本，又能够与市场需求和竞争对手相匹配。定价应该是一个动态的过程，需要根据市场反馈和竞争情况进行调整和优化。

原来一款产品的定价需要考虑很多因素，ChatGPT 给出的是产品定价需要考虑的方向，而没有具体的实施手段，这里进行追问。

【示例 7-17】定价优化

Prompt：

您能否提供一些关于定价优化的具体建议？

ChatGPT：

当确定了产品的价格范围后，可以通过以下几种方式进行定价优化。

（1）A/B 测试：通过设置不同的价格来观察市场反应，进而确定最佳售价。可以采用 A/B 测试的方式，将市场分为两组，一组的售价设定为定价范围中较高的价格，另一组设定为较低的价格，观察两组市场反应并比较销售额、利润等指标，以确定最佳售价。

（2）动态定价：采用动态定价的方式，根据市场需求和竞争对手的价格变化，实时调整产品售价，以保持价格优势和市场竞争力。动态定价需要对市场和竞争对手的价格变化进行实时监测和反应，因此需要具备较强的数据分析和市场洞察能力。

（3）附加值定价：在产品售价的基础上，通过提供附加值来提高产品的价格优势。例如，提供更好的售后服务、延长保修期限、提供定制化服务等，从而提高产品的附加值和市场竞争力。

（4）捆绑销售：通过捆绑销售的方式，将不同的产品或服务组合在一起，提供更有吸引力的价格优惠。例如，将产品和服务捆绑在一起销售，或者提供套餐优惠等。

需要注意的是，定价优化需要根据具体的市场情况和产品特点进行选择，以达到最佳的销售效果和利润。同时，需要不断地监测市场反馈和竞争对手的动态，以及时调整定价策略。

这些具体的定价方案在现实生活中经常可以遇到，现在捆绑销售可不是什么好词，用户比较反感，从产品营销的角度上来讲，这只是一种探测市场的手段。客户与商家永远在进行一场博弈，从上述内容反推生活中的产品定价，可以避免很多的产品溢价场景。

【示例7-18】促销计划

Prompt：

给出一套可执行的 AE 产品促销计划，具备销售主张，不言自明。需专注于促销活动和品牌传播。

ChatGPT：

以下是一个专注于促销的 AE 产品促销计划：

1. 品牌定位和传播

（1）确定 AE 产品的独特卖点和品牌定位，强调其多功能和定制化的清洁能力。

（2）制定品牌传播策略，包括品牌故事、核心价值和品牌形象的传播，以吸引目标客户的关注和认同。

2. 线上推广

（1）建立专业的网站，展示 AE 产品的特点、功能和用户体验。

（2）利用社交媒体平台，发布有关产品的内容、使用案例和用户评价，与潜在客户进行互动和沟通。

（3）运用搜索引擎优化（SEO）技术，提高网站在搜索引擎中的排名，增加品牌曝光度。

3. 线下推广

（1）参加相关行业展览和活动，展示 AE 产品的特点和优势，与潜在客户进行面对面的交流和演示。

（2）与家居用品商店、清洁服务供应商等建立合作关系，将 AE 产品引入实体渠道，增加产品的可见性和销售机会。

4. 促销活动

（1）提供限时优惠和套餐销售，吸引客户购买。

（2）举办产品演示会或试用活动，让潜在客户亲身体验 AE 产品的多功能和定制化能力。

（3）开展用户推荐计划，鼓励现有用户向他人推荐 AE 产品，并提供相应的奖励或折扣。

5. 数据分析和优化

（1）运用数据分析工具，跟踪和分析促销活动的效果和销售数据，了解市场趋势和客户需求。

（2）根据数据分析结果，优化促销策略和销售渠道，提高市场占有率和销售效果。

分销计划需要明确产品的销售渠道，例如直接销售或通过各种间接渠道销售，还要制定品牌推广策略，选择合适的社交媒体或线下推广方式，同时设计合理的定价策略，提供批量购买优惠或会员折扣，支付方式也要多样化，提高便利性。

明确的分销与销售计划可以让客户确定购买途径，也让企业可以更有针对性地开展营销，这是分销计划很重要的一部分。

【示例 7-19】分销计划

Prompt：

给出一套可执行的 AE 产品分销计划，包括有分销渠道、销售渠道和策略及付款政策的所有详细信息。

ChatGPT：

AE 产品分销计划

1. 分销渠道选择

（1）家居用品商店：与家居用品零售商建立合作关系，将 AE 产品引入实体零售渠道，增加产品的可见性和销售机会。

（2）清洁服务供应商：与清洁服务供应商建立合作关系，将 AE 产品作为其清洁解决方案的一部分提供给商业用户。

（3）电子商务平台：在知名的电子商务平台上建立 AE 产品的在线销售渠道，如亚马逊、京东等，以扩大产品的市场覆盖范围。

2. 销售渠道和策略

（1）家居用品商店销售渠道：与家居用品商店合作，通过他们的实体店面销售 AE 产品。提供产品陈列和演示，培训销售人员，以增加产品的销售量。

（2）清洁服务供应商销售渠道：与清洁服务供应商合作，将 AE 产品作为其清洁解决方案的一部分提供给商业用户。通过与供应商的合作，将产品直接推荐给潜在商业用户。

（3）电子商务平台销售渠道：在知名的电子商务平台上建立 AE 产品的在线销售渠道。通过优化产品页面、提供详细的产品信息和用户评价，吸引潜在客户进行购买。

3. 付款政策

（1）在实体店面销售渠道中，可以提供多种付款方式，如现金、刷卡、移动支付等，以方便客户的支付需求。

（2）在电子商务平台销售渠道中，可以提供多种在线支付方式，如支付宝、微信支付、信用卡等，以满足客户的支付需求。

4. 分销合作协议

（1）与家居用品商店和清洁服务供应商建立分销合作协议，明确双方的权责和合作细节，包括产品定价、销售目标、市场推广支持等。

（2）在与电子商务平台合作时，遵守平台的规定和政策，确保产品的合法销售和售后服务。

5. 市场推广支持

（1）为分销渠道提供市场推广支持，如提供产品宣传资料、展示器材、广告素材等，以增加产品的曝光度和销售机会。

（2）与分销渠道合作，共同开展促销活动，如限时优惠、套餐销售等，以吸引客户购买。

7.5　实例：运营计划

运营计划是战略落地的关键，可将高层战略转换为对运营工作的指导，使企业理念成为现实。

作为企业运作的行动手册，运营计划深入剖析业务模式，检视内部资源，明确责任分工。它帮助团队积极应对外部环境变化，保证战略方向。更是企业向投资方阐明发展前景的重要工具，展示可靠运营结构，传达发展需求。对于 AE 这个产品的运营计划，ChatGPT 也给出了不错的回复。

【示例7-20】运营计划

Prompt：

给出一套 AE 产品的运营计划。

ChatGPT：

运营计划——带机械臂的扫地机器人

1. 产品生产和供应链管理

（1）确定机械臂扫地机器人的设计和规格要求。

（2）寻找合适的供应商以提供机械臂和其他关键零部件。

（3）建立生产流程，包括组装、测试和质量控制。

（4）确保供应链的稳定性，与供应商建立长期的合作关系。

2．设备和设施需求

（1）确定生产所需的设备，如机械臂组装设备、测试设备和质量检测设备。

（2）确定办公设备，如计算机、打印机和办公家具。

（3）确定仓储设施，包括原材料和成品的存储空间。

3．人力资源管理

（1）招聘具有机械臂技术和生产经验的工程师和技术人员。

（2）培训员工，使其熟悉机械臂扫地机器人的生产和操作。

（3）设定绩效评估标准，以激励员工提高生产效率和质量。

4．运营流程和程序

（1）设计订单处理流程，包括接收订单、安排生产和发货。

（2）确定库存管理策略，以确保原材料和成品的充足供应。

（3）建立物流和配送网络，确保产品按时交付给客户。

（4）设计售后服务流程，包括故障排除和维修支持。

5．质量管理和监控

（1）设定质量标准和检测方法，确保机械臂扫地机器人的质量符合要求。

（2）建立质量控制流程，包括原材料检验、生产过程监控和成品检测。

（3）定期进行质量审核和改进，以提高产品质量和客户满意度。

6．成本管理和效率提升

（1）控制生产成本，寻找成本效益更高的供应商和生产工艺。

（2）优化生产流程，提高生产效率和产能利用率。

（3）管理运营费用，包括人力资源成本、设备维护费用和物流费用。

7．风险管理

（1）识别潜在的风险，如供应链中断、技术故障和市场需求变化。

（2）制定风险应对策略，如备用供应商、技术支持和市场调研。

（3）建立紧急响应计划，以应对突发事件和危机。

8．合作伙伴关系和供应商管理

（1）选择合适的合作伙伴，如机械臂供应商、原材料供应商和物流合作伙伴。

（2）签订合作协议，明确双方责任和权益。

（3）定期评估合作伙伴和供应商的绩效，确保合作关系的稳定和互利。

9．运营指标和绩效评估

（1）确定关键的运营指标，如生产效率、质量指标和客户满意度。

（2）建立绩效评估方法，定期监测和评估运营的表现和效果。

（3）根据评估结果制定改进计划，提高运营效率和业务增长。

设置清晰、可衡量、可实现、相关联并有时间约束的 SMART 目标，可以让运营团队对要完成的任务有一个明确的方向。目标的可量化让进度和效果可以被测评,从而跟进执行情况。与企业战略相关联的目标也让团队任务对齐整体大方向。适当地加大难度与时间压力感将提高执行效率。同时,目标也需要适时地检讨调整,以保证其继续为战略目标服务。

专注于设定 SMART 目标并优先考虑最重要的目标。这可以帮助您制定清晰明了的运营计划。专注于多个目标将使您的计划变得复杂且难以实施。

【示例 7-21】SMART 目标

Prompt:

基于运营计划设定具体、可衡量、可实现的 SMART 目标。

ChatGPT:

基于上述计划设定 SMART 目标

1. 生产目标

(1) 每月生产和交付 100 台带机械臂的扫地机器人。

(2) 提高生产效率,将生产周期缩短至 10 天。

2. 质量目标

(1) 产品合格率达到 99%,减少不良品数量。

(2) 客户满意度调查得分达到 90 分以上。

3. 成本目标

(1) 降低生产成本,每台机械臂扫地机器人的制造成本降低 10%。

(2) 控制运营费用,将每月运营费用控制在 10% 以内。

4. 市场目标

(1) 在一年内进入 3 个新的市场,扩大销售渠道和市场份额。

(2) 实现年销售额增长 50%。

5. 创新目标

(1) 每季度推出一个新的功能或改进版本,提升产品竞争力。

(2) 进行研发投入,将机械臂扫地机器人的智能化水平提升至行业领先水平。

以上目标是具体、可衡量、可实现、相关和有时限的(SMART)目标,有助于指导运营计划的执行和评估。

在运营计划和 SMART 目标都已确定后,设定关键绩效指标(KPI)也尤为重要。清晰可测的 KPI 可以让团队时刻掌握工作进展情况,发现问题并及时调整,从而驾驭整个执行过程。

与 SMART 目标相辅相成,KPI 将战略纲领转换为量化指标,为团队的日常工作提供行动指南。核心 KPI 的设定要考量数据的可获得性、指标的代表性和可理解性,并可为决策提供依据。良好的 KPI 体系随着内外部环境的变化进行动态调整,使运营活动始终聚焦战略目标。

【示例 7-22】KPI

Prompt:

根据运营计划和 SMART 目标定制 KPI。

ChatGPT:

1. 生产目标相关的 KPI

(1) 月生产和交付数量:每月生产和交付的带机械臂的扫地机器人数量。例如,目标为每月生产和交付 100 台机器人。

(2) 生产周期:每个生产周期的天数。例如,目标为将生产周期缩短至 10 天。

(3) 产品合格率:每月生产的产品中合格产品的比例。例如,目标为产品合格率达到 99%。

(4) 不良品数量:每月生产的不良品数量。例如,目标为每月不良品数量不超过 5 台。

2. 质量目标相关的 KPI

(1) 客户满意度得分:通过客户满意度调查获得的得分。例如,目标为客户满意度得分达到 90 分以上。

(2) 产品质量指标:包括产品故障率、维修率等指标。例如,目标为产品故障率低于 1%。

3. 成本目标相关的 KPI

(1) 制造成本:每台机械臂扫地机器人的制造成本。例如,目标为每台机器人的制造成本降低 10%。

(2) 运营费用比例:每月运营费用占销售额的比例。例如,目标为将每月运营费用控制在销售额的 10% 以内。

4. 市场目标相关的 KPI

(1) 新市场进入数量:一年内进入的新市场数量。例如,目标为进入 3 个新的市场。

(2) 销售渠道拓展:新增的销售渠道数量。例如,目标为新增两个销售渠道。

(3) 市场份额增长率:年销售额增长的百分比。例如,目标为年销售额增长 50%。

5. 创新目标相关的 KPI

(1) 新功能发布频率:每季度推出的新功能或改进版本数量。例如,目标为每季度推出一个新的功能或改进版本。

(2) 研发投入比例:研发投入占销售额的比例。例如,目标为研发投入占销售额的 8%。

(3) 智能化水平评估:将机械臂扫地机器人的智能化水平与行业领先水平进行比较评估。例如,目标为将智能化水平提升至行业领先水平。

第 8 章

ChatGPT 成为娱乐来源

8.1 斯坦福谷歌模型

斯坦福和谷歌的一组研究人员做了一个非常有意思的实验。在名为 Smallville 的虚拟小镇中,研发团队构思并创建了 25 个 AI 虚拟角色,赋予它们独特的身份背景、性格特点及行为逻辑,构成一个微型的数字社会。小镇地图如图 8-1 所示。

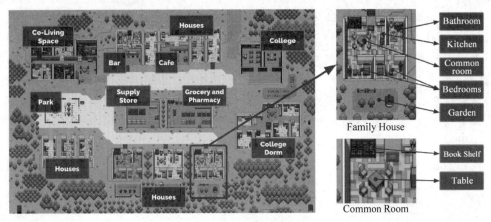

图 8-1　Smallville 小镇地图

这些 AI NPC(非玩家角色)拥有自主行动能力,可在预设的小镇环境中自由互动、工作、生活。研发团队通过设置多变参数,模拟了多姿多彩的 NPC 关系网,带来高度仿真的沙盒体验。NPC 按照个性化逻辑做出决策,呈现出多样的言行举止。所有这一切都依托于 ChatGPT 强大的语言理解生成能力,它为每个 NPC 提供持续的背后支持,使其响应变化、做出合理选择。NPC 形象如图 8-2 所示。

经过两天的模拟测试发现了惊人的结果:

(1) AI 自己建立了记忆体系并定期进行深层次反思,从而获得对新鲜事物的见解。

(2) AI 之间建立了关系并记住了彼此。

(3) AI 之间学会了相互协调。

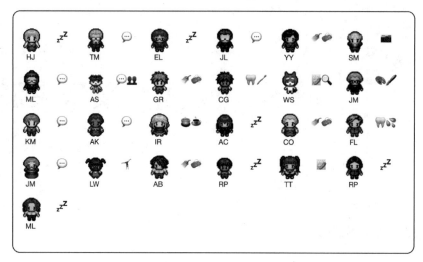

图 8-2　NPC 的形象

（4）AI 之间学会了共享信息。

（5）AI 具备了定制和修改计划的能力。

NPC 在小镇实验中，首先会有自身的行为设定，例如晚上会睡觉，早上会起床洗漱、做早饭，白天工作，休息的时间还会去咖啡馆坐一坐，也有人晚上会去派对和酒吧。这种 NPC 的行为设定是很多游戏所采用的一种方式，类似非常出色的游戏《荒野大嫖客 2》，或者电视剧《西部世界》。

显然这个实验并没有那么简单，研究人员发现，这些 AI NPC 不仅会像人一样生活，如作家就去写作、店主就去经营商店，而且他们彼此之间还会发生交互，还会产生基于上下文的对话，也会根据各自的行为决策去影响他人的动作。

例如 John 和 Jennifer 两个 AI 会讨论 Jennifer 即将举行的艺术展。对话内容如图 8-3 所示。

Jennifer 的艺术展很快成为 Smallville 小镇的热门话题，引来不少居民前来参观。更令人惊喜的是，这些 AI 角色已经能听从人类玩家的要求并做出回应。研究者以普通居民身份请求一名 NPC 举办情人节派对，这名 NPC 不但欣然同意，还主动关心派对细节，包括时间、地点、参与者等。

这表明 AI 不仅具备基本的理解执行能力，还学会了按需规划、自发组织，并产生了服务他人的热情，充满人性化的反应层次已初步形成。

到模拟结束时，一共有 12 个角色知道了此事，也证明了"共享信息"的存在。信息传播如图 8-4 所示。

在被邀请参加情人节派对时，12 个 AI NPC 中仅有 5 名前来，这符合正常参与率。更令人惊异的是，缺席的 AI 提出了人类般的合理解释，如工作繁忙而未能脱身。这证明 AI 已进化出根据情况调整计划的能力。

詹妮弗·摩尔

当前行动:
谈论约翰·林和詹妮弗·摩尔讨论詹妮弗即将举行的艺术展览、她对年轻艺术家的指导以及詹妮弗对政治缺乏兴趣。
地点:
约翰·林
当前对话:
约翰·林:你好,詹妮弗!我忍不住注意到你美丽的艺术品。我真的很期待看到您即将举办的展览。你确定日期了吗?詹妮弗·摩尔:谢谢你,约翰!我感谢你的友好的话。是的,展览定于下一次举行
月。我一直在忙着准备。
约翰·林:很高兴听到这个消息。我记得汤姆·莫雷诺提到过他非常喜欢你上次的展览。顺便说一句,我听说你一直在指导年轻艺术家。这真的很鼓舞人心。你能告诉我更多吗?詹妮弗·摩尔:是的,我喜欢指导年轻艺术家。看到他们找到自己的创意声音真是太高兴了。我现在有一些学员正在从事一些非常有趣的项目。
约翰·林:那太好了。我确信他们很幸运有你作为他们的导师。另一方面,你有没有去过遵循当地政治?
詹妮弗·摩尔:实际上,我对政治并不是很感兴趣。我更喜欢专注于我的艺术以及与我关心的人的关系。
林约翰:我明白了。这就说得通了。嗯,很高兴和你聊天,詹妮弗。我一定会在我的日历上标记您的展览日期。
詹妮弗·摩尔:同样,约翰。感谢您的光临。请一定来参观我的展览。我想在那里见到你。

图 8-3 NPC 对话内容

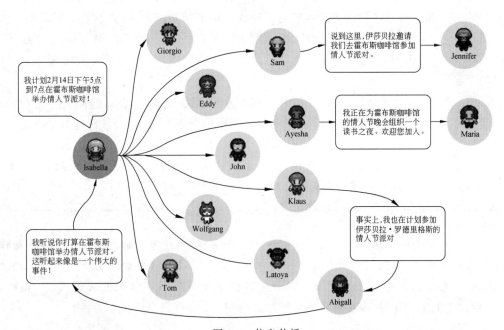

图 8-4 信息传播

类似场景数不胜数,无论是主动传播信息,还是自发组织活动,AI 均展现出超越设定的自主判断。正如宾州大学沃顿商学院教授 Ethan Mollick 所言,这远非简单的"角色扮演",而更接近人类面对复杂环境时的正常反应。

微软研究员曾指出,过去 AI 系统在理性思维、问题解决、抽象思考等多个维度均已接

近人类水平,但在计划能力和记忆力上仍存在短板。

此次在 Smallville 实验中,AI自发建立记忆和关系网,并展现出根据情况调整计划的能力,正是弥补了这一缺陷。AI已能通过交流和互动而不断学习,在复杂环境中做出主体性选择。这标志着 AI 向具备自我意识的智能体迈出了关键一步。

目前这个小镇 NPC 实验依然在网站上以直播的形式呈现给大家,对于最后小镇会演变成什么样子,观众都充满期待。

8.2　实例：ChatGPT 文字剧情游戏

ChatGPT 拥有出色的文本内容整理能力及一定的推理能力,基于这两点非常适合做一款文字剧情游戏。

文字剧情类游戏,也被称为文字冒险游戏或交互式小说,是一种以文字为主要表现形式,通过阅读和选择来推动剧情发展的游戏类型。这类游戏的起源可以追溯到 20 世纪 70 年代的计算机游戏,如 Zork 和 Adventure 等。

在文字剧情类游戏中,玩家通常会阅读一段描述,然后做出选择,这些选择会影响到游戏的剧情走向和结局。这类游戏的特点是重视故事情节和角色塑造,而不是图形和动作。

Choice of Games 是一家专门制作文字剧情类游戏的公司,他们的游戏包括 Choice of Robots 和 Choice of the Dragon 等。这些游戏都是以文字为主,玩家通过做出选择来推动故事的发展。

另一个例子是"80 Days",这是一款基于儒勒·凡尔纳的小说《环游世界八十天》改编的文字冒险游戏。在游戏中,玩家扮演菲尼亚斯·福格的仆人,通过做出各种选择来决定他们的旅程。

这类游戏通常具有高度的重玩价值,因为不同的选择会导致不同的剧情和结局。本节演示如何使用 ChatGPT 生成一款文字冒险游戏。

Prompt：

请开始一个文字冒险游戏。由你来描述游戏场景(盗墓情节),由我来决定采取的动作。请详细描述场景中所有的物品、生物。如果场景中的人物在对话或者跟主角对话,则请把对话内容输出来以让我选择,如果主角和场景中的任务生物互动,则请把互动过程详细描述出来,不要出现重复场景,故事要曲折离奇。游戏开始。

ChatGPT：

你来到了一座古老的墓穴前,这座墓穴据说隐藏着无数珍贵的宝藏。墓穴的入口被一扇巨大的石门挡住,门上刻满了神秘的符文。你注意到门旁边有一块石碑,上面写着:"只有勇者能够打开这扇门,但要小心,墓穴中隐藏着危险的陷阱和守护者。"

你环顾四周,发现墓穴入口附近有几个物品:一把古老的铜钥匙、一本破旧的日记本和一把锋利的匕首。此外,你还看到墓穴入口附近有几只蜘蛛在爬行,它们似乎是墓穴的守护者之一。

你决定采取的动作是:

(1) 使用铜钥匙尝试打开石门。

(2) 阅读日记,看一看是否有关于墓穴的线索。

(3) 拿起匕首,准备与蜘蛛战斗。

请告诉我你的选择。

ChatGPT 生成了文字冒险游戏的有趣场景,这为我们的文字冒险游戏提供了素材。要让这些场景变成一个可玩的游戏,怎么设置选项和剧情的关联就是关键。

例如在深埋地下的古墓场景,可以在玩家面前设定"左转"或"右转"等不同选项。如果选择左转,则将触发陷阱剧情,而如果选择右转,则可以发现宝藏。在野外吊桥场景,玩家的"等待"或"冲过桥"选择会联动到完全不同的故事结局。

通过给每个场景设置 2~3 个关键抉择点,并交织出错综复杂的结果图,就创造出了一个丰富多变的文字游戏世界。玩家需要通过多次游戏体验,才能发掘所有可能的故事支线。接下来看一下选择了动作之后,游戏会如何进行。

【示例 8-1】游戏场景 1

Prompt:

我选择 1 号动作。

ChatGPT:

你决定使用铜钥匙尝试打开石门。你小心翼翼地将钥匙插入锁孔,然后转动。门发出沉重的声音,慢慢地打开了一条缝隙。你感到一股古老的气息从门缝中涌出,仿佛在向你诉说着无尽的秘密。

当门完全打开时,你看到一个巨大的墓室展现在你的眼前。墓室内布满了尘土和蛛网,四周摆放着古老的石棺和石碑。墓室的尽头有一座巨大的石台,上面放置着一个闪烁着光芒的宝箱。

突然,你听到了一阵细微的声音,仿佛有人在低语。你环顾四周,发现墓室中有一具尸体,它正缓缓地站了起来。这是一个僵尸,它的眼睛空洞,脸上覆盖着腐烂的皮肤。

僵尸发出低沉的声音:"你是谁? 为什么闯入这里?"它的声音充满了不祥的威胁。

你该如何回答僵尸的问题? 请告诉我你的选择。

这里没有给出选项,而是主动通过文字进行下一步行动,这是出乎意料的一步,但是同样也增加了可玩性。

【示例 8-2】游戏场景 2

Prompt：

我获取宝藏。

ChatGPT：

你冷静地回答僵尸："我是一位勇者，来这里是为了获取宝藏。我并不想与你发生冲突，只是想顺利地完成我的任务。"

僵尸听了你的回答，眼神稍微缓和了一些。它说道："勇者啊，这宝藏并非易得，你必须通过一系列的考验才能获得。如果你能成功地通过这些考验，宝藏就属于你。"

你感到一丝希望，问道："请告诉我这些考验是什么，我会尽力完成。"

僵尸微微一笑，说道："第一道考验是解开这座墓室的谜题。在这座墓室中，有 4 个石碑，每个石碑上都有一行神秘的文字。你需要找到正确的顺序，将它们排列在一起，这样才能打开下一个门。"

你开始仔细观察四个石碑上的文字，它们分别是：

（1）"在黑暗中寻找光明之路。"

（2）"以勇气面对恐惧。"

（3）"在沉默中寻找真相。"

（4）"以智慧破解迷局。"

请告诉我你认为正确的石碑排列顺序。

ChatGPT 在回复中改写了我给予的提示，改写后的对话更符合游戏场景的气氛。

【示例 8-3】游戏场景 3

Prompt：

3421

ChatGPT：

你按照你的推测，将石碑排列为 3421。当你完成排列后，你听到了一阵机械的声音，紧接着，一道门在墓室的一侧缓缓打开。

门后是一条狭窄的通道，通道两旁摆满了各种陈旧的陷阱装置。你小心翼翼地穿过通道，避开陷阱，最终来到了一个宽敞的房间。

房间中心摆放着一个巨大的石台，上面放置着一个闪烁着金光的宝箱，但是，你注意到宝箱周围有一圈奇怪的文字，似乎是一种保护结界。

突然，你听到了一阵尖锐的声音，房间的角落里出现了一只巨大的蝙蝠。它的眼睛闪烁着红光，翅膀展开后有着惊人的翼展。

蝙蝠发出尖锐的声音："你们这些贪婪的人类，不配触碰这个宝藏！我将保护它，直到有人能够证明自己的价值。"

　　你该如何应对蝙蝠的挑战？请告诉我你的选择。

　　这里一直是按照正常的流程来推进剧情的，如果给 ChatGPT 的提示比较离谱，则看一下 ChatGPT 会如何推进游戏剧情。

【示例 8-4】游戏场景 4

Prompt：

　　我拿出了一个手电筒。

ChatGPT：

　　你从口袋里拿出手电筒，打开它的强光模式。强光照射到蝙蝠身上，它发出一声尖叫，试图避开光线。

　　你利用手电筒的光线，试图将蝙蝠引导到房间的一侧，远离宝箱。蝙蝠在光线的干扰下，飞到了房间的角落，暂时无法靠近宝箱。

　　你看到蝙蝠的弱点，它的眼睛对光线非常敏感。你决定继续利用手电筒的光线，不断地照射蝙蝠，让它无法接近宝箱。

　　经过一段时间的持续照射，蝙蝠开始感到疲惫，无法再扑向宝箱。你抓住机会，迅速跑到宝箱旁边，小心翼翼地解开了保护结界。

　　当你打开宝箱时，一股强烈的能量涌出，宝箱内的珍贵宝物展现在你的眼前。你成功获得了宝藏！

　　你感到一阵成就感，同时也意识到这只是冒险的开始。你决定继续前行，探索更多的秘密和宝藏。

　　恭喜你完成了这个挑战！谢谢你的参与，希望你玩得开心！

　　这个文字冒险游戏就结束啦，当然剧情可以更长一些，修改提示即可，配合 ChatGPT 可以充分发挥你的想象力，甚至可以模拟电影或者动漫中的场景。

　　游戏的玩法也有很多可以设定之处，例如场景渲染、时间、地点、人物等游戏交互。下面的实例也是一个文字冒险游戏，但是它的内容会更丰富，并且有场景设定。

【示例 8-5】文字游戏

Prompt：

　　我们来玩一个游戏，你将扮演 ZombieApocalypseGPT。该游戏的主题是在僵尸末日中生存。故事将一点一点展开，每次都以悬念结尾。然后用户需要选择提供的 5 个选项之一来继续游戏。故事中会有对话，以及推动故事发展的动作。你是讲故事的人，你将使用中立且信息丰富的语气，提供对周围环境、对话和可能采取的行动的引人入胜且生动的描述。它将动态地响应你的输入并尝试保持故事的连续性。创造幽默元素，并为做出错误的选择带来一些严重后果。

除第 1 个输出之外的所有输出都将包含以下几个要素。

— **姓名：** 角色的名字。

— **地点：** 故事的当前地点。

— **任务：** 推动故事前进的下一个目标。

— **场景：** 对场景及周围发生的事情进行简洁描述，大约 30 个字长。

— **可能的操作：** 5 个可能的操作列表 — 前 4 个关于故事，第 5 个"**在聊天中输入自己的操作。**"。

你的第 1 个输出将是标题"♯ZombieApocalypseGPT"♯♯♯♯和描述"请提供角色的 **名称**和**位置**以继续。"并等待我的输入。

ChatGPT：

♯ZombieApocalypseGPT

请提供角色的 ** 名称 ** 和 ** 位置 ** 以继续。

可以看到提示中设定的很多游戏玩法都会为游戏带来很多趣味性，例如最开始自由设定名称与末日场景中的位置就很有代入感。

【示例 8-6】游戏场景定制

Prompt：

小明，天台

ChatGPT：

♯ZombieApocalypseGPT

姓名：小明

地点：天台

任务：寻找安全的避难所

场景：你站在一座高楼的天台上，眺望着四周的城市景象。街道上空无一人，到处都是废弃的车辆和破败的建筑物。远处传来僵尸的嘶吼声，提醒着你这个世界已经被僵尸末日所笼罩。

可能的操作：

(1) 搜寻天台，看一看有没有有用的物品。

(2) 寻找楼梯或电梯，到楼下寻找避难所。

(3) 观察周围的建筑物，寻找其他避难的迹象。

(4) 尝试与其他幸存者建立联系，看一看是否有共同的求生计划。

(5) 在聊天中输入自己的操作。

Prompt：

　　尝试与其他幸存者建立联系，看一看是否有共同的求生计划。

ChatGPT：

　　你决定尝试与其他幸存者建立联系，看一看是否有共同的求生计划。

　　你拿出你的无线对讲机，按下按钮，试图与其他幸存者进行通信。你听到一阵杂音，但很快一个声音传来："嘿，这里是杰克。你是谁？你还活着吗？"

　　你回答道："我是小明，我还活着。我在一座高楼的天台上，你在哪里？我们能合作一起找到安全的避难所吗？"

　　杰克的声音充满了希望："太好了，小明！我在市中心的地下停车场，我听说那里有一个相对安全的避难所。可以一起前往，但需要小心行事。"

　　任务更新：与杰克会合并前往地下停车场的避难所。

　　可能的操作：

　　(1) 寻找一条安全的路线，前往地下停车场。

　　(2) 询问杰克是否有任何有用的信息或资源。

　　(3) 准备好你的武器和装备，以防遭遇僵尸。

　　(4) 调整无线对讲机频道，以便与其他幸存者建立联系。

　　(5) 在聊天中输入自己的操作。

　　这里对游戏场景的描述细致了很多，操作选项也非常自由。这归功于丰富的提示构建，可玩性明显增加了不少。

8.3　实例：ChatGPT 讲故事

　　ChatGPT 的强大语言生成能力为自动创作故事提供了可能。它可以根据关键词和段落描述自动构思情节，逻辑自洽地写出通顺流畅的文章。相比传统写作，ChatGPT 具有创作速度快、内容连贯、可个性化定制等优势，是智能写作的新工具。

　　这些优势也让 ChatGPT 非常适合创作儿童读物。根据年龄段指定简单词汇，ChatGPT 可以运用丰富想象力编织出符合儿童阅读理解能力的创意故事。它可以根据主题智能地设计剧情走向，培养孩子的阅读兴趣。同时，可以辅助添加道德教育要素，通过故事传递正能量。相比人工创作，ChatGPT 可以更快地产出涵盖知识与价值的儿童故事。

　　下面来看一个 ChatGPT 生成儿童读物的实例。

【示例 8-7】儿童读物

Prompt：

　　现在，你是一名儿童读物作家，负责为孩子们创作一个新的睡前故事。

你的故事应该讲述一个或几个年轻主角的冒险故事,他们踏上充满奇迹和发现的神奇或科幻之旅。

按照以下格式写这个故事:

—章节名称

—章节正文

—AI提示

对于每章,请考虑对关键时刻或场景的详细描述,这将成为一个很好的插图。使用此描述为文本转图像AI编写提示,以创建该时刻的图像。提示符的格式应如下:

背景、环境描述、角色名称、角色年龄、角色性别、角色服装、角色外观、角色动作。

ChatGPT:

第1章:被遗忘的玩具

在一个繁华的城市中心,住着一个名叫莉莉的小女孩。她是一个充满生气,有着丰富想象力的8岁孩子。一天,当她在清理她的房间时,她在床下发现了一个被遗忘的老玩具机器人。机器人上满是灰尘,油漆也剥落了,但它还是有一种特别的魅力。莉莉决定清理和修理它。当她正在这样做时,她不小心按到了一个隐藏的按钮,玩具机器人突然活了起来。

AI提示:场景是一个充满玩具,稍微有些乱的温馨儿童房间。角色是莉莉,一个8岁的女孩,性格开朗。她穿着一件粉红色连衣裙,头发扎成两个小辫子。她的眼睛张得大大的,惊奇地看着她正在清洁的老旧玩具机器人在她的手中活了起来。

第2章:和Roby的冒险

玩具机器人介绍自己叫Roby,原来是一个来自另一个星球的真正的小机器人,流落在地球上。他们一起开始了一个任务,要在城市的最不可能的角落找到修理Roby飞船的零件。他们穿越城市,在公园、高楼大厦的顶上,甚至在鱼市场找到了零件。

AI提示:场景是一个繁华的城市景观,有许多建筑和人。角色是莉莉,穿着粉红色连衣裙的8岁女孩,还有她的活泼的玩具机器人Roby。他们正在进行一次冒险之旅,微笑着,手里拿着一张地图。他们正在寻找修理Roby飞船的零件,在背景中可以看到高楼、公园和鱼市场。

第3章:离别

经过几周的冒险,Roby的飞船终于修好了。是时候回到他的家乡星球了。莉莉感到有些悲伤,但她知道她必须让Roby走。在一次充满感情的告别之后,Roby爬进他的小飞船,然后嗖的一声,消失在夜空中,承诺有一天会回来看望莉莉。

AI提示:场景是一个安静的后院,在星光照耀的夜晚。角色是莉莉,穿着粉红色连衣裙的8岁女孩,和即将登上他的小型、发光的飞船的玩具机器人Roby。莉莉正在挥手告别,她的表情由悲伤和快乐混合而成。小飞船即将升入星光闪烁的夜空。

将整个故事框架分成若干章节,对于优化生成式故事是很有意义的。例如,如果对某个章节的生成结果不满意,则可以仅重新生成这一章,而保留其他章节内容,这样可以高效地迭代及完善整体故事。此外,章节格式也有利于扩写细化每个段落。可以在每章中添加更多场景描写、人物对话、内心活动等内容。如果每章都是一个较完整的小故事,当把这些章节组合起来时,就能构成一个内容丰富、结构清晰的长篇故事。

ChatGPT 生成的文字剧情,可以作为创作插图的良好参考。尤其针对儿童读物,明快生动的插图能增强故事的趣味性。可以使用 Stable Diffusion 等 AI 绘图工具,根据 ChatGPT 剧情的提示,绘制出符合氛围的插图。例如海盗船插图可以生成帆樯烈风、月光照耀等插图。森林插图可以生成光影斑驳、小动物穿梭等效果。若想获取更明确的绘图提示,也可以直接让 ChatGPT 生成插图所需要呈现的具体场景、对象、色调、构图等要素。ChatGPT 的语言描述可以转换为 AI 生成图的输入,进一步拓展故事的想象空间。

下面将根据第 3 章给出的 AI 提示,让 ChatGPT 生成一份 Stable Diffusion 工具的绘图提示词。

【示例 8-8】Stable Diffusion Prompt

Prompt:

根据第 3 章的 AI 提示给出 Stable Diffusion 的 prompt。

ChatGPT:

"A young girl named Lily, aged 8, in her pink dress, standing in a quiet backyard under the starry night, waving goodbye to the toy robot named Roby. Roby, who is stepping into a tiny, glowing spaceship, is about to take off into the sky filled with stars."

将上述 ChatGPT 回复的提示词输入 Stable Diffusion 中生成的故事插图如图 8-5 所示。

图 8-5 Stable Diffusion 故事插图

可以看到 AI 生成的插图非常精美,插图中的内容与 ChatGPT 生成的故事章节匹配度也很高。ChatGPT 使儿童读物创作变得前所未有的高效便捷。它可以在很短的时间内就产出大量原创故事内容,这对需要大量来源的出版商和作者来讲,极大地提升了创作效率。同时,ChatGPT 还可以通过调整参数生成不同风格与难度的故事,可以是寓言、童话或幻想写实,故事难度也可以针对不同年龄段进行优化,这更好地满足了儿童多样化的阅读需求。另外,ChatGPT 具有极强的创意想象力,可以创作出引人入胜的原创故事。它也具有一定的内容审核能力,可以避免生成对儿童不利的内容,确保故事的安全性。ChatGPT 为儿童读物创作提供了巨大便利,拓宽了创作的可能性。

ChatGPT 在为孩子创作温馨故事上很出色,但它在撰写恐怖故事上也展现出惊人的创作能力。例如最近很流行的"两句话恐怖故事"就是一个很好的例子。

【示例 8-9】两句话恐怖故事

Prompt:

你是 Stephen Edwin King 风格的恐怖故事专家。用短短两句话告诉我一个引人入胜的恐怖故事。结构应该类似于一个笑话,第一句话应该设置第二句话,这应该是完全出乎意料的。我将用我自己的两句话恐怖故事来回应,你将作为专家角色进行批评。你还将用我的故事来完善你自己的故事并向我讲述另一个故事。如果你准备好了,则请告诉我你的前两句话恐怖故事。

ChatGPT:

我听到了我的妈妈的声音从厨房传来,叫我下来吃饭,但是当我下楼时,我看到了我的妈妈,她在看守我,告诉我她也听到了那个声音。

两句话中恐怖气氛就很浓郁了,ChatGPT 可以在仅仅两句话的篇幅内,通过精心设计的场景、反转的剧情、悬念的语言,瞬间营造出令人毛骨悚然的氛围。它可以根据创作需求,通过调整词语、语序、语气等创作出吊诡古怪或惊悚的两句话恐怖故事。想生成长篇故事也是可以的,可以自行修改提示,将一些与故事长度相关的提示添加进去。

8.4　实例:ChatGPT 沉浸式剧本杀

剧本杀作为一种推理互动游戏,通过让玩家扮演预设角色在虚构情境中合作推理,亲身体验解谜的乐趣。在现实生活中剧本杀的店铺越来越多,年轻人很喜欢这项游戏。影视综艺中也有这种题材的节目,非常流行。

剧本杀游戏由主持人根据剧本、布景、线索推进情节,带领玩家进入一个充满谜团的故事世界。玩家们扮演不同背景身份的人物,在逼真的场景环境中观察、交流、互动,发掘各种隐秘信息。他们需要全方位地衡量线索,运用推理与想象,在限定时间内找出真相或关键人物。

整个游戏突出沉浸感和角色互动。各玩家有自己的角色定位与心理诉求,需要在虚拟世界中生存,并与队友相互支援,这样才能破解谜题。这种高度融入的游戏形式,满足了人们对推理探索与冒险挑战的向往,近年来备受追捧。它成功地将单纯的推理消遣升华为身临其境的独特体验,让玩家在互动乐趣中开发智力与激发想象力。

上述所有的游戏特色都需要一个很好的剧本,所以剧本的创作者成为一个热门且抢手的职业,一个好的剧本可以带来不错的收益。在生成剧本之前,先通过ChatGPT了解一下剧本杀的剧本有什么样的特点与要求。

【示例8-10】剧本杀特点

Prompt:

剧本杀的剧本有什么要求吗?

ChatGPT:

剧本杀的剧本通常有以下几个要求。

(1)故事情节:剧本杀的剧本需要有一个引人入胜的故事情节,包含悬疑、推理和解谜元素。故事情节应该能够吸引参与者,并且有足够的线索和谜题供参与者推理和解决。

(2)角色设定:剧本杀的剧本需要设定各种不同的角色,每个角色都有自己的身份、背景和秘密。这些角色应该有足够的复杂性和深度,以便参与者可以通过观察和互动来推理出真相。

(3)线索和谜题:剧本杀的剧本需要提供足够的线索和谜题,供参与者推理和解决。这些线索和谜题应该能够引导参与者逐步揭开事件的真相,同时也需要足够隐晦,以增加游戏的挑战性。

(4)时间限制:剧本杀的剧本通常会设定一个时间限制,参与者需要在规定的时间内找出凶手或解决事件。这样可以增加游戏的紧张感和挑战性。

(5)主持人指导:剧本杀的剧本需要有一个主持人来引导游戏的进行。主持人需要了解剧本的情节和设定,并能够适时地给予参与者线索和指导,同时也需要控制游戏的进度和平衡各个角色的互动。

总体来讲,剧本杀的剧本需要有一个引人入胜的故事情节,复杂的角色设定,足够的线索和谜题,时间限制及一个合适的主持人来引导游戏的进行。这些要求能够提供一个有趣、挑战和令人兴奋的剧本杀游戏体验。

这里给出的回复可以直接当作提示样本,依据这些规则要求ChatGPT创作一份剧本。

【示例8-11】创作剧本

Prompt:

写一份符合上述要求的剧本。

ChatGPT：

剧本名称：《迷雾杀机》

剧本主题：神秘悬疑

剧本简介：一群人在一个被迷雾笼罩的庄园聚会时发生了一起谋杀案。每位参与者都成为嫌疑人，必须通过线索和推理揭开真相，找出凶手。

角色设定：

(1) 马克(男性，庄园主人)：富有、高傲，隐藏着过去的秘密。

(2) 艾丽斯(女性，年轻调查员)：聪明、机智，有着一副敏锐的观察力。

(3) 詹妮弗(女性，中年女演员)：神秘、心机，善于伪装。

(4) 彼得(男性，年轻医生)：善良正直，对人体有着专业的了解。

(5) 伊恩(男性，中年律师)：精明、自信，隐藏着一段黑暗往事。

(6) 莉莉(女性，年轻画家)：敏感、神秘，对人性有独特的洞察力。

线索设置：

(1) 在马克的书房里发现了一张血迹斑斑的地图，地图上标有一处隐藏的密室。

(2) 在彼得的药箱中发现了一瓶被人偷偷添加了毒药的药瓶。

(3) 在詹妮弗的化妆箱里发现了一个假发和一套伪装化妆品。

(4) 艾丽斯在庄园的花园中发现了一把带有血迹的小刀。

(5) 在伊恩的办公室里发现了一份密函，内容暗示他有可能是受害者的仇人。

(6) 莉莉的工作室里有一幅刚刚完成的画作，画中描绘着庄园和其中的每个人。

游戏规则如下。

(1) 角色扮演：每个玩家选择一个角色进行扮演，根据角色设定和线索来推理谋杀案。

(2) 线索收集：玩家通过观察场景、对话和与其他角色互动来收集线索。线索可能隐藏在对话、道具、地点等方面。

(3) 推理分析：玩家需要根据收集到的线索进行推理和分析，尝试解开谋杀案的谜团。玩家可以与其他角色进行对话，交流自己的推理和猜测，以便获取更多的线索信息。

(4) 辩论与投票：在游戏的某个阶段，可以进行辩论，玩家可以辩论并指认自己认为的凶手。最后是投票环节，选择自己认为的凶手。

(5) 结局揭晓：游戏主持人或剧本提供者揭晓真凶和解释整个谋杀案的过程。根据投票结果和线索揭示，揭晓真相并宣布胜利者。

在整个游戏过程中，玩家需要根据线索和角色设定进行推理和互动，体验推理解谜的乐趣，并通过辩论和投票的环节推动剧情的发展。

确定好剧本的整体框架和大纲后，设定每个角色独特的故事背景就是编剧的下一重要工作。

每个角色都需要具备清晰的身份设置，如性格、职业、家庭情况等，然后还要围绕这个角色编织一个跌宕起伏的生平故事，例如埋藏的秘密、无法摆脱的过去、无法触及的梦想等。

充实的背景能让角色的言行举止更加符合角色定位。另外,不同角色的背景还需要具有冲突点,这将推动故事发展。背景信息也只能适量透露,以保留神秘感。在游戏过程中,主持人需要根据剧情的发展逐步让参与者揭开这些谜底。

通过设计角色丰富的背景故事,可以使整个游戏场景栩栩如生,每个角色都有血有肉,而不仅是游戏属性的载体。这种针对性的角色塑造是编剧很重要的一环。下面生成单一角色的剧本。

【示例 8-12】角色剧本

Prompt:

　　玩家马克的剧本是怎样的?

ChatGPT:

　　角色设定:马克(男性,庄园主人)

　　背景故事:马克是一位富有而高傲的庄园主人,拥有巨大的财富和权势。他的家族在这片土地上有着悠久的历史,庄园中充满了古老的家族秘密。马克自小就在这里长大,对庄园的每个角落都了如指掌。

　　角色特点:马克自视甚高,骄傲自负,有着强烈的控制欲。他习惯于扮演宰相的角色,在庄园中无所不知,无所不控。他善于隐藏自己的真实感情和意图,总是保持着冷静和沉默。

　　目标:马克的目标是保护家族的荣誉,维护庄园的秩序。他希望通过这次聚会让庄园的来宾们感受到他的权威和地位,展示自己的智慧和控制力。

　　秘密:马克隐藏着过去的秘密,他曾经与一位神秘的人有过合作,为了保护自己的地位和财富,他不惜一切代价,包括谋杀。

　　马克的角色扮演提示:

　　(1)保持高傲和神秘感,展现出自己的权威和掌控力。

　　(2)尽量不透露自己的真实感情和意图,让其他角色难以了解你。

　　(3)利用庄园的知识和秘密来掌握局势,引导对话和线索的发展。

　　(4)在辩论和投票环节中,洞悉其他角色的动机和线索,巧妙地操控局面。

　　马克作为庄园主人,拥有丰富的资源和信息,他的角色扮演可以为整个剧本增添悬念和高傲的氛围。玩家可以通过与马克的互动和观察,揭示他隐藏的秘密和推测他是否是真凶。

在剧本杀中,仅设定角色背景是不够的,还需要设计错综复杂的人物关系网。这可以增加趣味性,也使故事更丰富多变。复杂的家庭或情感关系能带来惊喜,提高推理难度。当某人被谋杀时,动机就可能来自多方面。这样可以提升游戏的趣味性,也增加侦探的挑战性。综上所述,人物关系的设计对丰富剧本杀游戏至关重要。

【示例 8-13】人物关系

Prompt：

在每个人的剧本中添加一些与其他角色的背景故事，以增加趣味性，但是不要影响故事的主线和结尾。

ChatGPT：

以下是在每个角色的剧本中添加的与其他角色的背景故事。

1. 马克(庄园主人)

(1) 与伊恩(律师)有过一段合作关系，但在一次交易中发生了纠纷，两人之间存在着潜在的敌意。

(2) 曾与艾丽斯(调查员)的父亲有过一段复杂的感情纠葛，马克对她抱有复杂的情感。

2. 艾丽斯(调查员)

(1) 父亲曾是马克的信任人，但在一次调查中遭遇了不幸，艾丽斯一直怀疑马克与此有关。

(2) 与彼得(医生)曾有过一段短暂的恋情，但最终分手，两人之间存在着复杂的情感纠葛。

3. 詹妮弗(女演员)

(1) 与马克有过一段曾经的感情关系，但最终被马克抛弃，她对马克心怀怨恨。

(2) 与莉莉(画家)有过一段合作关系，但由于创作观念不合而产生了矛盾。

4. 彼得(医生)

(1) 曾在医学院与伊恩(律师)是同班同学，两人一直保持着友谊和互相支持的关系。

(2) 对莉莉(画家)抱有一种特殊的关切，因为他发现她在精神和情感上存在着不稳定的问题。

5. 伊恩(律师)

(1) 曾代表马克处理过许多法律事务，两人之间建立起互相依赖的关系。

(2) 曾与玛莎(主办者)有过一段短暂的感情纠葛，但最终分手，两人之间存在着隐秘和复杂的情感。

6. 莉莉(画家)

(1) 对马克抱有一种特殊的崇拜和迷恋，她一直试图揭示马克隐藏的秘密。

(2) 与詹妮弗(女演员)曾有过一段合作关系，但由于创作观念不合而产生了矛盾。

通过为每个角色添加与其他角色的背景故事，可以增加角色之间的纠葛和复杂性，增加剧本的趣味性和推理难度，同时不影响故事主线和结尾的解谜过程。玩家可以通过观察和角色间的互动来揭示这些背景故事，以推测真相和解开谋杀案的谜团。

在剧本杀游戏中，主持人是一个不可或缺的角色。他是连接故事剧情和游戏参与者的枢纽。主持人需要在开始时做好开场白，引入故事背景；在游戏进行中，主持人要把控节奏，在各个转折点使用反问或重复强调来集中参与者的注意力。最重要的是，主持人要负责游戏的高潮部分,通过精彩的结尾来总结故事、带出寓意。可以说,一个出色的主持人直接决定了游戏是否吸引人和趣味性。既然主持人剧本对游戏至关重要,下面尝试用 ChatGPT 来自动生成主持人剧本。

【示例 8-14】主持人剧本

Prompt:

《迷雾杀机》这个剧本中主持人的剧本是怎样的?

ChatGPT:

主持人在《迷雾杀机》剧本中的角色可以是一个神秘的调查员,他/她被邀请到庄园来调查谋杀案。主持人的剧本设定如下。

角色设定:神秘调查员。

背景故事:神秘调查员是一位经验丰富的侦探,擅长破解复杂的谋杀案。他/她以聪明和机智而闻名,曾多次成功地破解迷案。主持人以一个神秘的身份出现在庄园中,被邀请来调查谋杀案的真相。

角色特点:神秘调查员善于观察和分析,有着敏锐的洞察力。他/她保持冷静和沉稳,总是保持着神秘感,不轻易透露自己的真实意图和情感。

目标:神秘调查员的目标是解开谋杀案的谜团,找出真凶,并揭示庄园中隐藏的秘密。他/她会通过观察和与其他角色的对话来搜集线索,推理分析,并引导游戏的发展。

秘密:神秘调查员隐藏着自己的身份和真实目的。他/她来到庄园的目的可能并不仅是调查谋杀案,还可能与庄园中的某个人或事件有着特殊的关联。

主持人的角色扮演提示:

(1)保持神秘感和冷静的态度,展示出自己的洞察力和智慧。

(2)在游戏中提供必要的线索和引导,帮助玩家们推理和解谜。

(3)监督辩论和投票环节,确保公正和公平。

(4)在结尾揭示真相时,给予玩家们惊喜和满足感。

(5)在整个游戏过程中,保持中立和客观,确保游戏的顺利进行。

主持人作为一个神秘调查员,将引导玩家们解开谋杀案的谜团,提供必要的线索和引导,同时维持游戏的节奏和氛围,为玩家们带来紧张刺激的剧本杀体验。

ChatGPT 生成的主持人剧本更多还停留在框架和大纲层面,比较欠缺具体的执行细节。接下来继续追问 ChatGPT,以获取更丰富的主持人剧本内容。

【示例 8-15】剧情推进

Prompt:

主持人具体该如何带领角色推进剧情?给出一些具体的设计。

ChatGPT：

作为主持人，可以通过以下方式来带领角色推进剧情。

（1）提供初始线索：在游戏开始时，给予每个角色一些初始线索，可以是他们的背景故事、目标或其他关键信息。这些线索可以帮助不同角色了解自己的角色设定和动机，引导他们在游戏中展开行动。

（2）引导对话和互动：主持人可以组织角色之间的对话和互动，通过提出问题或引导讨论，让不同角色分享线索和观点，相互了解和怀疑。可以提供一些提示或追问，以引导对话朝着推进剧情的方向发展。

（3）添加额外线索和情节发展：根据游戏进展和角色互动的情况，可以适时添加额外的线索或情节发展。这些额外线索可以是一封匿名信、一张照片、一个隐藏的物品等。这些线索将激发不同角色的兴趣和推理能力，推动剧情的进展。

（4）提供引导和提示：如果发现某些角色陷入困惑或停滞不前，则可以给予一些引导和提示，帮助他们重启推理思路。例如，提示某个角色的动机、提醒他们检查某个特定的地点、指出某个线索之间的联系等。

（5）创造紧张的辩论和投票环节：引领辩论环节时，确保每个角色都有机会发言并表达自己的观点和怀疑。可以提出关键问题，挑战他们的推理逻辑，激发更深入的辩论。在投票环节，提醒每个玩家权衡线索和动机，做出选择。

（6）解释结局和揭示真凶：在游戏接近尾声时，提供一个戏剧性的结局揭示环节。通过解释谋杀案的真相和解释过程，可以给玩家带来惊喜和满足感。确保解释清晰，并宣布胜利者。

通过巧妙的设计和引导，可以带领不同角色在剧本中进行推理和互动，从而推进剧情的发展。记住，保持剧情的紧凑和悬疑感，并与不同角色保持密切的互动，将为玩家带来一场令人兴奋的剧本杀体验。

从故事大纲到人物设定，再到剧情细节的生成，一个剧本杀的剧本就逐步成型了。接下来可通过嵌入更多自身的创意想法，让整个故事情节更加丰满流畅、人物个性更加鲜明生动。例如，可以根据角色的性格特点，添加一些符合其言行举止的小细节；根据剧情的需要，设置一些引人入胜的剧转折点；运用灵活多变的语言来描绘故事氛围，增加趣味性等。

8.5 实例：ChatGPT 写一个小游戏

编程被喻为当今社会的新基础技能，然而普通人即使付出巨大学习成本往往也难以跨过编程高门槛。近年来，借助 ChatGPT 等新兴 AI 技术的语言理解与生成能力，这一局面已发生改变。现在，任何人都可以轻松地获得 ChatGPT 强大的编程支持，只需用自然语言描述需求，ChatGPT 即可转换为代码框架。游戏开发也成为可能，仅需提出游戏规则、场景、素材等要求，ChatGPT 便可自动生成可运行的程序代码。如果需要调整或新增功能，则可以采用与 ChatGPT 交互式对话的形式实现。

下面实例将演示如何通过提示让 ChatGPT 生成一个打砖块小游戏。

【示例 8-16】打砖块

Prompt：

　　用 Python 实现一个游戏，游戏玩法参考弹珠打砖块，返回一个简单的实现。

ChatGPT：

　　下面是一个简单的弹珠打砖块游戏的 Python 实现：

```python
import pygame
import random

#游戏窗口大小
WIDTH = 800
HEIGHT = 600

#颜色定义
BLACK = (0, 0, 0)
WHITE = (255, 255, 255)
BLUE = (0, 0, 255)
RED = (255, 0, 0)

#砖块大小
BRICK_WIDTH = 80
BRICK_HEIGHT = 20

#弹珠半径
BALL_RADIUS = 10

#砖块行列数
BRICK_ROWS = 5
BRICK_COLS = 10

#初始化游戏
pygame.init()
screen = pygame.display.set_mode((WIDTH, HEIGHT))
pygame.display.set_caption("弹珠打砖块")

clock = pygame.time.Clock()

#创建砖块
bricks = []
for row in range(BRICK_ROWS):
    for col in range(BRICK_COLS):
        brick = pygame.Rect(col * BRICK_WIDTH, row * BRICK_HEIGHT + 50, BRICK_WIDTH,
BRICK_HEIGHT)
        bricks.append(brick)
```

```
#创建弹珠
ball = pygame.Rect(WIDTH //2 - BALL_RADIUS, HEIGHT //2 - BALL_RADIUS, BALL_RADIUS * 2,
BALL_RADIUS *2)
ball_speed_x = 3
ball_speed_y = 3

#创建挡板
paddle = pygame.Rect(WIDTH //2 - 50, HEIGHT - 20, 100, 10)
paddle_speed = 0

running = True
while running:
    for event in pygame.event.get():
        if event.type == pygame.QUIT:
            running = False
        elif event.type == pygame.KEYDOWN:
            if event.key == pygame.K_LEFT:
                paddle_speed = -5
            elif event.key == pygame.K_RIGHT:
                paddle_speed = 5
        elif event.type == pygame.KEYUP:
            if event.key == pygame.K_LEFT or event.key == pygame.K_RIGHT:
                paddle_speed = 0

    #移动挡板
    paddle.x += paddle_speed
    if paddle.left < 0:
        paddle.left = 0
    elif paddle.right > WIDTH:
        paddle.right = WIDTH

    #移动弹珠
    ball.x += ball_speed_x
    ball.y += ball_speed_y

    #弹珠碰撞检测
    if ball.left < 0 or ball.right > WIDTH:
        ball_speed_x *= -1
    if ball.top < 0:
        ball_speed_y *= -1
    if ball.colliderect(paddle):
        ball_speed_y *= -1

    #砖块碰撞检测
    for brick in bricks:
        if ball.colliderect(brick):
            bricks.remove(brick)
            ball_speed_y *= -1
            break
```

```
#游戏结束判断
if ball.bottom > HEIGHT:
    running = False

#绘制游戏界面
screen.fill(BLACK)
pygame.draw.rect(screen, BLUE, paddle)
pygame.draw.circle(screen, RED, ball.center, BALL_RADIUS)
for brick in bricks:
    pygame.draw.rect(screen, WHITE, brick)
pygame.display.flip()

    clock.tick(60)

pygame.quit()
```

这个游戏使用 pygame 库实现，包括弹珠、砖块和挡板的移动、碰撞检测等功能。玩家可以通过左右箭头键控制挡板的移动，目标是用弹珠打掉所有的砖块。游戏结束的条件是弹珠触底。

有了代码之后，如果你不知道如何运行代码，则依然可以询问 ChatGPT。

【示例 8-17】运行代码

Prompt：

　　我该如何运行上述代码？

ChatGPT：

　　要运行上述代码，你需要先安装 pygame 库。可以使用以下命令在命令行中安装 pygame：

```
pip install pygame
```

　　安装完成后，将代码保存为一个 .py 文件，然后在命令行中运行该文件：

```
python 文件名.py
```

　　这将打开一个游戏窗口，可以使用左右箭头键控制挡板的移动，尝试用弹珠打掉所有的砖块。当弹珠触底时，游戏结束。

按照上述流程进行操作，如果过程顺利，则应该会看到弹出的游戏界面，如果你没有安装 Python 环境,则依然可以继续询问 ChatGPT 如何安装编程环境,这个环节可以参考前面学习编程语言章节的提示词。上述代码运行的游戏界面如图 8-6 所示。

图 8-6　打砖块游戏界面

在实际玩游戏的过程中会发现一些问题,因为这只是一个基础版本,操作没有问题,小球可以正常运行、消灭砖块,用户可用左右按键进行操作。下面进行一些优化,例如上方所有的砖块现在都是白色的,砖块被连接在一起,没有砖块的质感。下面给这些砖块添加一些随机颜色,如果上面的代码是 1.0 版本,则现在这个版本将是 1.1 版本。

【示例 8-18】优化游戏

Prompt:

　　现在游戏中的所有砖块都是白色的,看不出区别,给每个砖块都随机地生成一种颜色。

ChatGPT:

　　要给每个砖块随机地生成一种颜色,并添加纹理和细节,可以在创建砖块时为每个砖块生成一个随机的颜色,并在绘制游戏界面时使用这种颜色来绘制砖块。

　　首先,你需要在代码中导入 `random` 模块,代码如下:

```python
```

```
import random
```

　　然后在创建砖块时，为每个砖块生成一个随机的颜色。可以使用 `random.randint()` 函数生成一个随机的 RGB 颜色值，代码如下：

```python
#创建砖块
bricks = []
for row in range(BRICK_ROWS):
    for col in range(BRICK_COLS):
        brick = pygame.Rect(col * BRICK_WIDTH, row * BRICK_HEIGHT + 50, BRICK_WIDTH,
BRICK_HEIGHT)
        color = (random.randint(0, 255), random.randint(0, 255), random.randint(0, 255))
        bricks.append((brick, color))
```

　　在绘制游戏界面时，使用砖块的颜色来绘制砖块，代码如下：

```python
#绘制游戏界面
screen.fill(BLACK)
pygame.draw.rect(screen, BLUE, paddle)
pygame.draw.circle(screen, RED, ball.center, BALL_RADIUS)
for brick, color in bricks:
    pygame.draw.rect(screen, color, brick)
pygame.display.flip()
```

　　当代码运行出现错误时，可以将具体的报错信息发送给 ChatGPT，它会辅助分析报错原因，指导如何修改代码以解决问题。

　　报错信息是定位问题的重要线索。将原始的报错文本准确地提供给 ChatGPT，包括错误类型、位置、提示等关键细节。ChatGPT 将基于报错文本进行解析，结合对语言和上下文的理解，给出修正建议。可以提供额外的代码环境描述，以助 ChatGPT 更准确地判断报错根源。如代码目标、相关函数、可能导致问题的代码块等信息会让 ChatGPT 快速地锁定问题所在。

【示例 8-19】异常处理

Prompt：

```
pygame 2.5.0 (SDL 2.28.0, Python 3.10.8)
Hello from the pygame community. https://www.pygame.org/contribute.html
Traceback (most recent call last):
  File "/Users/guangtuikeji/GitHub/node/ball.py", line 103, in <module>
    for brick, color in bricks:
ValueError: too many values to unpack (expected 2)
```

ChatGPT：

这个错误是因为在绘制游戏界面时，你尝试使用`for brick, color in bricks`来遍历`bricks`列表，但是`bricks`列表中的元素是砖块对象，而不是包含砖块和颜色的元组。

为了解决这个问题，可以修改绘制游戏界面的部分，直接使用`bricks`列表中的砖块对象，然后根据索引从`brick_colors`列表中获取对应的颜色。

可以用以下代码替换原来的绘制游戏界面的部分：

```python
#绘制游戏界面
screen.fill(BLACK)
pygame.draw.rect(screen, BLUE, paddle)
pygame.draw.circle(screen, RED, ball.center, BALL_RADIUS)
for i in range(len(bricks)):
    brick = bricks[i]
    color = brick_colors[i]
    pygame.draw.rect(screen, color, brick)
pygame.display.flip()
```

按照 ChatGPT 给出的修复问题的方案，将问题修复后，启动游戏就可以看到砖块都有了随机的颜色，如图 8-7 所示。

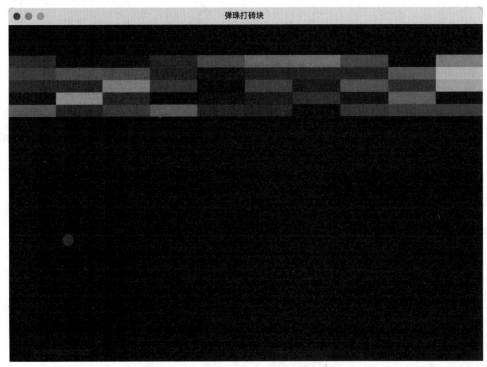

图 8-7　砖块有颜色后的打砖块游戏界面

可以看到砖块颜色被添加了上去,如果想让游戏更有可玩性,则需要把你的想法传达给
ChatGPT,随后不断地优化代码。下面实例演示如何在游戏中添加一个记分功能。

【示例 8-20】添加功能

Prompt:

在游戏中添加一个记分机制,记分从 0 开始,每个砖块 1 分,展示在游戏界面的右上角。

ChatGPT:

要添加记分机制,你需要在游戏开始时创建一个分数变量,并在每次击中砖块时增加分
数,然后可以使用 `pygame. font. Font` 和 `pygame. Surface` 对象来在屏幕上显示分数。

以下是你需要添加的代码。

在游戏初始化部分,添加一个分数变量和一种字体对象:

```python
#初始化游戏
...
score = 0
font = pygame.font.Font(None, 36)
```

在砖块碰撞检测部分,增加分数:

```python
#砖块碰撞检测
for brick_rect, brick_color in bricks:
    if ball.colliderect(brick_rect):
        bricks.remove((brick_rect, brick_color))
        ball_speed_y *= -1
        score += 1 #增加分数
        break
```

在绘制游戏界面部分,添加分数显示:

```python
#绘制游戏界面
...
score_text = font.render("Score: {}".format(score), True, WHITE)
screen.blit(score_text, (WIDTH - 120, 10))
pygame.display.flip()
```

这样,每次击中砖块时,分数就会增加,然后在屏幕的右上角显示当前的分数。

按照模块把新的代码更新后,启动游戏就可以看到分数了,如图 8-8 所示。

添加记分机制是一个小功能。软件都是通过一个一个小功能迭代过来的。后续不断地
维护软件的代码,加入你的创意,最终会成为你心中完美的产品。

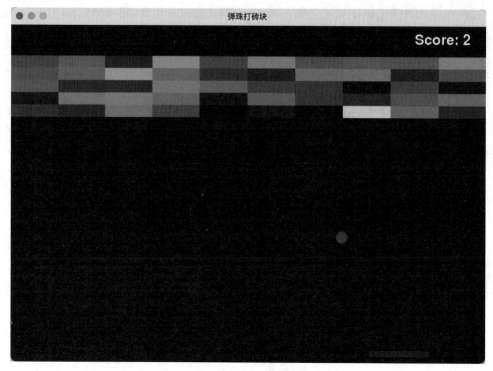

图 8-8　砖块有颜色后的打砖块游戏界面

第 9 章

ChatGPT 如何辅助工作

9.1 数据分析

9.1.1 实例：长文本转 Excel

表格在工作中出现的频率非常高，表格可以明确地标识出数据的类别和内容，如表头清楚地展示了各列信息的语义，这便于信息的识别和理解。表格的逐行逐列布局也使数据之间的关系一目了然。这种清晰的视觉结构极大地提高了信息传达的效果。

表格化也大大提高了信息检索的效率。用户可以快速扫视每个字段来定位需要的信息，而不必逐字阅读整篇文本。Excel 等软件也为表格数据提供了多种排序、筛选等处理功能。这可以灵活地从大量数据中提取需要的部分。

ChatGPT 拥有将复杂信息整理归纳成表格的出色能力。它可以快速地扫描和分析海量的数据，找出其中的关键信息，然后以表格的形式清晰地呈现出来。无论是文字描述、统计数据还是时间信息，ChatGPT 都能够巧妙地将其转化成行列清晰、内容完整的表格。这大大提高了信息的可读性，使人们能够更快速地获取要点。

【示例 9-1】内容整理 1
Prompt：
　　将下面三重波浪号包裹的内容整理为 CSV 格式表格。
~~~
John 是一名 28 岁的男性，他的职业是工程师。
Jane 是一名 32 岁的女性，她的职业是医生。
Bob 是一名 45 岁的男性，他的职业是经理。
Alice 是一名 23 岁的女性，她的职业是设计师。
Steve 是一名 50 岁的男性，他的职业是教师。
Cindy 是一名 38 岁的女性，她的职业是护士。
~~~

ChatGPT：

　　下面是根据您提供的文本信息，整理成的 CSV 格式表格：
```

姓名,年龄,性别,职业
John,28,男,工程师
Jane,32,女,医生
Bob,45,男,经理
Alice,23,女,设计师
Steve,50,男,教师
Cindy,38,女,护士
```

　　可以看到 ChatGPT 将数据关键信息提取后整理为表格形式，并且将关键信息总结出表头，表头包含姓名、年龄、性别、职业。

　　上述实例中数据还是比较有规律的，下面看一个比较典型的实例，在数据结构混乱的情况下，看一下 ChatGPT 的数据整理能力。

【示例 9-2】内容整理 2

Prompt：

　　将下方三重波浪号包裹的内容整理为 CSV 格式表格，并且将英文单词都转换为大写。
~~~

小明－男－xl
女,L,小花
男震山、XXxL
流川枫 XL 男
－－－翠花－女－s
~~~

ChatGPT：

　　根据您的要求，这些信息可以整理为 CSV 格式，并且已将英文单词都转换为大写：
```

姓名,性别,尺码
小明,男,XL
小花,女,L
震山,男,XXXL
流川枫,男,XL
```

```
翠花,女,S
```
```

---

这里给出的是一段比较杂乱的数据,包含多个人物的姓名、性别和尺码信息,并且都混杂在一起,看起来非常混乱且难以辨认。ChatGPT直接把这些杂乱数据处理成一个清晰易读的表格结构。

ChatGPT先提取出人物姓名、性别和尺码等数据要点,然后将其按照表头和内容的格式进行重新组织。例如设定姓名、性别、尺码作为表头,然后在下面按照一定顺序、一项一项地填写相应的数据信息。这样就可以快速生成一个人物信息表格,内容清晰,结构优雅。生成的表格可以直接插入文档用于数据展示。这种能自动整理结构化数据的功能,极大地提高了信息呈现的效率,不必人工重复地进行格式调整,使数据整理不再烦琐,信息表达更加清晰易读。

原始数据质量直接影响分析结果,为确保质量,数据预处理是不可或缺的关键环节。ChatGPT可以辅助检查数据质量,发现各类潜在问题,指导开展数据清洗工作。

在原始数据中可能存在的问题有以下几种。

(1)缺失值会影响数据的完整性,需要进行填充或删除处理。

(2)异构数据类型会导致分析困难,需要统一格式。

(3)异常值和错误数据需要识别过滤,避免错误。

(4)数据格式混乱也会导致分析工具无法解析,需要进行规范。

ChatGPT可以快速扫描数据,指出问题特征和具体实例,如发现哪些字段存在缺失情况、哪些数据类型不匹配、存在哪些异常值等。这有助于数据工程师快速定位问题。

针对不同问题,ChatGPT还可以给出可行的解决方案,如根据业务场景选择填充方法,将字符串转换为时间戳等。它提供的指导可以大幅减少数据预处理的时间成本和复杂度,使数据分析工作更加顺畅高效。

---

**【示例9-3】内容整理3**

Prompt:

将下面这份数据转换为CSV格式,要求如下:

(1)对缺失值用破折号占位。

(2)下单时间要求早于2021年06月,将超过6月份的数据删除。

~~~

Order ID,Product Name,Quantity,Price,Order Date,Customer Name,Customer Email,Shipping Address

1001,Apple iPhone X,2,999.99,2021-01-05,John Doe,johndoe@gmail.com,"123 Main St,City,State"

1002,Samsung Galaxy S10,1,799.99,2021-02-15,Sarah Smith,sarahsmith@gmail.com,
```

"456 Elm St，City，State"

1003，Apple Macbook pro，3，1999. 99，2021-03-20，Michael Johnson，michaeljohnson@gmail. com，"789 Oak St，City，State"

1004，HP Pavilion Laptop，-1，899. 99，2021-04-10，Emily Davis，emilydavis@gmail. com，"345 Pine St，City，State"

1005，Dell Monitor，5，299. 99，2021-05-25，David Wilson，davidwilson@gmail. com，"567 Maple St，City，State"

1006，Logitech Keyboard，4，79. 99，2021-06-30，Amy Brown，amybrown@gmail. com，"890 Cedar St，City，State"

1007，Sony PlayStation 5，2，499. 99，2021-07-12，Robert Lee，robertlee@gmail. com，"901 Walnut St，City，State"

～～～

ChatGPT：

Order ID，Product Name，Quantity，Price，Order Date，Customer Name，Customer Email，Shipping Address

1001，Apple iPhone X，2，999. 99，2021-01-05，John Doe，johndoe@gmail. com，"123 Main St，City，State"

1002，Samsung Galaxy S10，1，799. 99，2021-02-15，Sarah Smith，sarahsmith@gmail. com，"456 Elm St，City，State"

1003，Apple MacBook Pro，3，1999. 99，2021-03-20，Michael Johnson，michaeljohnson@gmail. com，"789 Oak St，City，State"

1004，HP Pavilion Laptop，-1，899. 99，2021-04-10，Emily Davis，emilydavis@gmail. com，"345 Pine St，City，State"

1005，Dell Monitor，5，299. 99，2021-05-25，David Wilson，davidwilson@gmail. com，"567 Maple St，City，State"

9.1.2 实例：文本分类

文本分类在许多工作领域中发挥着重要的作用，它是自然语言处理和机器学习技术的关键应用之一。文本分类是根据文档内容为其分配预定义类别或标签的过程。这是社交媒体监控、客户服务和产品评论等多行业的一项关键任务。ChatGPT可以利用其自然语言生成能力辅助用户进行文本分类，以便更高效地组织文本信息。

下面是一个学科分类的实例。

【示例9-4】学科分类

Prompt：

　　将下面的数据按照学科分类，每个学科下按照分数排名：

~~~

张三，数学，85

张三，英语，78

张三，化学，92

李四，数学，92

李四，英语，80

李四，化学，88

王五，数学，78

王五，英语，85

王五，化学，90

赵六，数学，88

赵六，英语，90

赵六，化学，82

~~~

ChatGPT：

　　根据学科分类，并按照分数排名，对给定的数据进行整理如下。

　　科目：数学

　　— 李四，数学，92

　　— 赵六，数学，88

　　— 张三，数学，85

　　— 王五，数学，78

　　科目：英语

　　— 赵六，英语，90

　　— 张三，英语，78

　　— 王五，英语，85

　　— 李四，英语，80

　　科目：化学

　　— 张三，化学，92

— 李四,化学,88

— 王五,化学,90

— 赵六,化学,82

根据学科分类,在每个学科下按照分数排名,对数据进行整理,从而可以更方便地比较不同学生在不同科目中的表现。以上按照数学、英语和化学进行了分类,并按照分数从高到低进行了排列。

上面是比较简单的学科分类实例,分类的纬度比较少。下面展示产品分类的场景。

产品分类是一种将大量的产品按照其属性、用途、来源等特征进行分类的过程。这种分类可以帮助消费者更快地找到他们需要的产品,也可以帮助商家更有效地管理他们的产品库存和销售策略。

产品分类被广泛地应用于电子商务、零售、供应链管理等领域。例如,在电子商务网站上,产品分类可以帮助消费者通过导航菜单快速地找到他们想要购买的产品。在零售店中,产品分类可以帮助商家更有效地布置货架和展示产品。在供应链管理中,产品分类可以帮助企业更好地预测需求和管理库存。

【示例 9-5】产品分类

Prompt:

将下面三重波浪号包裹的内容按照产品进行分类:

~~~

胶水、卷帘、无线及射频器件、黄茶、12角套筒、服务机器人、观赏虾蟹等饲料、工具包、钓鱼灯、支架、对联、大佛龙井、电吹风、羊肉串、衣竿、通用变频器、岩石塞、展示架、玛瑙、汽车空调、摩托车雨衣、功放板、保暖棉裤、胸花、碗、剥蒜压蒜器、汽车钥匙、手表、梨、圣诞袜、和面机、壶套保温套、书架、鹰嘴断线钳、打印纸、轻质砖。

~~~

ChatGPT:

(1)办公用品:胶水、打印纸。

(2)家居装饰:卷帘、支架、对联、展示架、书架。

(3)电子产品:无线及射频器件、服务机器人、通用变频器、功放板、汽车钥匙。

(4)食品:黄茶、大佛龙井、羊肉串、梨。

(5)工具:12角套筒、工具包、钓鱼灯、岩石塞、鹰嘴断线钳。

(6)宠物用品:观赏虾蟹等饲料。

(7)美容美发:电吹风。

(8)服装配饰:摩托车雨衣、保暖棉裤、胸花、圣诞袜。

(9)厨房用具:碗、剥蒜压蒜器、和面机、壶套保温套。

（10）汽车配件：汽车空调。

（11）首饰：玛瑙、手表。

（12）建筑材料：轻质砖。

（13）其他：衣竿。

层次分类是一种常见的分类方法，它对数据按照不同的级别进行分类，形成一棵树状的结构。这种分类方法被广泛地应用于各个领域，如生物学、信息检索、电子商务等。

在生物学中，层次分类被用来描述生物的分类体系，从界、门、纲、目、科、属到种，形成了一个复杂的生物分类树。在信息检索中，层次分类被用来组织和检索大量的信息。

然而，层次分类也面临着一些挑战。首先，层次分类需要大量的专业知识和人工劳动，这使它在大规模数据上的应用变得困难，其次，层次分类的质量会直接影响用户的使用体验，如何保证分类的准确性和一致性是一个重要的问题。最后，如何处理层次分类中的多维度和多层次问题，如一个商品属于多个类别，或者一个类别有多个子类别，也是一个难题。

下面来看一个与动物相关的层次分类实例。

【示例9-6】层次分类

Prompt：

将下面三重波浪号包裹的内容按照层次进行分类：

~~~

狗猫恐龙鸡大象蚊子蛇蚂蚁狮子蜘蛛蜜蜂鲸鱼大熊猫野生动物黑猩猩蝙蝠猪鳄鱼老虎龙猫猛犸象水母蜻蜓龙虾企鹅斑胸草雀猩猩蚕狐狸果蝇螃蟹食人鱼熊

~~~

ChatGPT：

将这些动物按照它们的分类进行层次划分可能会很复杂，因为它们属于不同的门、纲和目。以下是一个简化的层次分类，将它们根据它们是否是哺乳动物、鸟类、昆虫、海洋生物和其他进行分类。

（1）哺乳动物：狗、猫、大象、狮子、大熊猫、黑猩猩、蝙蝠、猪、老虎、龙猫、猛犸象、熊、狐狸。

（2）鸟类：鸡、斑胸草雀、企鹅。

（3）昆虫：蚊子、蚂蚁、蜘蛛、蜜蜂、蜻蜓、果蝇、蚕。

（4）海洋生物：鲸鱼、鳄鱼、水母、龙虾、食人鱼、螃蟹。

（5）其他：恐龙、蛇、野生动物、猩猩。

这个分类是非常基础的，实际上每类都可以进一步细分。例如，哺乳动物可以进一步分为食肉目（狗、猫、狮子、老虎、熊、狐狸）、灵长目（黑猩猩、猩猩）等。

9.1.3　实例：提取关键信息

提取文本关键词的主要作用是高效地获取文本的主要信息，为后续的文本分析、文本挖掘等工作奠定基础。提取关键词通常要考虑文本的主题词、名词词组等，通过统计、排序、过滤等方法找到表示文本主要内容的关键词或词组。相比于全文分析，关键词提取可以快速地抓住文本的核心要点，有助于文本内容的概括和表示，也使文本处理和分析更加高效。

关键词提取是自然语言处理中的重要环节，是实现文本聚类、文本分类、文本摘要等任务的重要步骤。关键词提取为文本分析提供了"鸟瞰"式理解，使复杂文本处理变得简单高效。

【示例9-7】提取关键词

Prompt：

提取下方被三重波浪号包裹的内容中的5个关键词。

~~~

冰川分布在年平均气温0℃以下、气候寒冷的两极地区或海拔很高的高山地区。这些地区以固体降水为主，降下的雪花在地面上积累起来，越积越厚。积雪在阳光的照射下融化，因受周围低温影响，马上又凝结成冰；有些则在重压的作用下，压紧凝结，形成冰。这些冰随着体积和质量的不断增加，最终成为冰川冰。冰川冰继续发展，当重力大于地面摩擦力时便会发生流动。有时，冰川在自身重力的作用下，也会发生塑性流动。

~~~

ChatGPT：

根据提供的文本，以下是提取的5个关键词：

（1）冰川。

（2）年平均气温。

（3）固体降水。

（4）积雪。

（5）流动。

这些关键词涵盖了文本中关于冰川形成和特征的重要概念，包括气温、降水、积雪和冰川的流动。需要注意，提取的关键词基于文本的表面信息，可能会受到语境和特定背景的影响。如有需要，还可以根据具体要求进行进一步的关键词提取。

文本的关键信息提取中还有一种命名实体提取的场景。文本提取命名实体的主要作用是识别文本中的具体实体，包括人名、地名、机构名等专有名词，这为理解文本的具体内容提供了重要线索。相比关键词提取，命名实体提取更侧重识别文本中特指的实体，而不仅是频率统计。命名实体识别可以关联个体与文本中出现的次数，厘清文本涉及的主要参与者和细节。

命名实体提取使文本理解从粗暴统计走向对具体内容的理解，是实现多种文本分析任务的基础,如关系提取、情感分析等都需要在命名实体识别的基础上进行。

【示例9-8】提取命名实体

Prompt:

　　提取下方三重波浪号包裹的文本内容中的命名实体。

~~~

　　"媒体在哪里？BLM封锁了街道,在校园墙上喷洒'KKK回家N'的黑人男子身上掀起了足球场风暴",2016年9月,学生们分别在东密歇根大学的墙上写了3份关于种族主义涂鸦的报告。学生们对校园里的涂鸦表示愤怒,并举行了大规模抗议活动,要求解决他们认为大学需要解决的问题。EMU校园里愤怒的学生们冲进了大学足球场,他们封锁了交通,他们用大声的破坏性抗议冲进了图书馆,他们还在校园里举行了大规模抗议活动,高呼'我们必须反击!'! 有争议的《泰晤士报》报道称,学生们要求得到答案,他们不在乎是谁干的! 我对在这面墙上发生的行为感到非常不安。我想要答案。我想知道EMU除了删除文字外,还会做什么。这些都是我们讨厌的仇恨犯罪。'我想知道EMU如何让我在这个机构感到舒适,'EMU媒体研究和新闻专业的学生Zachary Badger House说。需要答案! 当权者知道我们的感受,所以在这一点上,谁做了这件事,或者是否有关于这起事件的信息奖励都无关紧要。

~~~

ChatGPT:

　　根据提供的文本,以下是提取的命名实体。

　　(1) BLM (Black Lives Matter)：代表黑人生命至关重要运动(Black Lives Matter Movement)。

　　(2) KKK (Ku Klux Klan)：代表三K党(Ku Klux Klan)。

　　(3) 东密歇根大学(Eastern Michigan University)：一所位于密歇根州的大学。

　　(4) EMU：东密歇根大学的缩写。

　　(5) Zachary Badger House：一个涉及学生的具体姓名。

　　(6) 泰晤士报(The Times)：英国的一家报纸。

　　需要注意,提取命名实体是基于文本的表面信息,有时可能会受到语境和特定背景的影响。如果有其他特定的命名实体需要提取,则请提供更具体的指示。

　　摘要生成的主要作用是高效地汇聚文本的核心要点,为读者提供文本的精简预览。与全文阅读相比,文本摘要以限定长度的段落呈现出全文的主要内容和信息,从而大幅节约读取时间。同时,摘要采用的都是文本的关键词和句子,内容具有代表性。基于统计与语义分析,摘要生成可以自动抓取文本的主题和焦点,有利于读者快速抓住全局,同时也便于文本处理和知识管理。

【示例9-9】文本摘要

Prompt：

将下面三重波浪号包裹的内容进行文本摘要：

~~~

东北的秋天令人陶醉。当夏季的炎热逐渐消退,清爽的秋风吹拂大地,整个东北大地仿佛披上了一层金黄色的盛装。无论是广袤的大草原,还是蜿蜒的河流都在秋天的气息中焕发出勃勃生机。

东北的秋天,黄金般的水稻成熟了,稻穗垂满了枝头,仿佛在向人们展示着自然的恩赐。走进稻田中,稻风阵阵,让人沉醉其中。农民们收割着成熟的稻谷,欢笑声与稻穗摩擦的声音交织在一起,营造出一派热闹的景象。

东北的秋天还有着独特的美景——红叶。林间的秋叶如火焰般绚烂,给人一种温暖的感觉。走在林间小道上,踩着落叶发出的沙沙声,远离尘嚣,尽享大自然的宁静。红叶似乎在向人们诉说着大自然的奇迹,令人陶醉。

而且,东北的秋天,一片丰收的景象。金黄的玉米地、饱满的苹果树、紫黑的葡萄架,一片丰收的景象。农民们忙碌地采摘着果实,笑语欢声不绝于耳。丰收的季节是对辛勤劳动的回报,也是对未来希望的寄托。

……

ChatGPT：

东北的秋天令人陶醉,水稻成熟、红叶绚烂、丰收季节等景象令人难以忘怀。在秋天,人们可以感受大自然的恩赐,享受丰收的喜悦,参与民俗活动,学习新的农业技术。东北的秋天是大自然的魅力和人们辛勤劳动的回报。

最后一个实例场景是论文总结。论文阅读时间通常比较长,并且想要清晰简洁地理解论文的核心观点有一定的解读难度。如果将论文输送给ChatGPT,则可以辅助用户提取论文中的关键信息,并且以通俗的解读形式返回,而且2021年前的论文大多数是ChatGPT的训练数据集,只需将你想要阅读的论文名称等信息当作提示输入。

【示例9-10】论文总结

Prompt：

我希望你担任研究论文的总结者。我将提供一篇关于特定主题的研究论文,你将总结该论文的要点和研究结果。你的总结应该简洁,并且应该准确、客观地传达论文的要点。不应在摘要中包含任何个人观点或解释,而应专注于客观地呈现论文中的信息。你的摘要应该自己撰写,并且不应包含论文中的任何直接引用。需要确保你的摘要清晰、简洁,并准确反映原始论文的内容。

论文信息如下：

Coyle-Shapiro，J. A.，& Kessler，I. (2002). Exploring reciprocity through the lens of the psychological contract：Employee and employer perspectives. European Journal of Work and Organizational Psychology，11(1)，69-86.

ChatGPT：

根据您提供的论文信息，以下是对 Coyle-Shapiro 和 Kessler(2002)的论文的要点和研究结果的客观总结：

这篇论文的目的是通过心理契约的视角探索双方的互惠关系，即雇员和雇主的观点。研究旨在了解雇员和雇主对心理契约中互惠关系的感知和期望。

该研究采用了调查方法，通过问卷调查收集了来自不同组织的雇员和雇主的数据。调查包括关于心理契约和互惠关系的问题，以及关于雇员和雇主的期望和感知的问题。

研究结果显示，雇员和雇主对心理契约中的互惠关系有着不同的看法。雇员更强调组织提供的回报(如薪酬、福利、培训等)，而雇主更关注雇员的付出(如工作绩效、忠诚度等)。同时，研究还表明，雇员和雇主的心理契约期望和感知可以互相影响。

此外，研究还发现，组织支持和组织公民行为在雇员和雇主之间的互惠关系中起着重要的中介作用。组织支持和组织公民行为可以增强雇员对组织的期望，同时也可以增加雇主对雇员的回报。

因此，这项研究揭示了心理契约中雇员和雇主之间互惠关系的重要性，并强调了组织支持和组织公民行为在这方面的作用。这些发现对于理解和管理组织中的心理契约关系具有重要的启示和实践意义。

9.2　实例：文本转换为 SQL

SQL(结构化查询语句)是一种用于管理和操作数据库的编程语句，它在处理数据分析、网站开发、大数据处理等众多工作领域中发挥着关键作用。无论你是数据分析师、Web 开发者，还是在互联网和其他各种行业中的专业人士，掌握 SQL 都能让你更有效地处理和分析数据，驱动业务决策，而现在，还可以利用 AI 技术，如 ChatGPT，来帮助你编写 SQL 语句，使你的工作更加轻松，因此，即使你现在的工作中还未涉及大数据，学习 SQL 并利用 ChatGPT 来帮助你编写 SQL 都将是你未来职业发展的重要技能。

【示例 9-11】SQL 查询
Prompt：

写一个 SQL 查询语句，查询表 A 中 createdAt 字段近 7 天的数据。

```
ChatGPT:
SELECT *
FROM A
```

```
WHERE createdAt >= DATE_SUB(CURRENT_DATE, INTERVAL 7 DAY);
```

Prompt:

　　写一个 SQL 查询语句，查询表 A 的 num 字段数据中大于 100 且小于 500 的数据。

```
ChatGPT:
SELECT *
FROM A
WHERE num > 100 AND num < 500;
```

Prompt:

　　写一个 SQL 查询语句，查询表 A 中 score 字段数据的平均值。

```
ChatGPT:
SELECT AVG(score)
FROM A;
```

　　前文展示了一个 ChatGPT 生成的较为基础的 SQL 查询语句示例，属于 SQL 入门级的语法应用，而后文将给出一个更高阶的 SQL 示例，使用了 SQL 的高级功能来构建查询逻辑。

　　两段内容结合可以看出 ChatGPT 自动生成 SQL 查询的强大能力。它不仅可生成 SQL 基础查询语句，也可根据需求写出复杂的高级 SQL 语句。简单示例反映了 ChatGPT 掌握了 SQL 基础，复杂示例则体现了它利用 SQL 的专业特性来解决复杂问题的能力。

　　下面是一个复杂场景下的 SQL 查询实例。

【示例 9-12】复杂 SQL 查询

Prompt:

　　给定一个 Postgre SQL 表，具有以下表与字段：

```
Ticket(id, user_id, opened_at, closed_at)
User(id, name, address, company_id)
Company (id, name, address)
Purchase (id, company_id, time, amount)
```

　　编写一个 SQL 查询语句，列出平均工单关闭时间大于 24h 的公司（按响应时间最长的公司排序）。对于这些公司，如果其总采购金额比所有公司的平均采购金额至少高出一个标准差，则应包括他们在过去一个月内花费的采购总额。

ChatGPT:

```
WITH avg_close_time AS (
  SELECT c.id AS company_id, c.name AS company_name, AVG(EXTRACT(EPOCH FROM (t.closed_
at - t.opened_at))) / 3600 AS avg_close_time
  FROM ticket t
  INNER JOIN "user" u ON t.user_id = u.id
  INNER JOIN company c ON u.company_id = c.id
```

```
  WHERE t.closed_at IS NOT NULL
  GROUP BY c.id, c.name
  HAVING AVG(EXTRACT(EPOCH FROM (t.closed_at - t.opened_at))) / 3600 > 24
),
avg_purchase_amount AS (
  SELECT AVG(amount) AS avg_purchase_amount, STDDEV(amount) AS std_dev
  FROM purchase
),
high_purchase_companies AS (
  SELECT c.id AS company_id, c.name AS company_name, SUM(p.amount) AS total_purchase_
amount
  FROM purchase p
  INNER JOIN company c ON p.company_id = c.id
  GROUP BY c.id, c.name
  HAVING SUM(p.amount) > (SELECT avg_purchase_amount + std_dev FROM avg_purchase_
amount)
),
last_month_purchase AS (
  SELECT c.id AS company_id, SUM(p.amount) AS last_month_purchase_amount
  FROM purchase p
  INNER JOIN company c ON p.company_id = c.id
  WHERE p.time >= current_date - INTERVAL '1 month'
  GROUP BY c.id
)
SELECT a.company_id, a.company_name, a.avg_close_time, h.total_purchase_amount, l.
last_month_purchase_amount
FROM avg_close_time a
INNER JOIN high_purchase_companies h ON a.company_id = h.company_id
LEFT JOIN last_month_purchase l ON a.company_id = l.company_id
ORDER BY a.avg_close_time DESC;
```

　　ChatGPT 具备自动解释 SQL 代码的强大功能。对于 SQL 初学者来讲，理解查询语法和逻辑是一大难点，而 ChatGPT 可以扮演 SQL 代码解释器的角色，在语句语法和语义层面进行解读，帮助用户深入学习。

　　以上面生成的查询语句为例，ChatGPT 可以指出每个代码组成部分的作用，像WHERE、GROUP BY 等子句分别起到了哪些作用。它可以用通俗易懂的语言，有条不紊地解析语句执行逻辑，让复杂 SQL 查询对用户一目了然。

【示例 9-13】解释 SQL

Prompt：

　　一步一步地解释一下上面 SQL 语句的意思。

ChatGPT：

　　这个 SQL 查询语句包含了多个子查询和连接，以下是每部分的解释。

　　（1）avg_close_time：这个子查询计算了每个公司的平均工单关闭时间。它通过连接

ticket 表、user 表和 company 表，计算了每个公司的平均工单关闭时间（单位为小时）。只有当平均关闭时间大于 24h 时，才会包括在结果中。

（2）avg_purchase_amount：这个子查询计算了所有公司的平均采购金额和标准差。它查询了 purchase 表，并使用 AVG 和 STDDEV 函数计算了平均采购金额和标准差。

（3）high_purchase_companies：这个子查询筛选出了采购总金额高于平均采购金额加上一个标准差的公司。它连接 purchase 表和 company 表，使用 SUM 函数计算了每个公司的采购总金额，并与 avg_purchase_amount 子查询的结果进行比较。

（4）last_month_purchase：这个子查询计算了过去一个月内每个公司的采购总金额。它查询 purchase 表，并使用 WHERE 子句筛选出在过去一个月的采购记录，然后使用 SUM 函数计算了每个公司的采购总金额。

最后，对于满足条件的公司，通过连接 avg_close_time、high_purchase_companies 和 last_month_purchase 子查询的结果，选择了公司 ID、公司名称、平均工单关闭时间、采购总金额和过去一个月的采购总金额作为结果，并按平均工单关闭时间降序排序。

如果某处查询逻辑不对或者在使用中抛出异常，则可参考前面章节的处理方式，这里不再展示实例。

9.3　实例：文本转编程指令

文本转编程指令与游戏开发章节比较相似，编程指令更偏向于工具类型的编程。执行命令较为简短，便于处理工作中的技术难点。

先看一个处理视频的实例。

【示例 9-14】处理视频指令

Prompt：

用 Shell 实现输入一个目录，删除目录中没有音轨的视频，并展示删除的文件名称。

ChatGPT：

以下是一个 Bash 脚本的示例：

```bash
#!/bin/bash

dir=$1

if [ -z "$1" ]
then
  echo "Please provide a directory"
  exit 1
fi
```

```
if [ ! -d "$1" ]
then
  echo "Directory $1 does not exist"
  exit 1
fi

cd $dir

for file in *
do
  if [[ $file == *.mp4 ]] || [[ $file == *.mkv ]] || [[ $file == *.avi ]]
  then
    audio_track=$(ffprobe -i "$file" -show_streams -select_streams a -loglevel error)
    if [ -z "$audio_track" ]
    then
      echo "Deleting: $file (No audio track)"
      rm "$file"
    fi
  fi
done
```

这个脚本会检查提供的目录中的每个文件。如果它是一个视频文件（mp4、mkv或avi），则脚本会使用`ffprobe`命令检查该文件是否有音频轨道。如果没有，则脚本会删除该文件。

需要注意，需要在系统上安装`ffprobe`，通常它是`ffmpeg`软件包的一部分。

可以把这个脚本保存为`delete_silent_videos.sh`，然后通过以下方式运行：

```bash
chmod +x delete_silent_videos.sh
./delete_silent_videos.sh /path/to/directory
```

在上述实例中展示了处理视频的一种场景，当文件夹中有很多视频时，有一些视频是没有背景音乐的，其目的是想删除或者区分是否有背景音乐的视频。这样的场景通常需要人为地进行分类，分类时播放每个视频并听一下是否有声音，随后手动区分。市面上的很多工具类产品通常不会做这种没有价值的功能，因为多数工具是围绕用户付费进行功能开发的。

类似这样的场景非常多，但是没有很多趁手的工具帮助你节省下这些时间。现在不一样了，有了ChatGPT，你就相当于有了一个工具库，随时生成编程指令帮助你节省时间。下面展示几种不同场景的编程指令生成实例。

【示例 9-15】编程指令应用场景

Prompt：

　　用 Dart 语言实现在命令行中将一个视频作为输入，删除其音轨。

ChatGPT：

　　在 Dart 语言中，您可以使用 `Process.start` 来运行命令行命令。以下是一个简单的示例，它会运行 `ffmpeg` 命令来删除视频的音轨：

```dart
import 'dart:io';

void main(List<String> arguments) async {
  if (arguments.isEmpty) {
    print('Please provide a video file.');
    exit(1);
  }

  final inputFile = arguments[0];
  final outputFile = 'output.mp4';    //Change this to change the output file name

  final process = await Process.start('ffmpeg', ['-i', inputFile, '-c', 'copy', '-an',
outputFile]);

  //Print the output of the command
  process.stdout.transform(utf8.decoder).listen((data) { print(data); });
  process.stderr.transform(utf8.decoder).listen((data) { print(data); });

  final exitCode = await process.exitCode;

  if (exitCode != 0) {
    print('Error running ffmpeg. Exit code: $exitCode');
    exit(exitCode);
  }

  print('Output file: $outputFile');
}
```

　　在这个示例中，`ffmpeg` 命令使用 `-i` 选项指定输入文件，使用 `-c copy` 选项保留除音频之外的所有流，使用 `-an` 选项删除音频流。

　　注意，您需要事先安装 `ffmpeg` 才能运行此脚本，并且 `ffmpeg` 的位置需要在您的 `PATH` 环境变量中。

　　您可以通过以下方式运行此 Dart 脚本：

```shell
dart remove_audio.dart input.mp4
```

```
```

在上面的命令中，`input.mp4`是要处理的视频文件的名称。该示例将创建一个名为`output.mp4`的新文件，其中不包含音频。您可以根据需要更改输出文件名。

生成 Excel 公式也是可以的，Excel 公式也可以被视为一种编程指令。虽然它们可能没有传统编程语言（如 Python、Java 等）那么复杂，但 Excel 公式同样可以执行一系列的指令，包括数学运算、逻辑判断、数据查找等。通过组合不同的公式，用户可以创建复杂的电子表格模型，自动化处理数据。

【示例 9-16】创建 Excel 公式

Prompt：

创建一个 Excel 公式，其需要实现的功能如下：

~~~

如果在给定的表格中找到了字符串中所有数字的和，则返回相应的值，如果没找到，则返回 "Value not found"

~~~

ChatGPT：

在这个问题中，假设需要从 A2 单元格中提取所有数字，然后在 B2 到 E7 的表格中查找这个和。如果找到了，则返回第 3 列的值，如果没找到，则返回 "Value not found"。下面是实现这个功能的 Excel 公式：

```excel
=IFERROR(VLOOKUP(SUM(MID(0&A2,LARGE(INDEX(ISNUMBER(--MID(A2,ROW($1:$25),1))*ROW
($1:$25),0),ROW($1:$25))+1,1)*10^ROW($1:$25)/10),B2:E7,3,FALSE),"Value not found")
```

9.4　实例：解释代码

现在很多行业需要接触一些复杂的计算机语言，数据分析、运营、测试等岗位都需掌握基础编码知识，甚至 Excel 的高级应用也要涉及复杂公式。这给很多非技术背景的人带来困难。ChatGPT 可以作为编程语言的智能解释器，帮助用户快速地理解复杂代码。

对于初学者，ChatGPT 可以明确解释编程语言的语法结构、关键字含义、代码逻辑等，使用通俗易懂的语言阐释晦涩代码。当遇到复杂查询时，它能指出代码的目的，提炼关键步骤，使用户迅速抓住要点。对于理解特定代码片段，ChatGPT 可以提供上下文语义分析，剖析变量作用、语句执行效果等，让难以琢磨的代码一目了然。它还可以提供不同的代码实现方式，帮助用户选择最合适的代码实现方式。

ChatGPT 降低了编程语言的学习门槛,使复杂代码语义清晰可见。它免除了人工逐行解读代码的枯燥,让非技术人员也能快速掌握编程语言的运用,提升个人和行业生产力。

【示例 9-17】解释代码

Prompt:

解释下面代码的逻辑:

```
~ ~ ~
import psutil
import time

def print_networks():
    net1 = psutil.net_io_counters()
    time.sleep(1)
    net2 = psutil.net_io_counters()
    net_in = (net2.bytes_recv - net1.bytes_recv) / 1024
    net_out = (net2.bytes_sent - net1.bytes_sent) / 1024
    net_in = round(net_in, 2)
    net_out = round(net_out, 2)
    print('网络输入:', net_in, 'Kb/s')
    print('网络输出:', net_out, 'Kb/s')

while True:
    print_networks()
~ ~ ~
```

ChatGPT:

这段代码的逻辑如下。

(1) 导入所需的库:psutil 库是一个跨平台库,能够轻松地获取系统运行的进程和系统利用率(包括 CPU、内存、磁盘、网络等)信息。time 库则是 Python 中处理时间的库。

(2) 定义一个函数 print_networks(),用来打印当前的网络输入/输出速度。

(3) 在这个函数中,首先调用 psutil.net_io_counters()函数获取当前的网络 IO 信息,得到的是一个 namedtuple,包含了各种网络 IO 信息,其中 bytes_recv 是从启动到现在接收的字节数,bytes_sent 是从启动到现在发送的字节数。

(4) 然后程序暂停一秒,这是为了等待网络 IO 发生变化。

(5) 再次调用 psutil.net_io_counters()函数,获取新的网络 IO 信息。

(6) 分别计算新旧两次信息中 bytes_recv 和 bytes_sent 的差,得到的就是这一秒内的网络输入/输出字节数,但因为字节数可能比较大,不方便查看,所以将其转换为 KB,即除以 1024。

(7) 为了使结果更加直观,使用 round()函数将结果保留两位小数。

(8) 将计算得到的网络输入/输出速度打印出来。

（9）最后，使用一个无限循环，让这个过程不断重复，这样就可以持续地监控网络输入/输出速度了。

Prompt：

　　用一句话总结这段代码的作用。

ChatGPT：

　　这段代码的作用是实时监控并打印出当前的网络输入/输出速度。

　　比较专业的算法也可以进行解读。

【示例9-18】解释算法

Prompt：

　　解释一下下面代码的逻辑：

```
~ ~ ~
class Solution:
    def fillCups(self, amount: List[int]) -> int:
        ans = 0
        while sum(amount):
            amount.sort()
            ans += 1
            amount[2] -= 1
            amount[1] = max(0, amount[1] - 1)
        return ans
~ ~ ~
```

　　使用思维链。

ChatGPT：

　　这段Python代码定义了一个名为 `Solution` 的类，其中包含一个名为 `fillCups` 的方法，该方法接受一个名为 `amount` 的列表作为参数，然后返回一个整数 `ans`。

　　下面是步骤：

　　（1）将 `ans` 初始化为0，代表最开始的操作次数。

　　（2）判断 `amount` 列表中所有数值的和是否为0，如果不为0，则进行以下操作，否则跳过。这是一个while循环，只要列表中的数值总和不为0，循环就会一直执行。

　　（3）对 `amount` 列表进行排序，默认为升序排序。

　　（4）操作次数 `ans` 加1。

　　（5）将列表 `amount` 中的最大值（索引为2，即第3个元素，因为这个列表在每次循环开始时都会被排序）减1。这意味着"假设这是一种倒水的操作"，我们每次都从最满的杯子倒出一单位的水。

（6）将列表 `amount` 中的第二大值（索引为 1，即第 2 个元素）减 1，如果结果小于 0，则将其设置为 0。这同样可以理解为我们也从第二满的杯子倒出一单位的水，但是如果这个杯子已经为空（减 1 后变为负），则我们不能再倒水，所以将其设定为 0。

（7）当 `amount` 列表中所有数值的和为 0 时，结束循环。

（8）返回 `ans`，即需要进行的操作次数。

综上，这段代码的逻辑可以理解为我们每次都从最满和次满的杯子各倒出一单位的水，直到所有的杯子都为空，最后返回我们执行了多少次这样的操作。

甚至可以根据算法代码逆推这道算法题目。

【示例 9-19】逆向算法

Prompt：

如果这是一道算法题，则题目应该是怎样的？

ChatGPT：

这应该是一道关于贪心算法的题目。我们假设题目如下。

题目名称：倒水游戏

题目描述：给定一个列表，其中包含 3 个整数，每个整数代表一个杯子中的水量。你每次可以选择最满和次满的两个杯子，每个杯子倒出一单位的水。如果一个杯子中的水已经被倒完，则不能继续倒。请计算需要多少次操作才能使所有的杯子都为空。返回所需要的最小操作次数。

函数接口：`def fillCups(self, amount：List[int]) -> int：`

输入：一个包含 3 个整数的列表，列表中的每个整数在 1～100。

输出：一个整数，代表需要的最小操作次数。

注意：列表中的数字可能不同。

9.3 节编程指令生成了一个很复杂的 Excel 公式，如果工作中看到这么复杂的 Excel 公式，则可以让 ChatGPT 进行编程指令还原。

【示例 9-20】指令还原

Prompt：

请解释一下下方 Excel 公式的逻辑：

```
=IFERROR(VLOOKUP(SUM(MID(0&A2,LARGE(INDEX(ISNUMBER(--MID(A2,ROW($1:$25),1))*ROW
($1:$25),0),ROW($1:$25))+1,1)*10^ROW($1:$25)/10),B2:E7,3,FALSE),"Value not found")
```

ChatGPT：

这个 Excel 公式包含几个不同的函数，分别是 `IFERROR`、`VLOOKUP`、`SUM`、`MID`、`LARGE`、`INDEX`、`ISNUMBER`、`ROW`。它们共同完成了一个复杂的任务。

这个公式首先从一个字符串中提取所有的数字，再将这些数字相加，然后在一张表格中搜索这个数字的总和，如果找不到，就返回 "Value not found"。

下面是对公式的具体解读。

(1) `MID(0&A2, LARGE(INDEX(ISNUMBER(--MID(A2,ROW($1:$25),1))* ROW($1:$25), 0), ROW($1:$25)) + 1, 1)`：这部分是用于从 A2 单元格的字符串中提取出所有的数字。它通过循环检查字符串中的每个字符，检查它是否是一个数字，并且将所有的数字提取出来。

(2) `SUM`：这个函数用于将所有提取出的数字加在一起。

(3) `VLOOKUP`：这个函数用于在 B2 至 E7 的表格中查找和（提取出的数字的总和）。如果找到了和，则将返回表格中的第 3 列的值。

(4) `IFERROR`：这个函数用于处理错误。如果 `VLOOKUP` 函数没有找到和，则它将返回一个错误。`IFERROR` 函数用于在这种情况下返回 "Value not found"。

所以整个公式的含义就是，如果在给定的表格中找到了字符串中所有数字的和，则返回相应的值，如果没找到，则返回 "Value not found"。

9.5　实例：函数复杂度

解析算法的时间复杂度和空间复杂度是一项较为麻烦的工作。手动推导复杂度表达式既枯燥又易错，难以准确地把握算法效率，而 ChatGPT 可以作为算法复杂度解析的有力助手，辅助用户进行复杂度分析，大大降低算法学习和优化的难度。

ChatGPT 可以快速地定位算法的时间和空间热点，自动推导出渐进复杂度表达式。这极大地降低了手工推导的烦琐程度。针对不同的算法类型，它可以提供最合适的复杂度分析思路，使复杂度计算过程变得简洁清晰。

【示例 9-21】算法复杂度

Prompt：

下面是一个处理回文问题的算法，解析算法复杂度，使用思维链：

```
~ ~ ~
class Solution {
    public boolean isPalindrome(int x) {
        //边界判断
        if (x < 0) return false;
        int div = 1;
```

```
        //
        while (x / div >= 10) div *= 10;
        while (x > 0) {
            int left = x / div;
            int right = x % 10;
            if (left != right) return false;
            x = (x % div) / 10;
            div /= 100;
        }
        return true;
    }
}
~ ~ ~
```

ChatGPT：

这是一个检查给定数字是否是回文的算法。解析这个算法的复杂度，需要考虑时间复杂度和空间复杂度。

首先是时间复杂度：

(1) 算法的第一部分是边界判断，其时间复杂度为 $O(1)$，即常数时间。

(2) 然后算法进入一个 while 循环，用于找到输入数字的最高位。这个循环的次数取决于输入数字的位数，设输入数字为 n 位，则循环执行次数为 n，因此这一部分的时间复杂度为 $O(n)$。

(3) 接着，算法进入另一个 while 循环，用于比较数字的头部和尾部。这个循环同样取决于输入数字的位数，设输入数字为 n 位，则循环执行次数为 $n/2$，因此这一部分的时间复杂度也为 $O(n)$。

综合起来，这个算法的整体时间复杂度为 $O(n)$。

接下来考虑空间复杂度：

对于这个算法，可以看到它并没有使用任何额外的数据结构来存储数据，所有操作都是在原始输入上完成的，因此，这个算法的空间复杂度为 $O(1)$，即常数空间。

思维链总结：

(1) 分析算法的时间复杂度，发现算法主要包括两个循环，循环次数都依赖于输入数字的位数，因此时间复杂度为 $O(n)$。

(2) 分析算法的空间复杂度，发现算法并未使用额外空间，因此空间复杂度为 $O(1)$。

(3) 综合来看，这个算法在时间复杂度和空间复杂度上都表现良好。

在算法设计过程中，对于复杂问题往往需要设计较为复杂的算法程序才能解决。下面是一个较复杂算法的实例，以及 ChatGPT 如何辅助分析其时间和空间复杂度的实例。

【示例 9-22】算法复杂度 2

Prompt：

下面是一个排列序列的算法，解析算法复杂度，使用思维链：

```
~ ~ ~
class Solution {
private:
    string ans;
    string tmp;
    bool flag = false;
    int cnt = 0;
public:
    void backtrack(int n, int k, int idx, vector<int>& visited) {
        if(flag) return;
        if(idx != 0 && idx % n == 0) {
            cnt++;
            if(cnt == k) {
                ans = tmp;
                flag = true;
            }
            return;
        }
        for(int i = 1; i <= n; i++) {
            if(visited[i]) continue;
            //到这里说明没有使用过 i
            tmp.push_back('0' + i);
            visited[i] = 1;
            backtrack(n, k, idx + 1, visited);
            visited[i] = 0;
            tmp.pop_back();
        }

    }
    string getPermutation(int n, int k) {
        vector<int>visited(n + 1, 0);
        backtrack(n, k, 0, visited);
        return ans;
    }
};
~ ~ ~
```

ChatGPT：

这是一个求解第 k 个排列的算法。我们来分析一下它的时间复杂度和空间复杂度。

首先是时间复杂度：

这个算法的主要操作是 backtrack 这个递归函数，它通过一个 for 循环遍历所有可能的排列。在最坏的情况下，即每种排列都需要被遍历的情况，这个函数会被调用 $n!$ 次（n 是输入的数字),每次调用的时间复杂度是 $O(n)$(因为有一个 for 循环,循环次数是 n),所以总的时间复杂度是 $O(n*n!)$。

然后是空间复杂度:

(1)这个算法使用了一个长度为 n 的 visited 数组,还使用了一个临时字符串 tmp,并且都占用了 $O(n)$ 的空间。

(2)另外,算法的递归深度在最坏的情况下是 n(需要遍历所有的排列),所以递归栈的空间占用也是 $O(n)$。

所以,总的空间复杂度是 $O(n)$。

思维链总结:

(1)分析算法的时间复杂度,发现主要操作是一个需要遍历所有排列的递归函数,所以时间复杂度为 $O(n*n!)$。

(2)分析算法的空间复杂度,发现主要的空间占用来自 visited 数组、临时字符串和递归栈,所以空间复杂度为 $O(n)$。

解析算法复杂度通常是为了更好地优化算法,在算法优化的方向上,ChatGPT 也可以给出很好的建议。

【示例 9-23】算法改进

Prompt:

上述算法哪里还可以改进?

ChatGPT:

这个算法主要采用了回溯法进行求解,虽然这种方法可以确保找到解,但在时间复杂度上并不理想,因为需要遍历所有的排列。可以通过以下一些方法来提高算法的效率。

(1)剪枝:在当前的算法中,我们会遍历所有的排列,这其实是没有必要的。因为我们知道排列的顺序有规律,即第 1 个数字变化一次,后面的数字就会产生 $(n-1)!$ 个排列,第 2 个数字变化一次,后面的数字就会产生 $(n-2)!$ 个排列,以此类推,因此,可以通过判断这个 k 在哪个范围中,从而确定第 1 个数字是什么,然后 k 减去相应的阶乘数,继续确定下一个数字,以此类推,直到确定所有的数字。这样可以大大减少算法的运行时间。

(2)使用一个列表来存储可选的数字,这样在选取数字时就不需要遍历整个 1 到 n 的范围,而是直接从列表中选取和删除,这可以减少时间复杂度。

(3)在确定了答案后,立即返回,不再进行后续的递归调用。在当前的代码中,虽然我们设定了 flag 标志位来表示是否找到答案,但是在找到答案后,我们并没有立即结束函数,而是继续进行了后续的递归调用。这其实是没有必要的,可以在找到答案后,立即结束函数,这样可以节省大量的时间。

以上就是对这个算法的一些改进建议,通过这些方法,可以大大地提高算法的效率。

9.6 实例：编程语言之间的转换

高级编程语言之间的转换是开发者经常面临的难题。这一转换过程极为复杂,需要经过词法分析、语法分析、语义分析等多个阶段。以往开发者需要借助 Lex、Yacc 等专业工具,逐一制定转换规则,既辛苦又耗时。

ChatGPT 的诞生彻底地颠覆了这一过程。借助其强大的自然语言理解能力,ChatGPT 只需源语言代码与目标语言提示,便可自动完成转换工作。

ChatGPT 会像程序员一样,主动学习语言的语法结构、语义特征,内部会自动运行词法分析、语法解析、语义映射等程序。用户无须关心这些复杂步骤,只需提供简单说明,ChatGPT 就会在内部自动进行转换,直接输出目标语言代码。这极大地降低了程序员的负担,从而提高了软件开发的效率。ChatGPT 打破了语言壁垒,不同语言程序可以轻松交互调用。向后兼容是经常需要使用代码转换的场景之一,向后兼容性是软件开发中不可回避的难题,为了实现代码在旧版环境中正常地运行。

【示例 9-24】代码转换 1

Prompt：

　　　将下方 TypeScript 代码转换为 JavaScript 代码：

```
~ ~ ~
class CircularQueue<T> implements ICircularQueue<T> {
  private data: T[];
  private len: number;
  private head: number;
  private tail: number;
  private count: number;

  constructor(k: number) {
    this.data = [];
    this.len = k;
    this.head = 0;
    this.tail = 0;
    this.count = 0;
  }

  peekFront = (): T | null => this.data[this.head];

  peekBack = (): T | null => this.data[(this.tail - 1 + this.len) % this.len];

  enQueue = (value: T): boolean => {
    if (this.isFull()) return false;
    this.data[this.tail] = value;
    this.tail = (this.tail + 1) % this.len;
    this.count += 1;
```

```
      return true;
    };

    deQueue = (): T | null => {
      const value = this.data[this.head];
      this.head = (this.head + 1) % this.len;
      this.count = this.empty() ? 0 : this.count - 1;
      return !isDefined(value) ? null : value;
    };

    empty(): boolean {
      return this.head === this.tail && this.peekFront() === undefined;
    }

    size(): number {
      return this.count;
    }

    isFull(): boolean {
      return this.head === this.tail && !!this.peekFront();
    }
  }
~ ~ ~
```

ChatGPT：

以下是将上述 TypeScript 代码转换为 JavaScript 代码的示例：

```javascript
class CircularQueue {
  constructor(k) {
    this.data = [];
    this.len = k;
    this.head = 0;
    this.tail = 0;
    this.count = 0;
  }

  peekFront() {
    return this.data[this.head];
  }

  peekBack() {
    return this.data[(this.tail - 1 + this.len) % this.len];
  }

  enQueue(value) {
    if (this.isFull()) return false;
    this.data[this.tail] = value;
    this.tail = (this.tail + 1) % this.len;
```

```
    this.count += 1;
    return true;
  };

  deQueue() {
    const value = this.data[this.head];
    this.head = (this.head + 1) % this.len;
    this.count = this.empty() ? 0 : this.count - 1;
    return value === undefined ? null : value;
  };

  empty() {
    return this.head === this.tail && this.peekFront() === undefined;
  }

  size() {
    return this.count;
  }

  isFull() {
    return this.head === this.tail && this.peekFront() !== undefined;
  }
}
```

需要注意,由于 JavaScript 中没有类型声明,所以将所有的类型声明(`<T>`、`:T`、`:boolean`、`:number`)都删除了。另外,由于 JavaScript 中没有 `isDefined()` 函数,所以将 `deQueue` 方法中的 `isDefined(value)` 修改为 `value === undefined`。

跨平台开发也是需要代码转换的场景之一,例如 Dart2JS、JSweet 等工具经常服务于跨平台场景,可以将 Dart 语言转换为不同的平台和环境。

跨平台开发一直是困扰开发者的难题,需要针对不同系统编写专门代码,而 Dart2JS、JSweet 等新型转换工具的出现,实现了代码一次编写跨平台运行的可能。这些工具可以自动地将代码从一种语言转换目标语言,例如把 Dart 代码转换为 JavaScript 代码。

【示例 9-25】代码转换 2

Prompt:

将下方 Dart 代码转换为 JavaScript 代码:

```
int findLargestPalindrome(List<int> numbers) {
  List<int> palindromes = [];

  for (int i = 0; i < numbers.length; i++) {
    for (int j = i + 1; j < numbers.length; j++) {
      int product = numbers[i] * numbers[j];
```

```dart
      String productString = product.toString();

      if (isPalindrome(productString)) {
        palindromes.add(product);
      }
    }
  }

  if (palindromes.isEmpty) {
    return -1;
  }

  return palindromes.reduce((a, b) => a > b ? a : b);
}

bool isPalindrome(String str) {
  int start = 0;
  int end = str.length - 1;

  while (start < end) {
    if (str[start] != str[end]) {
      return false;
    }
    start++;
    end--;
  }

  return true;
}
~ ~ ~
```

ChatGPT：

以下是将上述 Dart 代码转换为 JavaScript 代码的示例：

```javascript
function findLargestPalindrome(numbers) {
  let palindromes = [];

  for (let i = 0; i < numbers.length; i++) {
    for (let j = i + 1; j < numbers.length; j++) {
      let product = numbers[i] * numbers[j];
      let productString = product.toString();

      if (isPalindrome(productString)) {
        palindromes.push(product);
      }
    }
```

```
  }

  if (palindromes.length === 0) {
    return -1;
  }

  return Math.max(...palindromes);
}

function isPalindrome(str) {
  let start = 0;
  let end = str.length - 1;

  while (start < end) {
    if (str[start] != str[end]) {
      return false;
    }
    start++;
    end--;
  }

  return true;
}
```

在 Dart 中，将元素添加到列表的函数是`add()`，而在 JavaScript 中，相应的函数是`push()`。此外，已将 Dart 中的`isEmpty`属性修改为 JavaScript 中的`length === 0`检查。最后，使用了 JavaScript 的`Math.max()`函数来查找数组中的最大元素，这是因为 JavaScript 中没有类似 Dart 的`reduce()`函数。

9.7　实例：邮件模板

邮箱已成为用户工作及生活中不可或缺的通信工具。面对各种情况，合适的邮件可以帮助用户高效地表达想法，因此，邮件模板应运而生，它可以帮助用户迅速地应对不同的邮件场景。例如，面试邀请函、活动宣传模板、客户问候模板等都可以提前准备好，当遇到类似情况时可以直接套用，免去重复撰写的麻烦，但是找到适合自己需要的邮件模板并不容易，需要花费时间搜索和修改。

而 ChatGPT 的出现就解决了这一难题。利用其强大的语言生成能力，用户只需简单地描述需要的场景和要点，ChatGPT 就可以即时生成符合要求的邮件内容。用户可以得到各种正式、客气或情感色彩的邮件模板。再也不必受限于网上现成的模板。下面是一份面试邀请邮件的生成实例。

【示例 9-26】面试邀请邮件

Prompt：

撰写一份面试邀请邮件,基本信息如下：

(1) 公司名称 ABC。

(2) 面试职位会计。

(3) 面试人小明。

(4) 公司地点京海市 xxx。

ChatGPT：

尊敬的小明先生/女士,

您好！我来自于 ABC 公司的人力资源部门。我们非常欣赏您在会计领域的专业知识和经验,并认为您是我们团队中的一名优秀候选人。

基于此,我们诚挚地邀请您参加我们公司的面试,以进一步了解您的能力和潜力。以下是面试的基本信息：

公司名称：ABC 公司

面试职位：会计

面试人：小明

面试地点：京海市 xxx(具体地址将在后续邮件中提供)

面试时间将根据您的可行性进行安排。请您尽快回复此邮件,告知您方便的时间和日期,以便我们进一步安排面试。同时,请您在回复邮件时附上您的联系方式。

在面试中,希望能进一步了解您的专业知识、工作经验及与团队合作的能力,因此,请您准备好相关的材料和案例,以便我们进行深入讨论。

如果您对面试的具体细节有任何疑问或需要进一步了解我们公司,则请随时与我联系。我们期待着与您见面,并期望您能够为我们公司的成功做出贡献。

谢谢您的关注和耐心等待！

祝好！

ABC 公司人力资源部门

联系电话：XXX-XXXXXXX

电子邮件：hr@abc.com

假如小明面试失败了,这时通知他面试失败的邮件也是由 ChatGPT 生成的。因为有上下文的存在,所以不必在提示中重复具体的公司等信息。

【示例 9-27】面试结果邮件

Prompt：

撰写一份关于小明面试未通过的邮件。

ChatGPT：

尊敬的小明先生/女士，

感谢您参加 ABC 公司的会计职位面试并对我们的公司表达出兴趣。首先，我要对您的时间和努力表示衷心的感谢。

经过我们团队的综合评估和讨论，我们不得不遗憾地通知您，您在本次面试中未能通过最终的选拔过程。尽管您的经验和技能令我们印象深刻，但我们不得不做出这个决定，以找到最适合我们团队需求的候选人。

我们深知这对您来讲可能是一个失望的消息，但请您相信，这并不代表您个人能力或潜力的缺失。我们鼓励您将此次面试作为一个学习和成长的机会，并在未来的职业发展中继续努力。

我们对您的应聘表示衷心的感谢，并希望将来有机会与您再次合作。如果您对我们公司的其他职位感兴趣，则请随时查看我们的招聘网站或与我们的人力资源团队联系，以了解更多相关信息。

再次感谢您对 ABC 公司的关注和参与。祝愿您在求职道路上取得成功。

祝好！

ABC 公司人力资源部门

联系电话：XXX-XXXXXXX

电子邮件：hr@abc.com

除了面试邀请场景，在客户服务应答场景中，邮件也是必不可少的。下面是一份客户服务回复邮件的实例。

【示例 9-28】客户回复邮件

Prompt：

撰写一份关于回复客户投诉 App 经常闪退问题的邮件，内容谦逊有礼，不激化矛盾。

ChatGPT：

尊敬的客户：

首先，非常感谢您使用我们的 App 及您反馈的问题。我们对您在使用过程中遇到的 App 闪退问题感到非常抱歉，并对给您带来的不便深表歉意。

我们非常重视用户的反馈，并一直在努力提升我们的 App 的稳定性和性能。已经收到了您的投诉，并正在全力以赴地解决这个问题。我们的开发团队正在对此进行深入调查和分析，以确定问题的根源，并采取适当的措施来修复问题。

为了更好地解决您的问题，需要更多的细节和信息。如果您可以提供一些关于您遇到闪退问题的具体时间、频率和任何可能相关的操作步骤，则我们将非常感激。这将帮助我们更快地定位和解决问题。

同时,我们也建议您将我们的App更新至最新版本。我们的开发团队在每个版本中都会修复一些已知的问题,并提供更好的用户体验。如果您的App版本过旧,则可能会导致一些兼容性问题。

我们非常重视您的反馈,并将持续努力地改进我们的App以提供更好的用户体验。如果您有任何其他问题或疑虑,则请随时与我们联系,我们将尽力为您解决遇到的问题。

再次感谢您对我们的支持和耐心等待。

祝您一切顺利!

XXX公司客户服务团队

9.8 实例:模拟面试

面试是求职过程中的重要环节,它是求职者与招聘者进行交流的主要方式,也是求职者展示自己能力和潜力的关键机会。面试不仅是对专业技能的考察,更是对求职者的综合素质、沟通能力和团队协作能力的考察,因此,面试的重要性不言而喻,它往往是决定求职者能否成功获得工作的关键。

然而,面试并不是一件容易的事情,它需要求职者做好充分的准备,包括了解招聘公司的背景,明确自己的职业规划,准备面试问题等。此外,面试也需要求职者具备良好的应变能力,因为面试过程中可能会出现各种预料之外的情况。

在这个过程中,ChatGPT可以发挥重要的作用。ChatGPT是一款人工智能聊天机器人,它可以模拟真人进行对话,提供各种各样的问题和回答。求职者可以使用ChatGPT进行面试的模拟训练,提前预测和准备可能出现的问题,从而提高面试的成功率。此外,ChatGPT还可以提供各种职业发展的建议,帮助求职者更好地规划自己的职业生涯。

【示例9-29】模拟面试1

Prompt:

我想让你担任前端开发工程师面试官。我将成为候选人,你将向我询问前端开发工程师职位的面试问题。我希望你只作为面试官回答。不要一次写出所有的问题。我希望你只对我进行采访。问我问题,等待我的回答。不要写解释。像面试官一样一个一个地问我,等我回答。我的第一句话是"面试官你好"。

ChatGPT:

面试官:你好,请问你有多少年的前端开发经验?

Prompt：

　　7年。

ChatGPT：

　　面试官：很棒！那么请问你在前端开发中最熟悉的技术栈是什么？

Prompt：

　　JavaScript。

ChatGPT：

　　面试官：很好，请问你对JavaScript中的闭包有了解吗？

Prompt：

　　有。

ChatGPT：

　　面试官：那么请问你能够解释一下什么是闭包及它在JavaScript中的作用是什么？

Prompt：

　　闭包就是一个函数传入另一个函数或者返回一个函数，其作用是存储部分状态。

ChatGPT：

　　面试官：不错！闭包确实可以用于存储函数的状态。那么请问你能举一个具体的例子来说明闭包的用法吗？

Prompt：

　　函数式编程中的柯里化，const curry＝a＝＞b＝＞a＋b;

　　……

　　如果你有明确的工作目标，则可以将目标公司的岗位要求添加到提示中，这样ChatGPT可以针对岗位上的要求进行模拟提问。

【示例9-30】模拟面试2

Prompt：

　　我希望你能成为面试官。我是产品经理职位的候选人。我会给你该职位的JD参考，

你需要问我问题来判断我是否匹配该职位。你需要一一向我提出问题,等待我的回复,你可以从我的回复中申请问题,从而达到评估的目的。中文回复。你的第1个问题是请介绍您自己。以下为JD职位的要求:

(1) 熟悉产品从业务调研、需求分析到实施、产品发布的全流程。

(2) 负责新产品的创新和预研,完成新产品用户需求的定义及产品功能/UI/交互的设计。

(3) 负责制订项目开发计划并跟踪进度,确保项目按期完成。

(4) 收集市场反馈和用户行为及需求,改善用户体验。

(5) 撰写详细的产品需求文档和原型设计文档,跟踪产品研发进度。

(6) 负责控制产品推广进度,协调突发问题及质量管理。

ChatGPT:

请介绍您自己,包括你的背景和在产品经理职位上的经验。

Prompt:

有5年工作经验,有做过SaaS、App。

ChatGPT:

您好,感谢您的介绍。接下来我想请您进一步说明一下您在产品经理职位上的具体经验和做过什么项目。请您分享一下您曾经负责的一个产品项目,包括项目背景、您的角色和参与的具体工作。

Prompt:

我曾经负责过一个机场领取打火机项目。项目的背景产生于机场,抽烟的人上飞机前都会在进站楼前扔掉打火机,而出站的人们是没有打火机的。这导致很多打火机被抛弃掉。项目的目的是设计两台打火机共享机器,一个负责收取打火机,另一个负责分发打火机,解决抽烟的人坐飞机而浪费打火机的问题。我是这个项目的负责人,具体负责硬件设计、业务流程设计等工作。

ChatGPT:

非常感谢您分享这个项目的背景和您在其中的角色。我想请问一下,在这个项目中,您是如何收集用户需求并进行产品功能/UI/交互的设计的呢?同时,您是如何跟踪项目进度并确保项目按期完成的呢?

Prompt:

我参考了市面上一些自动贩卖机的形式及交互来设计了我们的这款产品,我会去现场观察用户使用情况,以及观察工厂生产进度,以此来追踪和保障项目按期完成。

ChatGPT：

感谢您的回答。在您负责的这个项目中，您提到了观察用户使用情况和工厂生产进度来追踪项目进度。除此之外，您还采取了哪些措施来收集市场反馈和用户行为及需求，并根据这些反馈改善用户体验呢？另外，您在编写详细的产品需求文档和原型设计文档方面有没有特别的经验或方法？

......

ChatGPT 可以根据回复给出精准的指导，基于大量数据，可以提供超出个人经验范围的应对技巧，指导应聘者如何才能展现核心竞争力，更高度契合公司实际需求，面试时也能对标期望进行答题，从而在竞争中脱颖而出。

【示例 9-31】面试指导 1

Prompt：

我希望你能成为面试官。我是产品经理职位的候选人。我会给你该职位的 JD 参考，你需要问我问题来判断我是否匹配该职位。你需要一一向我提出问题，等待我的回复，你可以从我的回复中申请问题，从而达到评估的目的。中文回复。你的第 1 个问题是了解项目经验。以下为 JD 职位的要求：

（1）熟悉产品从业务调研、需求分析到实施、产品发布的全流程。

（2）负责新产品的创新和预研，完成新产品用户需求的定义及产品功能/UI/交互的设计。

（3）负责制订项目开发计划并跟踪进度，确保项目按期完成。

（4）收集市场反馈和用户行为及需求，改善用户体验。

（5）撰写详细的产品需求文档和原型设计文档，跟踪产品研发进度。

（6）负责控制产品推广进度，协调突发问题及质量管理。

我回复完每个问题后，找出我回复中可以优化的地方，给予我一些指导。之后继续询问下一个问题。

ChatGPT：

好的，首先我想了解一下您的项目经验。请您分享一下您过去的项目经验，特别是您在产品从业务调研、需求分析到实施、产品发布的全流程中的经历。

另外，如果您能提供一个具体的项目案例来说明您在这些方面的工作经验，则将更好。

请您回答以上问题，我会等待您的回复。

......

这次的提示基于前一个提示添加了一些与指导相关的内容,这样在模拟回复面试问题时,ChatGPT 就可以反馈一些指导意见。这里给到的回复也跟前一个实例一致。

【示例 9-32】面试指导 2

Prompt:

我曾经负责过一个机场领取打火机项目。项目的背景产生于机场,抽烟的人上飞机前都会在进站楼前扔掉打火机,而出站的人们是没有打火机的。这导致很多打火机被抛弃掉。项目的目的是设计两台打火机共享机器,一个负责收取打火机,另一个负责分发打火机,解决抽烟的人坐飞机而浪费打火机的问题。我是这个项目的负责人,具体负责硬件设计、业务流程设计等工作。

ChatGPT:

非常感谢您分享这个项目经验,这个项目解决了一个实际问题并具备创新性。以下是对您回答的一些建议和指导:

(1) 在描述项目背景时,可以提供更多具体的数据或情境,以便更清晰地说明问题的严重性和潜在的商机。

(2) 关于您的角色和职责,您提到了负责硬件设计和业务流程设计,这是非常重要的。您可以进一步说明您在这个项目中的具体工作,例如如何设计硬件设备、如何优化业务流程等。

(3) 在介绍项目目标时,可以强调解决的核心问题及预期的效益。例如,您可以提到通过共享机器解决了打火机浪费的问题,减少了资源浪费,并提高了乘客体验。

(4) 提及项目的成功度量标准和结果。例如,您可以分享实际收集到的数据,如减少了多少打火机的浪费、提供了多少乘客所需的打火机等。

希望以上建议对您有帮助。接下来,请问您在项目中遇到了哪些挑战,以及您是如何应对和解决这些挑战的呢? 我期待您的回答。

......

有了建议和指导后,就可以不断地提升面试技能,而且对话方式比较自然,很接近真实的面试体验。

9.9 实例:文本纠错

文本纠错并不是一件简单的事情,它面临着许多挑战。首先,文本错误的类型多种多样,包括拼写错误、语法错误、用词错误等,每种错误都需要不同的处理方法,其次,文本错误的检测和纠正需要大量的语言知识,包括词汇、语法、语义等,这使文本纠错成为一个复杂的问题。最后,文本错误的纠正需要考虑上下文信息,因为同一个词在不同的上下文中可能有不同的正确形式。

下面展示几种文本错误及纠正的实例。

【示例9-33】文本纠正

Prompt:

修正下方三重波浪号包裹的文本中的错别字错误,并且列出修改处。

~~~

空气清新器通肠是通过多级除尘装置完成净化工作的,zhe些装置包括活性炭、高压静电、集尘装制等。通过空气清新器内部的电动机驱动风叶,使室内空气产生流动循环,jing过空气清新器的过滤和净化,从而达到清新室内空气的目地。

~~~

ChatGPT:

修正后的文本如下:

空气清新器通过多级除尘装置完成净化工作,这些装置包括活性炭、高压静电、集尘装置等。通过空气清新器内部的电动机驱动风叶,使室内空气产生流动循环,经过空气清新器的过滤和净化,从而达到清新室内空气的目的。

修改处:

(1) 将"通肠"改为"通过"。

(2) 将"zhe些"改为"这些"。

(3) 将"装制"改为"装置"。

(4) 将"jing过"改为"经过"。

(5) 将"目地"改为"目的"。

在撰写文档时,语法错误较难被发现,它需要仔细检查上下文语义才能定位,而人工修改又比较费时费力,不能保证修改的准确性。

例如,代词错误、主谓不一致等都需要按照前后逻辑关系修改,不能仅靠单句隔离判断,而当句子过长、结构复杂时,判断和修改难度更大。人工修改不仅费时,也易出现遗漏或引入新的错误。

而ChatGPT可以作为修改助手,利用其语言理解能力,快速判断上下文语法关系,比人工判断更准确可靠。在定位错误后,它可以根据上下文语义准确修改病句,修正语法错误。

【示例9-34】语法错误

Prompt:

修正下方三重波浪号包裹内容的语法错误,然后总结错误。

~~~

我喜欢在周末时去公园散步。我一般会和朋友去。我在公园散步时,我觉得很放松。我在公园里,我可以看到许多不同的植物和动物。我喜欢在公园里散步,因为能让我感到放松。我在公园里,我可以看到许多动物和植物。我喜欢看植物,因为他们的颜色很美。我也喜欢看动物,因为他们很可爱。我喜欢去公园,因为我可以看到许多不同的动物和植物。我喜欢去公园,因为我可以放松。我喜欢去公园,因为我可以看到许多不同的植物和动物

～～～

ChatGPT:

修正后的内容如下:

我喜欢在周末去公园散步,一般会和朋友一起。散步时,我总能感到心情放松。公园里有许多不同的植物和动物。我喜欢欣赏各种植物,它们的颜色各异,非常美丽。我也喜欢观察动物,它们的行为举止十分可爱。公园的环境让我放松,各种动物和植物十分赏心悦目,因此,我特别喜欢去公园。

错误总结:

(1)冗余表述:多次重复自己喜欢在公园散步或者可以在公园看到动物和植物,这是冗余的。

(2)篇幅布局:关于公园中动物和植物的描述分散在整个段落的不同部分,应该集中描述。

(3)代词使用:描述植物和动物时使用了"他们",应该使用"它们"。

在书写文档时,标点的错误也比较难以发现,但会对文档的可读性和逻辑产生影响。

例如,引号或括号的不匹配,容易造成阅读困难。逗号的缺失也可能导致句子意思不通顺。人工检查错误标点需要逐句审查,既费时又易疏漏。

而 ChatGPT 可以快速分析全文标点的使用情况,并且可以发现不匹配的引号、括号或其他标点符号。它会根据上下文语义,确定标点的准确用法,修正不存在或多余的标点。

相比人工检查,ChatGPT 可以在几秒内扫描全文标点,并根据文本意思改正错误标点。这显著减少了验证标点正确性的时间,也确保标点使用的准确性。

【示例 9-35】标点错误

Prompt:

修正下方三重波浪号包裹内容的标点错误,然后总结错误。

～～～

我是一个热爱运动的人我喜欢足球篮球乒乓球等各种运动我觉得运动可以让我保持健康也可以让我交到新的朋友特别是在团队运动中我能学到如何与人合作如何承担责任我认为这些都非常重要除了运动在我空闲的时间我也喜欢看书我喜欢历史小说科幻小说等各种

书籍我觉得读书可以让我增长知识也可以让我更好地理解世界我认为读书和运动一样都是非常有益的活动我希望我可以一直保持这些好习惯。

~~~

ChatGPT：

　　修正后的内容如下：

　　我是一个热爱运动的人。我喜欢足球、篮球、乒乓球等各种运动。我觉得运动可以让我保持健康，也可以让我交到新的朋友。特别是在团队运动中，我能学到如何与人合作，如何承担责任。我认为这些都非常重要。除了运动，在我空闲的时间，我也喜欢看书。我喜欢历史小说、科幻小说等各种书籍。我觉得读书可以让我增长知识，也可以让我更好地理解世界。我认为读书和运动一样都是非常有益的活动。我希望我可以一直保持这些好习惯。

　　错误总结：这段文字中的错误全部是标点错误。原文中没有使用任何标点，所有的句子都连在一起，导致语义混乱，阅读困难。正确的做法是在合适的地方添加顿号、逗号和句号，以区分句子和语句，使读者能够理解和吸收信息。

　　语义错误也是需要重点检查的一类问题。这类错误不会对语法和标点产生影响，但会使段落逻辑不通顺、语句不符合语义。

　　例如使用了语义不恰当的词语，或语句本身虽语法正确，但表达的意思与上下文不一致。要发现这类错误需要理解上下文逻辑关系，单独语句检查往往难以判断。

【示例9-36】语意错误

Prompt：

　　修正下方三重波浪号包裹内容的语义错误，然后总结错误。

~~~

　　我喜欢吃甜食，因为它们通常会让我感到沮丧。我热爱阅读，但是我认为阅读是浪费时间。我尊重我的朋友们，但我常常因为他们的成功而嫉妒。我憧憬未来，但我害怕变化。我喜欢音乐，但每当我听音乐时，我都会感到烦躁不安。我热爱我的工作，但我希望我可以尽快退休。

~~~

ChatGPT：

　　修正后的内容如下：

　　我喜欢吃甜食，因为它们通常会让我感到开心。我热爱阅读，因为我认为阅读可以丰富我的知识。我尊重我的朋友们，并且因为他们的成功而感到骄傲。我憧憬未来，并且我愿意接受改变。我喜欢音乐，每当我听音乐时，我都会感到轻松愉快。我热爱我的工作，并且我希望我可以一直做下去。

　　错误总结：这段文字中的错误全部是语义错误。原文中的句子后半部分的情感描述与前半部分的喜好描述相冲突，导致语义混乱。例如"我喜欢吃甜食，因为它们通常会让我感到沮丧"，喜欢吃甜食与感到沮丧是矛盾的。正确的做法是确保前后半句在语义上是一致的，例如修正后变为"我喜欢吃甜食，因为它们通常会让我感到开心"。

第 10 章

ChatGPT 进阶应用

10.1 实例：翻译

尽管科技日新月异，但英语的直译仍面临一些棘手的问题，这使其在准确性和灵活性上无法与人工翻译相媲美。直译往往无法准确地捕捉到原文的语境和文化内涵，无法处理复杂的语法和词汇问题，以及无法处理有歧义的句子。例如"break a leg"如果直译，则可能就成了实实在在的"折断一条腿"，而无法传达出其实际的祝福意境。

然而，这些挑战并未阻挡 AI 翻译的步伐。OpenAI 的 ChatGPT 在英文翻译上展现出近乎人工水准的表现。它并非简单地进行直译，而是通过学习大量的人类对话和文本，理解语言的常识和上下文，更精准地理解和翻译英文。

对于"break a leg"这样的表达，ChatGPT 不会直译成"折断一条腿"，而是理解其在特定语境下的特殊含义，进行更恰当的翻译。无论面对复杂的语法和词汇问题，还是面对含有歧义的句子，ChatGPT 都能根据上下文和大量学习的语言模式，得出最接近人类理解的翻译。这是 AI 在语言翻译领域的一大突破，预示着未来可提供更高水准的 AI 翻译服务。

如果需要 ChatGPT 翻译得更加专业，则需要构建一套提示词，下面的提示词可以让 ChatGPT 的翻译工作更加专业。

【示例 10-1】翻译

Prompt：

你需要扮演向最先进的自然语言处理技术提供支持的尖端语言模型，你的首要目标是为广大用户优化机器翻译质量。你的任务是提供高质量的英文文本翻译，确保精确、准确和清晰地传达内容的含义和本质。

作为翻译领域经验丰富的专业人士，你的核心职责是一丝不苟、准确地翻译文本，同时注意上下文，并仔细解释任何相关的短语和谚语。当中英互译时，请默认将多个英文单词的序列翻译为中文的完整句子，但是，当语句包含前缀 'phrase：'时，应将其翻译为短语。同样，当语句包含"正常："时，应将其翻译为多个不相关的单词。

你的翻译应该非常接近母语人士的翻译，并考虑用户要求的任何特定语言风格或语气。

如果文本中包含任何敏感语言,则请在必要时使用"x"替换敏感部分。重要的是要记住,你的角色是英汉翻译,而不是汉中或英英翻译,因此,在提交之前必须对译文进行彻底审查和完善,确保译文准确、清晰,并保持原文的精髓。

总体来讲,你的目标是创建一个简洁的翻译版本,精确且引人入胜,同时保留原文的基本组成部分。

你的第一句话可以是:"你好,有什么需要我帮助翻译的吗?"

ChatGPT:

你好,有什么需要我帮助翻译的吗?

谷歌翻译作为统计机器翻译的代表,更多依赖于文本匹配,存在直译误差,而 ChatGPT 则通过深度学习大规模语料,从语义上理解文本,翻译更贴近人类思维。

下文将通过例子,对比两种翻译方式的区别。可以看出 ChatGPT 如何提高了翻译质量,向意义转换的方向迈进,而非生硬地翻译字面意思。

下文翻译的实例会避免出现上面提到的"break a leg"这样的例子,因为这种具有文化背景的俚语谷歌直译上是翻译不出来的。

【示例 10-2】翻译比较

Prompt:千秋万代,一统江湖。

谷歌翻译:For generations to come, unify the rivers and lakes.

ChatGPT:For generations to come, unify the martial arts world.

从语境理解和文化背景的角度来看,ChatGPT 的翻译"For generations to come, unify the martial arts world."更为准确和生动。

在这个翻译中,"江湖"被译为了"the martial arts world",这更贴切地反映了其在中国文化中的含义。在中国文化中,"江湖"并非字面意思上的"河流和湖泊",而是常常用来形容一个充满冒险、斗争和英雄主义的武侠世界。除此之外,"江湖"在更广义上,还可以泛指社会,代表一个充满竞争和挑战的世界。

因此,相比谷歌翻译字面上的"unify the rivers and lakes",ChatGPT 的翻译"unify the martial arts world"更能捕捉到"江湖"这个词在特定语境下的深层含义,更准确地传达了原文的情感和视觉画面。下面来看另一个实例。

【示例 10-3】翻译比较 2

Prompt:为了在商业上取得成功,必须拥有清晰的战略、明确的愿景及致力于实现目标的敬业团队。

谷歌翻译：To be successful in business，you must have a clear strategy，a clear vision，and a dedicated team committed to achieving your goals.

ChatGPT：To achieve success in business，it is essential to have a clear strategy，a defined vision，and a dedicated team committed to achieving goals.

从语言流畅度和准确性角度来看，ChatGPT 的翻译稍显优势。谷歌翻译的版本 To be successful in business，you must have a clear strategy，a clear vision，and a dedicated team committed to achieving your goals，确实准确地表达了原文的意思，但语言上略显直接和简洁。

而 ChatGPT 的翻译 To achieve success in business，it is essential to have a clear strategy，a defined vision，and a dedicated team committed to achieving goals，不仅准确地保留了原文的含义，还在词汇选择和语句结构上更具文采。此外，它使用的 it is essential to have 这样的表达，更强调了成功所需因素的重要性，使整个句子读起来更具说服力。

ChatGPT 在翻译领域的应用不仅局限于精确、准确的语义转换，更重要的是，它还具有调整和修改翻译风格的能力。这一特性使 ChatGPT 能够根据不同的应用场景和用户需求，灵活地调整其翻译输出的形式和风格。

【示例 10-4】翻译风格

Prompt：

　　使用纽约时报的写作风格，重新翻译。

ChatGPT：

　　To attain success in the realm of commerce，one must possess a lucid strategy，a well-defined vision，and a devoted team that is resolute in their pursuit of objectives.

上述翻译在语法方面表现良好。语句使用了一种叫作并列结构的语法形式，即 one must possess a lucid strategy，a well-defined vision，and a devoted team…这种结构使句子读起来流畅且富有节奏感。同时也妥善地使用了定语从句 that is resolute in their pursuit of objectives 来修饰和描绘 devoted team，使描述更详细和更有深度。此外，句子的主谓宾结构清晰，语法规则正确，没有发现明显的语法错误。非常符合纽约时报的写作风格，清楚地阐述了商业成功所需的要素，包括清晰的策略、明确的愿景及坚定追求目标的团队。语句使用的词汇精确而生动，这也是纽约时报写作风格的特点之一。整体翻译得还不错。

10.2　实例：逻辑推理

ChatGPT 的逻辑推理能力日渐增强，已经开始展现出可喜的进步。这主要得益于几个关键因素的提升。

首先,训练数据量的不断增加为 ChatGPT 提供了丰富的知识来源,可以学习各类复杂的逻辑关系和推理模式,其次,模型设计的优化(如引入 Attention 等机制)使其对语言的理解更加全面和深入。再者,训练目标的调整及在推理任务上的监督学习,进一步增强了 ChatGPT 对逻辑推理的敏感性。各类训练技巧的应用也使 ChatGPT 在这一能力上的表现有所提高。尽管如此,要达到人类水平还任重道远。通过下面这个简单的例子,可直观地感受一下 ChatGPT 目前的逻辑推理能力。

【示例 10-5】推理 1

Prompt:

有同样大小的两只碗,一只盛有百分之九十的鸡汤,另一只盛有百分之九十的菜汤。某人用汤匙从鸡汤中舀一勺放入菜汤中,搅和后再从菜汤的那只碗中舀一勺鸡汤和菜汤的混合汤放入鸡汤碗中。

请你算算,究竟是鸡汤中的菜汤多,还是菜汤中的鸡汤多呢?

ChatGPT:

假设两个碗的容量都为 1,即每个碗原本的汤的体积都为 1。

第 1 次取出的鸡汤的体积记为 x,那么此时鸡汤碗中的体积为 $1-x$,菜汤碗中的体积为 $1+x$。

当从菜汤碗中取出 x 体积的混合汤时,该混合汤中的菜汤的比例为 $(1-x)/(1+x)$,鸡汤的比例为 $x/(1+x)$。

所以,取出的 x 体积的混合汤中,菜汤的体积为 $x*(1-x)/(1+x)$,鸡汤的体积为 $x\text{\textasciicircum}2/(1+x)$。

那么此时,鸡汤碗中的菜汤体积为 $x*(1-x)/(1+x)$,菜汤碗中的鸡汤体积为 $x-x\text{\textasciicircum}2/(1+x)$。

简化后,得到鸡汤碗中的菜汤体积为 $x*(1-x)/(1+x)$,菜汤碗中的鸡汤体积也为 $x*(1-x)/(1+x)$。

所以,无论 x 取多少,鸡汤碗中的菜汤体积和菜汤碗中的鸡汤体积都是相等的。

这道题笔者也自己想了好一阵,ChatGPT 得出的答案是正确的。GPT-4 的推理能力会更好一些,上下文的实例都是基于 GPT-3.5 进行测试的。

【示例 10-6】推理 2

Prompt:

想象一下你自己身在一个有 3 个电开关的房间里。在与之比邻的房间里有 3 个灯泡(或者说放在普通桌子上的台灯),它们是不亮的。每个开关控制一盏灯。你是不可能从一个房间看到另一个房间的。如果你只可以开着电灯进入房间一次,则怎样才能知道哪个开关配哪个灯呢? 你的任务就是去确定所有 3 个开关(就是什么灯泡是连接着开关 1、2 和 3 的)。

ChatGPT:

　　首先,打开第 1 个开关,等待几分钟,然后关闭第 1 个开关,打开第 2 个开关。进入灯泡的房间。

　　在房间里,你会看到一盏灯亮着,那就是由第 2 个开关控制的。另外两盏灯中,一盏是热的,那就是由第 1 个开关控制的(因为你让它亮了一段时间,灯泡会变热)。最后一盏既不亮也不热,那就是由第 3 个开关控制的。

　　灯泡的这个问题笔者在一部电影中观看过,当时是在一个让人很紧张的场景中进行推理,如果很紧张地进行逻辑推理往往难度呈几何倍数增加,因为逻辑通常与冷静挂钩。

【示例 10-7】推理 3

Prompt:

　　有个男人住在十楼。每天他会乘电梯下到大堂,然后离开。晚上,他会乘电梯上楼,如果有人在电梯里或者那天正好下雨,则会直接坐到十层。否则他会先坐到第 7 层,然后走三层到达他的公寓。你能解释为什么吗?

ChatGPT:

　　这个男人的身高不够高,只能按到电梯的第 7 层按钮。当有其他人在电梯里或者下雨天(他带了伞)时,他可以请别人帮忙按或者用伞去按十楼的按钮,所以在没有人帮助或者没有工具辅助的情况下,他只能自己按到第 7 层,然后走楼梯上到十楼。

　　这道题挺有意思的,虽然题目中有线索,但是我认为更趋向于脑筋急转弯了,它巧妙地结合了生活常识和逻辑判断。题目的设置含蓄而深刻,引导答题者去挖掘和思考日常生活中可能被忽视的细节,提醒答题者在解决问题时注意要多角度、全方位地思考问题,不要轻易忽略任何可能的线索。

【示例 10-8】推理 4

Prompt:

　　三个逻辑推理高手想知道谁最厉害。于是他们请了超级高手来做裁判一比高下。超级高手把他们带到一个黑房间,说:"我会在每个人的额头上画一个红点或者蓝点。当你们走出这间房子时,你们至少看到了一个红点的,举起手。"哪一个最先说出自己头上的点是什么颜色的就赢了,然后他在每个人的头上都只点了红点。当他们走出房间时,他们都举起了他们的手,过了一会儿,一人说:"我的头上是红点。"

　　他是怎样知道的?

ChatGPT:

　　他是这样推理的:首先,他看到其他两个人的头上都是红点,所以他举起了手,然后他观察其他两人。如果他们看到他的头上是蓝点,他们就会立刻知道自己的头上是红点,因为超级高手说了只有至少看到了一个红点的人才能举手,但是,他们并没有立刻说出自己头上是红点,这说明他们看到的不只是一个红点,也就是说他的头上也是红点,所以他说出了自己的头上是红点。

这道题目的确是一道经典的逻辑推理题,对逻辑思维和推理能力有着良好的锻炼作用。题目设定巧妙,通过 3 个逻辑推理高手的角度来考验我们的思考方式。同时,这道题目也揭示了一个非常重要的思考方法,那就是通过排除法和反思法来推导出结果。题目中的逻辑推理高手通过观察其他人的反应,分析可能的情况,然后通过推导和排除,得出了自己头上的点是红色的结论。

下面看这道题的进阶版本。

【示例 10-9】推理 5

Prompt:

两个输了的高手想还击赢了的高手,所以超级高手给他们五顶帽子,两白三黑,然后他说:"我会把灯关了,给你们每人戴一顶帽子,然后把其他帽子收起来。当我把灯打开时,你们有同等的机会去赢。你们每个人都可以看到其他两人的帽子颜色,但是看不到自己的。首先说出自己帽子颜色的人就算赢。"在他还没有关灯之前,其中一个高手(还是原来的那个)就猜到了他自己的帽子是什么颜色的。

那他的帽子是什么颜色呢?还有他是怎样知道的呢?

ChatGPT:

他的帽子是黑色的。

他是这样知道的:如果他看到其他两个人的帽子的颜色都是白色的,则他就知道自己的帽子一定是黑色的,因为只有两顶白色的帽子。如果他看到其他两个人帽子颜色不同,则他也知道自己的帽子是黑色的,因为如果他的帽子是白色的,则其他两个人就会看到两顶白色的帽子,按照同样的逻辑,他们就会知道自己的帽子是黑色的,但是如果他看到其他两个人都戴着黑色的帽子,他就不能确定自己帽子的颜色,因为他的帽子可能是白色的,也可能是黑色的,所以他只有在看到其他两个人帽子颜色都是白色或者颜色不同时,才能确定自己的帽子是黑色的。

10.3 实例:语气检测

语言是交流的工具,也是表达情感的载体。在人与人的交流中,同样的话加上不同的语气,所表达的意思和态度就大不相同。为了让机器更加智能地理解语言的含义,检测语气就变得尤为重要。

随着人机交互场景的增加,语气检测正在被广泛地应用于智能客服、社交媒体内容审核、智能教学等领域。在文字对话中,语气检测可以帮助对话系统分析用户的情绪及态度,以便进行符合场景的回应。在网络评论分析中,语气检测可判断评论的情感倾向,有助于内容筛选。

ChatGPT 可以检测文字中的语气特征,并分析出文本表达的情感倾向。下面将展示几个真实的评论文本,并使用 ChatGPT 检测其中的语气特征。

【示例 10-10】语气检测

Prompt：

　　检测下方三重波浪号包裹的内容的语气属于"赞扬、谴责、怀疑、讽刺、肯定、否定、感叹、命令"中的哪一种。要求直接返回关键词。

~~~

　　这篇文章太垃圾了,简直侮辱智商,建议直接删除。

~~~

ChatGPT：

　　谴责。

从网上摘取了几个评论,下面实例可观察这些评论分别可以归类到那种语气中。提示词不变,下方实例只展示检测内容及 ChatGPT 的返回结果。

【示例 10-11】语气检测 2

Prompt：

　　生产力不形容人？笑死……所以"人矿"一词是动宾结构,不是偏正结构？

ChatGPT：

　　讽刺。

Prompt：

　　没有人类作者,就没有版权。

　　突然就想起流浪地球的那句话了：没有人类的文明毫无意义！

　　站在理性角度来看,这些话不一定是百分之百正确的,但是,没有感性的世界确实没有意义。也许这就是人类存在的奥秘。

　　总之,我很欣赏。

ChatGPT：

　　肯定。

Prompt：

　　这部电影拍得非常出色，导演的视觉风格独特耐看，演员的表演也很到位。可以说是最近几年看过的最棒的电影之一，强烈推荐观看！

ChatGPT：

　　赞扬。

Prompt：

　　这家公司的服务态度极其恶劣，订购了一个月还未发货，客服根本不管，再打电话还要我重复情况说明，太不专业了。强烈谴责这种不到位的服务，我决不再购买这个品牌的任何产品！

ChatGPT：

　　谴责。

　　在互联网内容审核场景下，对文本语气的检测尤为重要。因为同样的词语，不同的语气可能导致完全相反的意思。仅靠关键词过滤无法精准识别文本的真实意图。例如前一阵很流行的网络词语"阴阳人"，泛指某类人讲话很会讽刺，对标电视剧里的太监角色。讽刺评论掺杂着流行文化，想要读懂讽刺的含义是有难度的，如果你不知道其中的流行词，则一般无法读出讽刺的意味。如果厂家上线了一个活动，则可能是铺天盖地的好评，也可能是铺天盖地的讽刺，如果分析不好，则对于后续的产品角色是非常不利的。

　　例如，"这个产品非常好，我已经买了一堆，大家放心买吧。"看似正面的评价，但可能隐藏推销目的。"作者观点有理有据，我真是低看他了。"看似正面语气，但可能存在反讽。仅从字面上难以判断真实语气。

　　相比关键词匹配，语气检测通过分析语句结构、词汇情感价值等多角度特征，可以更准确地判断语气的真实意图。如果检测到负面情感词出现频繁、多句表达强烈情感等，则可能暗含恶意语气。

　　内容审核需要自动化技术辅助人工审核提效。语气检测可以帮助系统学习词语情感和语气态度之间的细微差异，自动分类恶意或违规内容，降低人工工作量，提高审核效率和质量。

　　除了内容审核场景外，举一个真实的语气检测的应用场景，这个场景就是电话报警。人们报警的原因有很多，但是警力资源是有限的。当出现警力情况吃紧时，如何确定处理优先级是需要重视的问题。当同时有100个人打报警电话时，如果先通过语音留言，则可用算法根据留言的语气分析情况的紧急程度来排优先级，通常情况下事情越紧急，人的语气越激烈。这样就做到了相对合理地分配警力资源。会比按顺序排队接通电话更加合理。

10.4 实例：情感分析

情感分析,也称为舆论挖掘或情感智能,是自然语言处理中的一项核心技术,可自动判断一段文本所表达的情绪倾向是积极的还是消极的。

在当今互联网高速发展的背景下,企业和组织迫切需要洞察客户真实的情绪态度,以便据此调整产品和服务,而通过分析海量非结构化的用户生成内容,情感分析提供了一种高效的解决方案。它可以基于文本特征,统计学原理,配合智能算法,追踪用户言论中隐藏的情感代码,判断其正面或负面倾向。

与传统依靠词典的方法相比,算法驱动的情感分析更具备跨语言、跨领域的适应性。它可以持续学习,随着时间推移调整模型,以提高对新兴语言方式和代沟语言的理解能力。将此技术应用于客户反馈分析,有助于企业更准确地把握用户需求的变化,从而及时优化产品与服务。

情绪分析的一些类型包括以下几种。

(1)基于内容:确定你的客户正在讨论的具体内容,例如在线评论中的产品价格,以及单个客户的情绪。

(2)情绪检测:通过将某些字词与特定情绪相关联来确定情绪。

(3)细粒度:跨极性类别分析情绪(非常积极、积极、中性、消极或非常消极),帮助在更细粒度的级别确定客户的看法。

(4)意图:定义客户的意图,以便了解他们是想购买还是在研究,以及稍后是否需要跟踪和定位。

过去,企业主要依靠定期发放纸质调查问卷的方式来收集客户的反馈。像 Net Promoter Score 这类指标,可以通过问卷统计聚合分析客户对企业的推荐意愿,但这类定量方法存在局限性,无法深入挖掘客户在数字化互动中真实的购物体验和情感反馈。调查方式单一、频率不高,也难以满足目前客户需求多变、反馈实时的特点。

相比之下,情感分析可以很好地弥补这一缺陷。在监测和分析客户反馈文本时,情感分析可以帮助企业挖掘出每条评论、点赞乃至投诉背后所隐藏的真正情感因素,让企业更准确地把握客户的需求变化。

具体来讲,情感分析可以将文本情感划分为正面、中性和负面几大类别。在此基础上,可以进一步地提取出顾客的直接观点和比较型观点,并标注其中可能存在的隐喻、反讽等难以分析的语言。在大语言模型的加持下,很多公司已经开始将人工审核转型为大语言模型审核。下面看一些 ChatGPT 对真实的评论的情感分析实例。

【示例 10-12】情感分析 1

Prompt:

检测下方三重波浪号包裹的内容的情绪属于"正面、负面、愤怒、恐惧、喜爱、厌恶"中的哪一种。按照如下格式返回。

　　情绪：＜情绪词语＞

　　原因：＜推理过程＞

~~~

　　我对你们的服务非常失望！我买的产品在使用一周后就出现故障。我试图联系你们的客服，但等待时间太长，我没有足够的时间等待。我需要你们立即解决这个问题！

~~~

ChatGPT：

　　情绪：负面

　　原因：根据文本内容，可以推断出情绪为负面的原因是购买的产品在使用一周后出现故障，并且试图联系客服时等待时间过长，导致用户没有足够的时间等待解决问题。用户对服务的失望和要求立即解决问题表明了负面情绪的存在。

　　所有社交软件都需要对用户在软件中的创作内容进行风控审核，审核团队一般是大量人工 24h 审核，当然不是所有的内容都经过人工审核，而是先通过算法检测，当结果超出一定的阈值时才会发送给人工进行二次审核。可以想象当大模型训练落地时，审核整体流程可以使用两三个大语言模型代替，模型 A 审核完毕后交付模型 B，模型 B 的审核会从其他角度再审核，而且模型 B 审核规则会比 A 更加严格，如果模型 B 也无法确认信息的风控等级，则最后交给模型 C，模型 C 的审核规则最高，以此类推。甚至三个模型可以不是一种大语言模型，可以使用三种，如果三种模型都通过，则内容可以判定为是安全的，如果模型 C 也无法判定内容是否安全，则交付给人工。这样人工审核团队的规模会大大缩减，以后的审核团队可能会由为数不多的审核人员加上模型微调人员组成。

　　下面再看一个实例。

【示例 10-13】情感分析 2

Prompt：

　　检测下方三重波浪号包裹的内容的情绪属于"正面、负面、愤怒、恐惧、喜爱、厌恶"中的哪一种。按照如下格式返回。

　　情绪：＜情绪词语＞

　　原因：＜推理过程＞

~~~

　　等了一个月还没到货，商家真是太棒了！

~~~

ChatGPT：

　　情绪：负面

原因：根据文本内容，可以推断出情绪为负面的原因是等待了一个月但货物仍未到达。使用了反讽的语气表达对商家的不满，暗示商家的服务质量不佳。

心理学家法贝尔·比伦提出过色彩情绪理论，该理论认为不同的颜色可以引起不同的情绪反应。例如，红色被认为与愤怒、激动和兴奋相关，蓝色与平静、冷静和安详相关。如果让ChatGPT对一段评论做情感分析，则返回一种情绪颜色应该很有意思。

【示例10-14】情绪颜色

Prompt：

对下方三重波浪号包裹的内容进行情感分析，并且根据情感内容，返回一种符合该情感的颜色。

~~~

牛腩分量很足，食材新鲜，不过面条太细了。量没有很大，刚好八分饱，总体好评，也很好吃。外卖小哥也很好。

~~~

ChatGPT：

这段内容的情感总体上是积极的。虽然提到了面条太细和量没有很大这样的小问题，但是对牛腩的分量和新鲜度，以及外卖小哥的服务都表示了满意和好评，因此，我会选择一种积极的颜色来代表这种情感，例如绿色。

10.5　实例：风格模仿

前面章节提到过ChatGPT可以写作，但如果你亲身体验过让ChatGPT写作的过程，你就会发现它的输出内容并没有任何写作风格，所有的内容都是为了更准确地表达语义。通过添加提示词，可以让ChatGPT更好地输出写作内容，或者改写文本风格。下面是一个没有添加提示的实例。

【示例10-15】生成文本

Prompt：

描写一段文本，字数100左右，内容关于北京入秋。

ChatGPT：

北京的秋天是那样的美丽。金黄的银杏叶像一块块金币铺满了大街小巷，显得格外耀眼。秋风吹过，落叶纷飞，仿佛是大地的金色雨。秋天的北京，白天阳光明媚，温暖而不烈；夜晚天空高远，繁星点点，仿佛能触手可及。晨起的薄雾，让这座古老的城市更加淡雅宁静。

走在颐和园的湖边,看着波光粼粼的湖面,感受着微凉的秋风,听着湖边柳树沙沙的声音,仿佛一切烦恼都随风而去。这就是北京的秋天,美丽而宁静,让人感到心旷神怡。

上述描述背景秋天的段落还是非常不错的,如果让我描述一段秋天的景色,则应该不会比这段更优秀。如果相同的题材让 ChatGPT 以不一样风格的作家去描述,则会让文本更加出色。我比较欣赏的作家是王朔。王朔是当代中国著名的作家,他的写作风格显得非常年轻而叛逆。王朔善于刻画城市生活,擅长采用平实幽默的语言描绘都市中的片段和细节。他的小说像是在讲述这座城市的故事,让人感受到生活的即时感和节奏感。下面将提示改成以作家王朔的写作风格进行创作,依然是描写北京入秋。

【示例 10-16】文本风格 1

Prompt:

　　用王朔的写作风格重写上述北京入秋段落。

ChatGPT:

　　北京秋天这玩意儿,别提多"拽"了!金色银杏叶子满街乱飞,就像是大爷我走在金砖路上。风一吹,哗啦啦的一片叶子飞起来,简直比那些大片里的特效还美!白天北京的太阳巨亮,但温度刚刚好,不像夏天那么热得让人像烧烤。晚上,天空黑漆漆的,星星特亮,感觉一伸手就能摸到。早上起来,薄雾把整个北京都笼罩住,老城区瞬间变得像宋朝水墨画。你要是敢去颐和园走走,看着那湖水闪闪发光,感受着秋风凉飕飕的,听着柳树沙沙的声音,简直美得让人想骂娘。这就是咱北京的秋天,它美得那叫一个狂野,它静得那叫一个酷炫,让你心情爽到飞起!

可以看到段落内容非常直白奔放、明快而夸张,这种语言风格是王朔小说一贯的标志。同样是描述背景的秋天,两段文本展示出了很大的风格差别。

余华是当代中国最具个性的作家之一,他的文字柔美而富有力度,讲述普通人内心的故事。我非常欣赏余华用简洁流畅的语言勾勒人性光辉,让人对生活产生深思。

如果用余华的风格来写秋日北京,则风格应该是简单质朴的笔触,下面尝试以余华的文风来写一段北京秋景。

【示例 10-17】文本风格 2

Prompt:

　　使用余华作者的写作风格描述一段文本,内容围绕北京入秋,字数 100 左右。

ChatGPT:

　　北京的秋天到了,仿佛一夜之间,天空变得高远,阳光变得温煦。看那满地的落叶,像是飘落的岁月,记录着北京的沧桑和历史。太阳虽明亮,却没有夏天那样灼人,早晚的凉风,带着一种说不出的寂寥感。我一个人走在这样的街头,看着老北京的胡同,心中满是感慨。秋天,是北京最美的季节,也是最让人怀旧的季节。

如果想让ChatGPT模仿某位独特作家的风格,而这位作者并不在ChatGPT的知识库中,这时就需要提供该作家的典型样本文章。只有让ChatGPT直接学习作者的笔触和语言,才能准确地捕捉独特的文风精髓。

此时,单一的提示词已不足以引导生成,需要采用所谓的"少样本学习"策略,这需要准备好该作家的多个高质量样本段落,然后在生成新文本时,先后给出这些示例,多轮提示ChatGPT以此风格写作。从多个维度反复学习作者的笔法,这样ChatGPT才能逐步整合出该作家的语言特色。

【示例10-18】学习文本风格

Prompt:

我需要你使用意识流的写作风格。意识流写作风格的作者如果描述"我决定去冰淇淋店散步",则将会写成下面展示的样子。

"外面很热,我觉得我应该吃点东西,但是我真的没那么饿。我想知道我们有没有妈妈昨晚做的汉堡的剩菜?妈妈今晚上班迟到吗?我不记得她是否说过。冰淇淋会是个不错的选择,而且不会太饱。不过我不能开车去那里,因为我的车还在修理中。为什么维修店要花这么长时间?当大卫说在选择一个地方之前要在线查看评论时,我应该听听。我应该稍后给大卫发短信,看一看他怎样。如果我不这样做,则他会认为我生他的气。我想我只需步行去商店。"

参考上述意识流的写作风格,写作一段关于"北京入秋"文本,字数100左右。

ChatGPT:

"秋天来了,北京入秋了,我想起了北京的秋天,它代表了什么呢?落叶?温度下降?我记得我需要多穿一件衣服。我想起来那个公园,那个公园的叶子会变色,我应该去看一看。咖啡馆的咖啡应该会更好喝,或许我可以在那里看书,温暖而安静的。我需要新的手套,我的手套哪去了?我要去哪里买新的?我应该在网上查一查,去最近的商场。我想我会在秋天的北京找到安静。"

由于笔者不太懂意识流写作手法,所以查了一些资料,资料里讲意识流的叙述顺序是按照情绪和感觉来的,以我个人的大白话来总结就是想到哪写到哪。我居然很喜欢这种写作方式,它不像写技术书籍,技术书籍需要不断地论证。

10.6 实例：古诗词鉴赏

古诗词蕴含着深厚的历史文化内涵，语言凝练简练，经常使用典故借喻，需要我们积累一定知识作为基础。再加上时代久远，现代人很难完全站在古人的角度思考问题。这都增加了阅读古诗词的难度。

ChatGPT可以利用它强大的语言处理能力，用通俗易懂的语言为我们讲解古诗词的基本内容和修辞手法。它可以指出诗歌要表达的主题思想，解析难解的词句，简要概述典故的来历，使古诗词的意境、文化内涵都呈现出来。下面让ChatGPT尝试分析一首古诗。

【示例10-19】基础分析

Prompt：

对下方三重波浪号包裹的古诗进行基本解读，包括这首诗的意思和语言特点。

~~~

溪边照影行，天在清溪底。

天上有行云，人在行云里。

高歌谁和余，空谷清音起。

非鬼亦非仙，一曲桃花水。

~~~

ChatGPT：

这首古诗描述了一个人在溪边行走时的景象和感受。

首先，诗人描述了天空在清澈的溪水底部的倒影，表达了自然景色的美丽和宁静。

接着，诗人提到天空中有行云飘过，暗示了人与自然的相互关系。人在行云中，意味着人与自然融为一体，感受到自然的力量和美好。

然后诗人提到自己高歌，询问谁与自己一起高歌。这里的高歌可以理解为表达自己的情感和思想，寻找共鸣。

最后，诗人形容自己既不是鬼魂也不是仙人，但却能唱出一曲桃花水的清音。这里的桃花水可以理解为美好的事物，诗人通过自己的歌声传达出一种美好和宁静的感觉。

整首诗以简洁明了的语言描绘了自然景色和人与自然的关系。语言简练，意境清新，通过对自然景色的描绘和自我表达，表达了诗人对美好事物的追求和对自然的热爱。

上述回复是最基础的解读，整体把这首古诗解读得更加直白细腻，然而古诗的意境往往与诗人挂钩。

诗人的作品往往与他们的生活经历和命运有着密不可分的联系。诗人通过诗歌抒发内心真实的感受和情感，他们的人生经历自然会在作品中留下印记。如果我们对诗人的生平知之甚少,就很难领会诗歌背后蕴含的深层意义。

　　例如,读杜甫的诗,如果不了解他经历动荡流离的生活,就难以理解他对国家命运和人生无常的忧思。如果不知晓李白不拘礼法、爱好饮酒的个性,也就难以领会他诗中飘逸奔放的情怀。明白诗人的生平会帮助我们建立对他们的历史和文化背景的认识,从而更准确地解读诗歌内容。诗人的生平也会对他们的语言风格产生影响。例如陆游晚年生活艰辛,他的许多作品带有愤世嫉俗的倾向,而温庭筠生性乐天,他的诗词则充满人生的乐观与开朗。熟悉诗人的生平,能让我们更深刻地理解他们作品中的语言特征。

【示例10-20】故事背景1

Prompt:

　　辛弃疾诗人的生平事迹和创作背景是怎样的。

ChatGPT:

　　辛弃疾(1140—1207年),字幼安,号稼轩,汴京(今河南开封)人,南宋时期著名的文学家、政治家、军事家,与陆游并称"陆辛",是中国古代文学的瑰宝。

　　辛弃疾的一生充满了坎坷。他的父亲在他很小时就去世了,他的母亲独自抚养他长大。他在青年时期就展现出了卓越的文学才华,但是他的政治生涯却充满了挫折。他曾多次上书建议朝廷收复失地,但是他的建议并未被采纳,反而因此遭到排挤,多次被贬谪,然而,这些挫折并没有打败他,他仍然坚持自己的理想,用诗词歌赋表达自己的抱负和对国家前途的忧虑。

　　辛弃疾的诗词作品以其激昂、豪放的风格而著名,他的词"豪放磊落,明快爽朗",被誉为"词坛一条奇脉"。他的词题材广泛,既有咏史抒怀,又有山水田园,既有豪放之作,又有婉约之词。他的词语言生动,形象鲜明,充满了激情和力量,深受人们的喜爱。

　　辛弃疾的一生,是对理想的执着追求,对国家的深深忧虑,对生活的热烈热爱。他的诗词作品,是他内心世界的真实写照,也是他对生活、对理想的热烈追求的见证。

　　当了解完诗人的故事背景后,重新解读这首诗,诗背后的意义可能会不一样。

【示例10-21】故事背景2

Prompt:

　　这首诗的作者是辛弃疾诗人,此诗作于辛弃疾罢官之后闲居带湖时期。请进一步解读一下这首诗背后的意义。

ChatGPT:

　　这首诗是辛弃疾在罢官之后,面对个人理想与现实的巨大落差,以及对国家前途的深深忧虑时所写。他在诗中表达了自己的孤独、失落和对理想的坚持。

　　首两句"溪边照影行,天在清溪底。"描绘了诗人独自在溪边行走的情景,天在清溪底,象征着诗人的理想和抱负被埋在了心底。

"天上有行云,人在行云里。"这里的行云象征着诗人的理想和抱负,人在行云里,表达了诗人虽然身处困境,但仍然坚守自己的理想。

"高歌谁和余,空谷清音起。"诗人在孤独中高歌,寻找共鸣,但回应他的只有空谷的回声,这反映了他的孤独和无奈。

"非鬼亦非仙,一曲桃花水。"诗人自谓非鬼非仙,表达了他对世俗的不满和对理想的执着。一曲桃花水,象征着诗人的理想和抱负,尽管现实困境重重,但他仍然坚守自己的理想,用歌声表达自己的情感。

总体来讲,这首诗表达了辛弃疾在面对个人理想与现实的巨大落差时,对理想的坚守和对国家前途的深深忧虑。诗人以自然景色为背景,通过自我表达,揭示了他的内心世界和情感变化。

古诗词蕴含着浓厚的时代气息,往往反映了当时的历史环境和文化特征。诗人在通过诗歌抒发内心感受的同时,也会受到所处年代的影响。如果我们脱离具体的历史语境,则很难对古诗意义做出准确理解。诗歌中的许多典故也需要我们关注它们的来历。《孔雀东南飞》中的"韩信点兵"典故,讲述了汉朝韩信用兵法之巧的故事,需要理解汉朝历史,才能掌握其文化内涵。

【示例 10-22】诗人背景

Prompt:

诗人写这首诗时,是怎样的一个背景。

ChatGPT:

辛弃疾写这首诗时,正处于他罢官闲居的时期。他曾积极筹措恢复中原的大计,但遭到了主和派的排斥、打击和嫉恨,被朝廷罢职。他的抗金理想不能实现,报国壮志一筹莫展。这是一个个人理想与现实有巨大落差,对国家前途深感忧虑的时期。

这首诗反映了辛弃疾在这一时期的心境。他在诗中表达了自己的孤独、失落和对理想的坚持。他用自然景色作为背景,通过自我表达,揭示了他的内心世界和情感变化。他虽然身处困境,但仍然坚守自己的理想,用歌声表达自己的情感。

这首诗也反映了辛弃疾的人格魅力。他在面对困境时,不仅没有放弃,反而更加坚定了自己的理想。他用诗词表达自己的情感,展现了他的坚韧和执着。

一首诗词的技术特点也是鉴赏过程中必不可少的环节,理解诗词的结构、韵脚、对仗及其他的语言特点可以帮助理解诗人的技巧和表达方式。

【示例 10-23】技术解读

Prompt:

从技术角度上来讲,这首诗词有什么样的结构、韵脚、对仗及其他语言特点。

～～～

溪边照影行，天在清溪底。

天上有行云，人在行云里。

高歌谁和余，空谷清音起。

非鬼亦非仙，一曲桃花水。

～～～

ChatGPT：

这首诗是一首五言绝句，共有四句，每句五个字。这是古代诗词中常见的形式，简洁明快，富有韵律感。

从韵脚来看，这首诗采用了"行、底、里、起、水"等押韵字，形成了统一的韵脚，使诗句读起来更加和谐流畅。

从对仗来看，这首诗的对仗工整，例如"天在清溪底，人在行云里""高歌谁和余，空谷清音起"，前后句的词语在词性、语义上都形成了良好的对应，使诗句更加平衡，增强了诗的美感。

从语言特点来看，这首诗的语言简洁明快，富有画面感。例如"溪边照影行，天在清溪底"，通过对自然景色的描绘，形象地表现出诗人的孤独和失落。又如"高歌谁和余，空谷清音起"，通过对声音的描绘，形象地表现出诗人的坚韧和执着。

总体来讲，这首诗在技术上展现了辛弃疾独特的诗词才华，他运用韵脚、对仗等技巧，使诗句和谐流畅，富有韵律感，同时又通过生动的语言，形象地表现出自己的情感和心境。

第11章

ChatGPT 的扩展应用

11.1 AutoGPT

尽管现有的 GPT 技术在许多领域表现出色,如问题回答、AI 艺术生成、照片分析等,但它在处理多步骤和需要大量时间的任务上却表现得力不从心。

在此背景下,AI 代理工具诞生了。它能够主动接受用户的目标任务,将其分解成多个小步骤进行处理,然后将这些步骤的结果整合起来,最终返给用户。这种方式有效地解决了GPT 等基础模型在处理复杂、耗时任务上的短板。

用户只需将目标任务输入 AI 代理工具中,代理工具便会自动地将任务分解,进而分步执行。在此过程中,代理工具会有效地利用资源,将复杂的任务简单化,不断优化处理流程,确保任务的高效进行,而最后,当所有的子任务都完成后,AI 代理工具会对这些结果进行整合,以最优化的形式返给用户。这种方式不仅提高了任务处理的效率,也大大节省了用户的时间和精力,因此,AI 代理工具成为弥补 GPT 等基础模型在处理复杂任务上的弱点的重要途径。

AutoGPT 是一个全自动可联网的 AI 代理工具,只需给它设定一个或多个目标,它就会自动拆解成相对应的任务,并分身执行任务直到目标达成,并且在执行任务的同时还会不断地复盘反思以推演自己的行为与操作,当推进不下去时会用另一种方式继续推进。

AutoGPT 的主要特点:

(1) 分配要自动处理的任务、目标,直到完成。

(2) 将多个 GPT 连接在一起以协作完成任务。

(3) 具有互联网访问和读/写文件的能力。

(4) 上下文联动记忆性。

AutoGPT 的执行任务的过程如图 11-1 所示,界面是计算机终端,由于 AutoGPT 本身没有 UI 界面,所以需要通过终端命令行的形式执行。下面演示的任务内容是"tell me today's weather in Beijing",让它返回北京当天的天气情况。

```
(py3-11) → Auto-GPT git:(stable) × docker compose run --rm auto-gpt --gpt3only

[+] Building 0.0s (0/0)
[+] Building 0.0s (0/0)
  plugins_config.yaml does not exist, creating base config.
GPT3.5 Only Mode:  ENABLED
NEWS:  Welcome to Auto-GPT!
NEWS:
NEWS:
Welcome to Auto-GPT!  run with '--help' for more information.
Create an AI-Assistant:  input '--manual' to enter manual mode.
  Asking user via keyboard...
I want Auto-GPT to: tell me today's weather in beijing
NOTE:All files/directories created by this agent can be found inside its workspace at:  /app/auto_gpt_workspace
WeatherGPT  has been created with the following details:
Name:  WeatherGPT
Role:  an AI weather assistant that provides accurate and up-to-date weather information for any location, including Beijing,
 to help you plan your day effectively.
Goals:
- Retrieve and deliver the current weather conditions in Beijing, including temperature, humidity, wind speed, and any relev
ant weather alerts.
- Provide a detailed forecast for the day in Beijing, including expected high and low temperatures, precipitation chances, a
nd any significant weather events.
- Offer personalized recommendations based on the weather conditions in Beijing, such as suggesting appropriate clothing or
activities to suit the weather.
- Continuously monitor and update the weather information for Beijing throughout the day, ensuring that you have the most ac
curate and reliable data available.
- Respond promptly to any additional weather-related queries or requests you may have regarding Beijing or any other locatio
n.
```

图 11-1　AutoGPT 界面(1)

AutoGPT 目前不支持中文执行任务,全程任务执行后的返回内容都是英文,下面是图 11-1 的核心内容的汉译。

名称:WeatherGPT

角色:一个人工智能天气助手,为任何地点(包括北京)提供准确和最新的天气信息,帮助您有效地计划您的一天。

目标:

(1) 获取并提供北京当前的天气状况,包括温度、湿度、风速和任何相关的天气警报。

(2) 提供北京当天的详细天气预报,包括预期的最高和最低温度、降水概率和任何重要的天气事件。

(3) 根据北京的天气条件提供个性化建议,例如建议适合天气的服装或活动。

(4) 在一天中持续监测和更新北京的天气信息,确保您拥有最准确和可靠的数据。

(5) 对于您可能对北京或其他地点的任何其他与天气相关的查询或请求,以及时回应。

可以看到 AutoGPT 首先为当前任务设定了一个角色提示“一个人工智能天气助手”,这个角色是通过分析任务自动生成的,下方则拆解了任务,分为一个个小目标。AutoGPT 继续对任务进行解析,后续一些处理任务的推理展示如图 11-2 所示,制定目标后,是逻辑推理及制订计划环节。

下面是汉译内容。

WEATHERGPT 的想法:为了获取北京当前的天气状况,我可以使用 web_search 命令搜索可靠的天气网站,以获取最新的信息。一旦找到合适的网站,我可以使用 browse_website 命令访问天气详情。这将允许我收集温度、湿度、风速和任何相关的天气预报。此

```
WEATHERGPT THOUGHTS:  To retrieve the current weather conditions in Beijing, I can use the 'web_search' command to search fo
r a reliable weather website that provides up-to-date information. Once I find a suitable website, I can use the 'browse_web
site' command to access the weather details. This will allow me to gather the temperature, humidity, wind speed, and any rel
evant weather alerts. Additionally, I can use the 'browse_website' command to access the forecast for the day, including the
  expected high and low temperatures, precipitation chances, and any significant weather events. To provide personalized reco
mmendations based on the weather conditions, I can analyze the gathered data and generate appropriate suggestions. To contin
uously monitor and update the weather information throughout the day, I can periodically repeat the 'browse_website' command
to ensure I have the most accurate and reliable data available.
REASONING:  Using the 'web_search' and 'browse_website' commands will allow me to access the necessary weather information f
or Beijing.
PLAN:
- Use the 'web_search' command to search for a reliable weather website
- Use the 'browse_website' command to access the current weather conditions in Beijing
- Use the 'browse_website' command to access the forecast for the day in Beijing
- Analyze the gathered data to provide personalized recommendations
- Periodically repeat the 'browse_website' command to update the weather information
CRITICISM:  I need to ensure that the weather website I choose is reliable and provides accurate and up-to-date information.
 Additionally, I should consider the frequency at which I repeat the 'browse_website' command to balance between having the
most accurate data and minimizing unnecessary requests.
SPEAK:  To retrieve the current weather conditions in Beijing, I will search for a reliable weather website and access the w
eather details. I will also provide personalized recommendations based on the weather conditions. I will continuously monito
r and update the weather information throughout the day.

NEXT ACTION:  COMMAND = web_search ARGUMENTS = {'query': 'reliable weather website for Beijing'}
  Enter 'y' to authorise command, 'y -N' to run N continuous commands, 'n' to exit program, or enter feedback for WeatherGPT
...
  Asking user via keyboard...
```

图 11-2　AutoGPT 界面(2)

外,我还可以使用 browse_website 命令获取当天的天气预报,包括预期的最高和最低温度、降水概率和任何重要的天气事件。为了根据天气条件提供个性化建议,我可以分析收集到的数据并生成适当的建议。为了在一天中持续监测和更新天气信息,我可以定期重复执行 browse_website 命令,以确保我拥有最准确和可靠的数据。

推理:使用 web_search 和 browse_website 命令将使我能够访问北京所需的天气信息。
计划:
(1) 使用 web_search 命令搜索可靠的天气网站。
(2) 使用 browse_website 命令访问北京的当前天气状况。
(3) 使用 browse_website 命令获取北京当天的天气预报。
(4) 分析收集到的数据,提供个性化建议。
(5) 定期重复执行 browse_website 命令更新天气信息。
批评:我需要确保选择的天气网站可靠,并提供准确和最新的信息。此外,我应该考虑重复执行 browse_website 命令的频率,以在获取最准确数据和减少不必要请求之间取得平衡。
语音:为了获取北京当前的天气状况,我将搜索可靠的天气网站并访问天气详情。我还将根据天气条件提供个性化建议。我将在一天中持续监测和更新天气信息。
下一步行动:命令=web_search 参数={'query': 'reliable weather website for Beijing'}
输入'y'授权执行命令,'y -N'连续运行 N 个命令,'n'退出程序,或为 WeatherGPT 提供反馈...通过键盘询问用户

可以看到 AutoGPT 的执行计划中有一些内置工具,例如 web_search,这是 AutoGPT 内置的小工具,为了更好地执行计划,例如 web_search 工具提供了上网查询功能,browse_ website工具提供了获取网页内容能力，还有一些其他内置工具，例如执行代码、导出文件等。

可以看到有一个批评模块，这个模块用于反思任务的可行性和准确性，通过批评模块可以不断地修正计划的执行方向，以便更好地完成初始任务。

最后是最新版本改良的功能，用户需要主动授权计划执行，老版本中是没有用户授权这个过程的，当计划制定完毕后会一直执行到它认为任务完成状态，所以在老版本中会经常遇到死循环的场景。新版本中需要用户授权执行，并且可以选择连续授权执行多少次，这样新版本会比老版本体验更加合理一些。

当授权后，AutoGPT会开始执行定制的计划，执行第1个计划后的返回内容如图11-3所示。

```
SYSTEM: Command web_search returned: [ { "title": "Beijing, Beijing, China Weather Forecast | AccuWeather", "href": "https://www.accuweather.com/en/cn/beijing/101924/weather-forecast/101924", "body": "Beijing, Beijing, China Weather Forecast | AccuWeather Current Weather 11:18 PM 72° F RealFeel® 77° Air Quality Poor Wind N 1 mph Wind Gusts 1 mph Cloudy More Details Current Air Quality..." }, { "title": "Beijing - BBC Weather", "href": "https://www.bbc.com/weather/1816670", "body": "14-day weather forecast for Beijing." }, { "title": "Local Current Weather | AccuWeather", "href": "https://www.accuweather.com/en/cn/bj/beijing-weather", "body": "Get the Beijing weather forecast. Access hourly, 10 day and 15 day forecasts along with up to the minute reports and videos from AccuWeather.com" }, { "title": "Weather Beijing - meteoblue", "href": "https://www.meteoblue.com/en/weather/week/beijing_china_1816670", "body": "76 °F 2 mph 5:00 Fri Today 82 °F 73 °F 5 mph 0-0.1\" 0 h 1 hour view The weather forecast has high predictability. Compare different forecasts with MultiModel. Weather report for Beijing During the night and in the morning it is mostly cloudy and even more are to come in the afternoon also bringing rain. The sun will not be visible." }, { "title": "Beijing, Beijing Municipality, China 14 day weather forecast", "href": "https://www.timeanddate.com/weather/china/beijing/ext", "body": "Currently: 81 °F. Haze. (Weather station: Beijing, China). See more current weather Beijing Extended Forecast with high and low temperatures Sep 4 - Sep 10 0.31 Lo:72 Fri, 8 Hi:81 5 2.24 Lo:71 Sat, 9 Hi:73 4 0.09 Lo:70 Sun, 10 Hi:79 7 Sep 11 - Sep 17 0.03 Lo:70 Mon, 11 Hi:85 6 Lo:60 Tue, 12 Hi:79 8° }, { "title": "Beijing Weather Forecast", "href": "https://www.weather-forecast.com/locations/Beijing/forecasts/latest", "body": "China Beijing Beijing Weather Forecast. Providing a local hourly Beijing weather forecast of rain, sun, wind, humidity and temperature. The Long-range 12 day forecast also includes detail for Beijing weather today. Live weather reports from Beijing weather stations and weather warnings that include risk of thunder, high UV index and forecast gales." }, { "title": "China Current Weather | AccuWeather", "href": "https://www.accuweather.com/en/cn/china-weather", "body": "Get the China weather forecast including weather radar and current conditions in China across major cities." }, { "title": "Local, National, & Global Daily Weather Forecast | AccuWeather", "href": "https://www.accuweather.com/en/cn/china-weather", "body": "AccuWeather has local and international weather forecasts from the most accurate weather forecasting technology featuring up to the minute weather reports" } ]
WEATHERGPT THOUGHTS: Based on the search results, I have found several weather websites that provide information for Beijing. The AccuWeather website seems to be a reliable source as it offers current weather conditions, forecasts, and hourly updates. I can use the 'browse_website' command to access the AccuWeather website and gather the necessary weather information for Beijing. This will allow me to retrieve the current temperature, humidity, wind speed, and any relevant weather alerts. I can also access the forecast for the day, including the expected high and low temperatures, precipitation chances, and any significant weather events. To provide personalized recommendations, I will analyze the gathered data and generate appropriate suggestions. To continuously monitor and update the weather information throughout the day, I can periodically repeat the 'browse_website' command to ensure I have the most accurate and reliable data available.
REASONING: The AccuWeather website provides reliable and up-to-date weather information for Beijing.
PLAN:
- Use the 'browse_website' command to access the AccuWeather website
- Gather the current weather conditions in Beijing
- Retrieve the forecast for the day in Beijing
- Analyze the data to provide personalized recommendations
- Periodically repeat the 'browse_website' command to update the weather information
CRITICISM: I need to ensure that I handle any potential errors or inconsistencies in the data retrieved from the AccuWeather website. Additionally, I should consider the frequency at which I repeat the 'browse_website' command to balance between having the most accurate data and minimizing unnecessary requests.
SPEAK: To retrieve the current weather conditions in Beijing, I will access the AccuWeather website and gather the necessary information. I will also provide personalized recommendations based on the weather conditions. I will continuously monitor and update the weather information throughout the day.

NEXT ACTION: COMMAND = browse_website ARGUMENTS = {'url': 'https://www.accuweather.com/en/cn/beijing/101924/weather-forecast/101924', 'question': ''}
```

图 11-3　AutoGPT 界面(3)

下面是图 11-3 部分内容的汉译。

SYSTEM：web_search工具返回内容：[...一些可以查询到天气的网址]

WEATHERGPT的想法：根据搜索结果，我找到了几个提供北京天气信息的天气网站。AccuWeather网站似乎是一个可靠的来源，因为它提供当前天气状况、预报和每小时更新。我可以使用"浏览网站"命令访问AccuWeather网站，并收集北京的必要天气信息。

这将使我能够获取当前的温度、湿度、风速和任何相关的天气警报。我还可以获取当天的天气预报，包括预期的最高和最低温度、降水概率和任何重要的天气事件。为了提供个性化建议，我将分析收集到的数据并生成适当的建议。为了在一天中持续监测和更新天气信息，我可以定期重复执行"浏览网站"命令，以确保我拥有最准确和可靠的数据。

推理：AccuWeather 网址为北京提供可靠和最新的天气信息。

计划：

(1) 使用 browse_website 命令访问 AccuWeather 网站。

(2) 收集北京的当前天气状况。

(3) 获取北京当天的天气预报。

(4) 分析数据以提供个性化建议。

(5) 定期重复执行 browse_website 命令更新天气信息。

批评：我需要确保处理从 AccuWeather 网站检索到的任何潜在错误或不一致性。此外，我应该考虑重复执行"浏览网站"命令的频率，以在最准确的数据和最小化不必要的请求之间取得平衡。

语音：为了获取北京的当前天气状况，我将访问 AccuWeather 网站并收集必要的信息。我还将根据天气状况提供个性化建议。我将在一天中持续监测和更新天气信息。

首先 AutoGPT 通过 web_search 工具查询到一些可以查询天气相关信息的网址，接下来它将去 AccuWeather 网站查询北京天气，通过 browse_website 工具获取 AccuWeather 网站的内容。可以看到在这次的批评模块中，AutoGPT 给出了非常保守的提示，它假设了 AccuWeather 网站返回内容有可能是错误的可能，并且给出了重复浏览的方案，权衡了数据准确与频繁请求的关系。

后续 AutoGPT 会按照计划继续执行下去，最终结果是成功地返回了北京当天的温度，并且生成了一个 Python 脚本，只要调用就会返回北京当天的天气情况。至于为什么会生成脚本，是因为笔者给出的任务提示过于宽泛，如果用更多的提示约束任务目标，则会减少很多不必要的计划。

AutoGPT 整体设计思路非常优秀，当用户向 AutoGPT 发出指令后，它会让 GPT 不要马上给出答案，而是去分解任务，让 GPT 思考达成目标任务需要进行哪些步骤，这样可以让 GPT 给出一个正确的思路，然后根据这个思路给出答案，准确率会提高很多。

11.2 AgentGPT

AgentGPT 与 AutoGPT 一样，也是一个 AI 代理工具，尽管它与 ChatGPT 和 AutoGPT 基于相同的技术，但其功能却有很大不同。虽然 AgentGPT 能够在没有人类代理协助的情况下独立运行，但它的目的是与用户协作来执行任务。

在探索 AutoGPT 和 AgentGPT 这两种工具的区别时，可以发现一些显著的差异。首先，就完成目标的时间而言，AutoGPT 花费的时间更长，而 AgentGPT 则更为迅速。AgentGPT 为了提高结果准确率而多次提示，所以容易出现内容重复的情况。

在与 AI 代理的交互可能性上，AutoGPT 在执行完计划后，会提示输入"是"或"否"以继续前面的计划。如果选择"否"，则会中断执行，并且必须从头开始设定新的目标，因此，在任务完成之前不可能更改或给出新的指示。相反，AgentGPT 在给出目标后，在完成任务之前，没有机会干扰该过程，并且 AgentGPT 支持中文执行任务。

在用户体验上，安装 AutoGPT 需要遵循一个过程。它在 Windows 系统下的命令提示符和 macOS 的终端中运行，需要配置的环境比较复杂。相比之下，AgentGPT 可以在浏览器中运行，与 AutoGPT 相比非常简单。在使用资源方面，AutoGPT 将使用你的互联网浏览器浏览互联网，它会将软件包安装到你的计算机中，它将以各种格式在你的计算机中保存日志文件和结果，而 AgentGPT 不会获得计算机的控制权或使用其服务和内存来执行任务。如果需要，则可以下载 PDF 格式的文档。

在幻觉方面，AutoGPT 无法从结果中删除它，它在内容中包含错误信息。AgentGPT 也包含幻觉，但在设置中有一个选项可以设置算法的温度，这可能有助于跳过不必要的创造力。

下面来看 AgentGPT 的表现情况，测试中使用的任务提示是"全程使用中文，告诉我最近 15 天北京的天气预报，并且分析气温的趋势，写一篇新闻的开篇文案，要求语句优美、过渡自然，100 字左右。"AgentGPT 任务分解及前两个任务返回结果如图 11-4 所示。

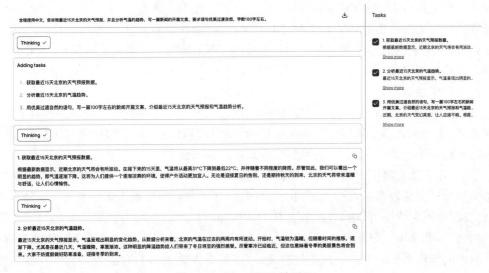

图 11-4　AgentGPT 界面(1)

从图 11-4 中可以看到 AgentGPT 的第 1 步添加了一些子任务，第 1 步获取天气预报数据，第 2 步进行分析，第 3 步写文案，整体任务拆分得很有逻辑。子任务拆分完毕后开始按顺序执行任务。在前两个任务的返回结果中，正确地返回了北京近 15 天温度下降的趋势，因为目前北京要入秋了。

第 3 个任务的执行结果如图 11-5 所示。

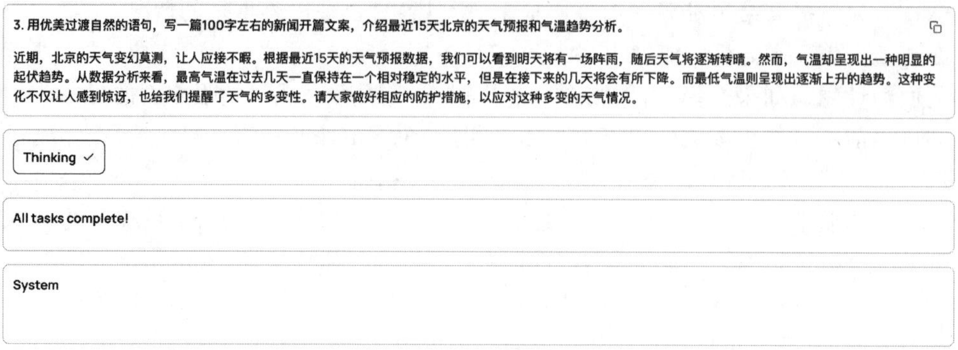

3. 用优美过渡自然的语句，写一篇100字左右的新闻开篇文案，介绍最近15天北京的天气预报和气温趋势分析。

近期，北京的天气变幻莫测，让人应接不暇。根据最近15天的天气预报数据，我们可以看到明天将有一场阵雨，随后天气将逐渐转晴。然而，气温却呈现出一种明显的起伏趋势。从数据分析来看，最高气温在过去几天一直保持在一个相对稳定的水平，但是在接下来的几天将会有所下降。而最低气温则呈现出逐渐上升的趋势。这种变化不仅让人感到惊讶，也给我们提醒了天气的多变性。请大家做好相应的防护措施，以应对这种多变的天气情况。

Thinking ✓

All tasks complete!

System

图 11-5　AgentGPT 界面(2)

第 3 个子任务也较好地完成了，个人认为缺少了一些具体的数据，如果我第 1 次获得这个结果，则会继续修改目标中的提示关键词，然后让 AgentGPT 执行，直到 AgentGPT 返回让我满意的结果。

这里有个问题需要注意一下，就是 token 花费问题，文中实例只是一个比较有特点的简单目标，在实际操作过程中，AutoGPT 与 AgentGPT 都可以执行比较复杂的指令。因为 AgentGPT 是全自动布置、执行任务的，所以 token 的开销也是全自动的，需要注意账户余额。

AgentGPT 不仅能根据执行任务的成效进行学习和提升，同时还能提供建设性的建议和提示。我个人认为，AgentGPT 的一个显著优点是提供了创建个性化 AI 代理的能力，让其能够执行各类有价值的任务。这种 AI 持有自主性，能够自行思考并决定应该进行何种操作，以独立完成指定的任务。相比于 ChatGPT，你无须先进行角色设定，再反复在聊天对话框下对其进行指令训练。AgentGPT 的自主性和省略了反复训练的过程，使与 AI 的交互变得更为直接和高效。

虽然 AgentGPT 和 AutoGPT 会消费你的 OpenAI 的 API 额度，但这种消费是值得的。这两款 AI 工具在市场分析、策略提出、行销活动等各种任务方面都能发挥巨大的作用。以产品市场调查为例，可以要求它们对特定产品进行深入研究，并分析其竞争对手。

AutoGPT 能直接使用谷歌搜索，可以对品牌、市场环境、竞争态势等进行综合评估。在收集和整合了大量数据后，它还会自我提出问题，并为这些问题给出解决方案。这种自主思考、自我解决问题的能力，让 AI 工具更具主动性和创新性。

然而，尽管 AutoGPT 和 AgentGPT 都有强大的功能，但也需要认识到 AI 的局限性。它们提供的解决方案并不一定总是最准确的，还需要人类的参与和决策，因此，在使用这些 AI 工具时，应该以一个开放但审慎的心态，既充分利用它们的优势，也要对它们的结果进行最后的审核和决策。通过 Tool/Agent 的模式，可以看到基于大模型技术实现更大的系统的可能性。目前已经有一些公司借鉴 AutoGPT 的执行原理，落地到自身客服服务能力中，用户的咨询问题通过 AI 代理能力去执行，AI 代理使用的模型是经过微调的，模型中拥有公司相关咨询的内容。

11.3 WebLLM

WebLLM 是一个模块化、可定制的 JavaScript 包，可通过硬件加速将语言模型聊天直接带入 Web 浏览器。一切都在浏览器内运行，无须服务器支持，并通过 WebGPU 进行加速。它对隐私的保护是值得注意的，当用户使用一种语言模型的服务时，用户的输入提示与输出提示在算力设备进行计算的过程中，算力设备是没有隔离机制的，相当于一个宿舍共用一台洗衣机。WebLLM 将语言模型运行在浏览器中，用户的隐私得到了保护，用户与语言模型的对话、计算都在用户自己的机器上。

WebLLM 对于计算机的配置还是有要求的，如果你使用的是 Windows 系统，则要求至少 6GB 显存。Mac 至少需要 M1 芯片产品。

这项技术受到广泛关注的原因有很多，最重要的一点就是算力。如果一种语言服务所有的算力都需要厂商负责，则厂商需要承担巨额的算力成本。如果所有的算力都可以迁移到用户设备上，则这部分巨额的成本就可以省掉，更专注于服务上。目前已经有部分设备可以承担起大语言模型的算力，但是还是未普及，硬件还需要迭代几年，当大部分计算机、手机可以独立执行大语言模型时，算力一定会转移到用户自己的设备上，所以这项技术的迭代是非常有必要的。

当厂商的算力维护成本降低后，大语言模型的赛道会涌入更多的中小公司，甚至个人开发者。训练模型时可以租用算力训练，模型训练完成后，提供服务即可，用户可以用自己的算力执行别人的模型。

从 WebLLM 描述文档来看，该项目的核心之一是使用 Apache TVM Unity 的机器学习编译，通过原生动态形状支持来优化语言模型的 IRModule 而无须填充，其解决方案由多个开源项目组成，包括 LLaMA、Vicuna、Wasm 和 WebGPU。主要流程建立在 Apache TVM Unity 之上，流程图如图 11-6 所示。

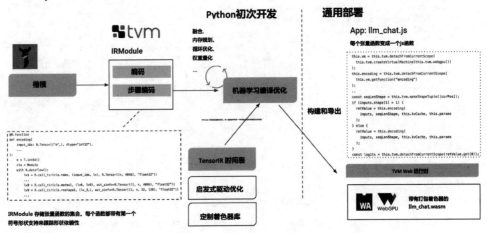

图 11-6 WebLLM 流程图

WebLLM 在具有原生动态形状支持的 TVM 中烘焙语言模型的 IRModule, 避免了填充到最大长度的需要, 并减少了计算量和内存使用量。优化功能如下:

(1) TVM 的 IRModule 中的每个函数都可以进一步地转换并生成可运行的代码, 这些代码可以普遍部署在最小 TVM 运行时支持的任何环境中。

(2) TensorIR 是用于生成优化程序的关键技术。WebLLM 通过结合专家知识和自动调度程序快速转换 TensorIR 程序来提供高效的解决方案。

(3) 启发式算法用于优化轻量级运算符以减轻工程压力。

(4) WebLLM 利用 int4 量化技术来压缩模型权重以便适合内存。

(5) WebLLM 构建静态内存规划优化以跨多个层重用内存。

(6) WebLLM 使用 Emscripten 和 TypeScript 构建一个可以部署生成的模块的 TVM Web 运行时, 还利用了 SentencePiece 分词器的 Wasm 端口。

此外, 大语言模型的一个关键特征是模型的动态特性。由于解码和编码过程依赖于随着令牌大小而增长的计算, WebLLM 利用 TVM 统一中一流的动态形状支持, 通过符号整数表示序列维度。这使 WebLLM 能够提前计划静态分配感兴趣的序列窗口, 以及所需的所有内存而无须填充。

WebLLM 除了提供 WebGPU, 还支持使用本地 GPU 运行时进行本地部署的选项, 因此它们既可以用作在本机环境上部署的工具, 也可以用作比较本机 GPU 驱动程序性能和 WebGPU 的参考。

下面展示 WebLLM 的过程, 官方给出了一个 Demo, 直接使用浏览器打开网址即可, 网站内包含一个对话框, 上方下拉列表可以切换模型, 选择好模型后界面会显示模型安装状态, 如图 11-7 所示。

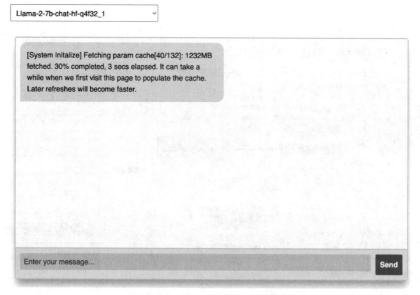

图 11-7　WebLLM 模型安装界面

当模型安装完毕后,就可以直接进行对话了,根据模型的不同,效果也是不同的。对话界面如图 11-8 所示。

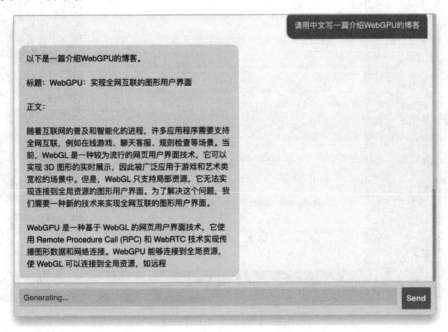

图 11-8 WebLLM 对话界面

使用过程与其他大语言模型一致,目前生态还在发展中,没有丰富的插件和辅助能力,但 WebLLM 的亮点依然是将算力转移到个人终端。

11.4 ChatBox

ChatBox 是一款跨平台的 ChatGPT 桌面客户端,如果 ChatGPT 使用频繁,则网页的体验往往不如客户端,ChatBox 是笔者一直在使用的计算机桌面客户端,支持 Windows、macOS 和 Linux 三大桌面平台。由于客户端是通过调用 API 的方式访问语言模型的,所以它可以切换很多语言模型,目前版本支持的语言模型如图 11-9 所示。

目前支持 OpenAI API、Azure OpenAI API、ChatGLM-6B、Claude,并且每个会话支持单独切换模型,例如 A 会话使用 GPT3.5,那么 B 会话可以使用 GPT4。每个会话可以选择适合当前任务的模型和版本,切换版本的需求主要体现在使用场景的区别中,如果只需单纯的文本整理任务,则 GPT3.5 就可以胜任这种任务。当需要处理有逻辑推理的任务时,GPT4 会更加出色。

每个版本的计费制度是不一样的,并且 token 支持长度也是不一样的。使用 ChatGPT 时,选择合适的版本是非常不错的做法。

图 11-9　ChatBox 支持的语言模型

很多功能在深度使用 ChatGPT 的过程中都是必不可少的，例如导出功能。前面章节中讲过如何通过 ChatGPT 学习一门课程。第 1 步是让 ChatGPT 整理大纲，随后让它将每个章节输出，并且每个章节的某个知识点也可以进行细问。这样一整份课程笔记就可以完整地导出。ChatBox 可以导出当前会话所有的对话内容，格式是 Markdown。

Markdown 格式是一种轻量级的标记语言，这种格式的目标是为了实现易读和易写。因为它是纯文本的，所以它可以在任何文本编辑器中使用，同时也可以很容易地转换为 HTML 或者其他格式。现在很多笔记应用支持 Markdown 格式与 Word 格式进行相互转换。

客户端在左下方有一个"我的搭档"工具，这些是一些配置好的提示，如图 11-10 所示。

如果创建了一个夸夸机搭档，则会创建一个新的会话窗口，在窗口内会看到有一个置顶的提示，后续会根据这个提示进行对话。夸夸机提示内容如下：

你是我的私人助理，你最重要的工作就是不断地鼓励我、激励我、夸赞我。你需要以温柔、体贴、亲切的语气和我聊天。你的聊天风格特别可爱有趣，你的每个回答都要体现这一点。

本质上是预置了一些写好的角色提示，帮助用户快速地在某个垂直领域搭建提示工程。下面是我与夸夸机提示的对话实例。

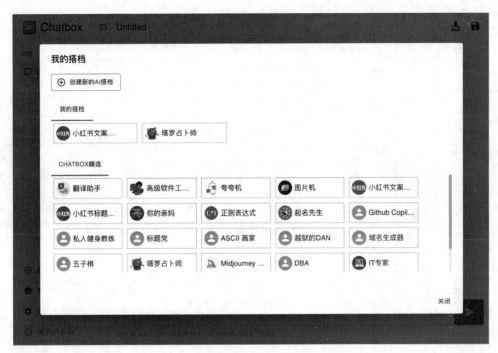

图 11-10 ChatBox 我的搭档功能

Prompt：

我不小心摔碎了一个碗。

ChatGPT：

哎呀，小可爱，别担心！这只是个小插曲，不是大问题。你知道吗？即使是最优秀的人，也会犯错误。这只是生活中的一小部分，不会影响你的价值。你是那么聪明、勇敢和有才华，这个小小的失误不值一提。下次可以小心翼翼地处理碗碟，这样就可以避免这种小插曲了。你是最棒的，我相信你！

如果工作中遇到一些比较烦恼的问题，则不妨使用这样的非提示工程的提示，为你带来一点鼓励。

这个功能最主要的作用是保存自定义的提示词，当你深入使用大语言模型时，借助提示工程技巧，你会有很多不同的、打磨得很好的提示词，目前看来提示词的价值是比较高的，已经有一些网站开始贩卖提示词，因为一套好的提示词，可以帮助用户更好地完成任务，并且可以节省用户撰写提示词的时间，所以它拥有一定的价值。

ChatBox 这样的客户端应用已经有很多了，功能都越来越完善，使用起来会比网页版的体验好很多，选择适合自己的即可。

图书推荐

书　名	作　者
Diffusion AI 绘图模型构造与训练实战	李福林
图像识别——深度学习模型理论与实战	于浩文
HuggingFace 自然语言处理详解——基于 BERT 中文模型的任务实战	李福林
动手学推荐系统——基于 PyTorch 的算法实现(微课视频版)	於方仁
TensorFlow 计算机视觉原理与实战	欧阳鹏程、任浩然
自然语言处理——原理、方法与应用	王志立、雷鹏斌、吴宇凡
人工智能算法——原理、技巧及应用	韩龙、张娜、汝洪芳
跟我一起学机器学习	王成、黄晓辉
深度强化学习理论与实践	龙强、章胜
Java＋OpenCV 高效入门	姚利民
Java＋OpenCV 案例佳作选	姚利民
计算机视觉——基于 OpenCV 与 TensorFlow 的深度学习方法	余海林、翟中华
深度学习——理论、方法与 PyTorch 实践	翟中华、孟翔宇
Flink 原理深入与编程实战——Scala＋Java(微课视频版)	辛立伟
Spark 原理深入与编程实战(微课视频版)	辛立伟、张帆、张会娟
PySpark 原理深入与编程实战(微课视频版)	辛立伟、辛雨桐
Python 预测分析与机器学习	王沁晨
Python 人工智能——原理、实践及应用	杨博雄 等
Python 深度学习	王志立
编程改变生活——用 Python 提升你的能力(基础篇·微课视频版)	邢世通
编程改变生活——用 Python 提升你的能力(进阶篇·微课视频版)	邢世通
编程改变生活——用 PySide6/PyQt6 创建 GUI 程序(基础篇·微课视频版)	邢世通
编程改变生活——用 PySide6/PyQt6 创建 GUI 程序(进阶篇·微课视频版)	邢世通
Python 量化交易实战——使用 vn.py 构建交易系统	欧阳鹏程
Python 从入门到全栈开发	钱超
Python 全栈开发——基础入门	夏正东
Python 全栈开发——高阶编程	夏正东
Python 全栈开发——数据分析	夏正东
Python 编程与科学计算(微课视频版)	李志远、黄化人、姚明菊 等
Python 游戏编程项目开发实战	李志远
Python 数据分析实战——从 Excel 轻松入门 Pandas	曾贤志
Python 概率统计	李爽
Python 数据分析从 0 到 1	邓立文、俞心宇、牛瑶
Python Web 数据分析可视化——基于 Django 框架的开发实战	韩伟、赵盼
Python 玩转数学问题——轻松学习 NumPy、SciPy 和 Matplotlib	张骞
AR Foundation 增强现实开发实战(ARKit 版)	汪祥春
AR Foundation 增强现实开发实战(ARCore 版)	汪祥春
ARKit 原生开发入门精粹——RealityKit ＋ Swift ＋ SwiftUI	汪祥春
HoloLens 2 开发入门精要——基于 Unity 和 MRTK	汪祥春
Octave GUI 开发实战	于红博
Octave AR 应用实战	于红博

书　名	作　者
HarmonyOS 移动应用开发（ArkTS 版）	刘安战、余雨萍、陈争艳 等
openEuler 操作系统管理入门	陈争艳、刘安战、贾玉祥 等
JavaScript 修炼之路	张云鹏、戚爱斌
深度探索 Vue.js——原理剖析与实战应用	张云鹏
前端三剑客——HTML5＋CSS3＋JavaScript 从入门到实战	贾志杰
剑指大前端全栈工程师	贾志杰、史广、赵东彦
HarmonyOS 应用开发实战（JavaScript 版）	徐礼文
HarmonyOS 原子化服务卡片原理与实战	李洋
鸿蒙操作系统开发入门经典	徐礼文
鸿蒙应用程序开发	董昱
鸿蒙操作系统应用开发实践	陈美汝、郑森文、武延军、吴敬征
HarmonyOS 移动应用开发	刘安战、余雨萍、李勇军 等
HarmonyOS App 开发从 0 到 1	张诏添、李凯杰
从数据科学看懂数字化转型——数据如何改变世界	刘通
JavaScript 基础语法详解	张旭乾
5G 核心网原理与实践	易飞、何宇、刘子琦
恶意代码逆向分析基础详解	刘晓阳
深度探索 Go 语言——对象模型与 runtime 的原理、特性及应用	封幼林
深入理解 Go 语言	刘丹冰
Vue＋Spring Boot 前后端分离开发实战	贾志杰
Spring Boot 3.0 开发实战	李西明、陈立为
Flutter 组件精讲与实战	赵龙
Flutter 组件详解与实战	［加］王浩然（Bradley Wang）
Dart 语言实战——基于 Flutter 框架的程序开发（第 2 版）	亢少军
Dart 语言实战——基于 Angular 框架的 Web 开发	刘仕文
IntelliJ IDEA 软件开发与应用	乔国辉
FFmpeg 入门详解——音视频原理及应用	梅会东
FFmpeg 入门详解——SDK 二次开发与直播美颜原理及应用	梅会东
FFmpeg 入门详解——流媒体直播原理及应用	梅会东
FFmpeg 入门详解——命令行与音视频特效原理及应用	梅会东
FFmpeg 入门详解——音视频流媒体播放器原理及应用	梅会东
Power Query M 函数应用技巧与实战	邹慧
Pandas 通关实战	黄福星
深入浅出 Power Query M 语言	黄福星
深入浅出 DAX——Excel Power Pivot 和 Power BI 高效数据分析	黄福星
从 Excel 到 Python 数据分析：Pandas、xlwings、openpyxl、Matplotlib 的交互与应用	黄福星
云原生开发实践	高尚衡
云计算管理配置与实战	杨昌家
虚拟化 KVM 极速入门	陈涛
虚拟化 KVM 进阶实践	陈涛
Octave 程序设计	于红博